La politique pavillonnaire

Collection *Habitat et sociétés*
dirigée par Nicole Haumont
Conseillers : Philippe Boudon, Jean Cuisenier, Alain Marie, Henri Raymond

Les recherches sur l'habitat se sont multipliées dans le monde depuis la Seconde Guerre mondiale, dans les sciences sociales et en architecture, comme dans les sciences pour l'ingénieur. Cet intérêt pour l'habitat est lié à l'augmentation des populations citadines, d'abord dans les pays industrialisés et aujourd'hui dans les pays en développement, à des changements dans la structure des familles, à la montée historique de la privatisation mais aussi aux politiques sociales de l'habitat et à l'évolution des techniques et des modalités de construction et de conception. On doit attendre de ces recherches qu'elles contribuent à l'élaboration de solutions techniques, sociales et culturelles plus adaptées à la demande des habitants. Une partie importante de travaux réalisés ou en cours cependant mal connue, peu diffusée ou dispersée. L'objectif de cette collection est l'édition de recherches sur l'habitat au sens large (logements, équipements, architecture, espaces publics appropriés) et la réédition de textes importants écrits dans les dernières années, en France et à l'étranger, afin de constituer une collection d'ouvrages de référence pour les étudiants, les chercheurs et les professionnels.

Dernières parutions

N. HAUMONT, *L'urbain dans tous ses états*, 1998.
Y. FIJALKOW, *La construction des ilots insalubres*, 1998.
N. HAUMONT, B. JALOWIECKI, M. MUNRO, V. SZIRMAI, *Villes nouvelles et villes traditionnelles, une comparaison internationale*, 1998.
C. LEVY-VROELANT (ed.), *Logements de passage*, 2000.
H. RAYMOND, *Paroles d'habitants : une méthode d'analyse*, 2001.
N. HAUMONT, *Les pavillonnaires*, 2001.

ISBN : 2-7475-0344-5

Marie-Geneviève DEZÈS

La politique pavillonnaire

Préface d'Antoine Prost

L'Harmattan
5-7, rue de l'École-Polytechnique
75005 Paris
France

L'Harmattan Inc.
55, rue Saint-Jacques
Montréal (Qc) CANADA
H2Y 1K9

L'Harmattan Hongrie
Hargita u. 3
1026 Budapest
HONGRIE

L'Harmattan Italia
Via Bava, 37
10214 Torino
ITALIE

Cet ouvrage est publié avec le concours du Ministère de la Culture et de la Communication, Direction de l'Architecture et du Patrimoine, Bureau des Formations et Métiers de la Recherche Architecturale et Urbaine.

Nous remercions Angélique Parisse pour l'aide qu'elle nous a apportée dans la réédition de cet ouvrage.

Couverture : décor peint par les habitants sur la façade d'un ensemble de logements sociaux, photo Collection Nicole Haumont.

Sommaire

Une table détaillée des matières figure à la fin de l'ouvrage.

AVANT-PROPOS DE LA REEDITION

Ce livre a été conçu au milieu des années 1960, dans le cadre de l'Institut de Sociologie Urbaine présidé par Henri Lefebvre. Il faisait partie d'une trilogie[1] publiée par le Centre de Recherche d'Urbanisme, comprenant une étude psychosociologique des pavillonnaires dans les années 1960, ma recherche sur les origines du développement de l'habitat pavillonnaire et de l'attachement que les Français portent à la maison avec jardin, et une présentation d'ensemble de l'habitat pavillonnaire[2].

Si l'on a souhaité, trente quatre ans après sa publication, rééditer *La Politique Pavillonnaire*, ce n'est pas uniquement parce que la première édition en était depuis longtemps épuisée. C'est aussi parce que le thème qui y était traité n'a jamais été repris dans toute sa complexité, malgré son actualité de plus en plus évidente.

Les différentes voies qui y étaient explorées : politique urbaine, hygiénisme, politique de l'habitat social, paternalisme, rôle de Le Play et des leplaysiens dans la mise en œuvre du réformisme, passage de la philanthropie à l'Etat-Providence, développement de nouvelles formes de production et de consommation du logement, formes d'intervention des acteurs du changement urbain, croissance des banlieues, développement de mythes littéraires et de stéréotypes sociaux relatifs au chez-soi, à la maison, au jardin, à l'accession à la propriété, ont été par la suite largement empruntées par une recherche urbaine dont le développement dans la décade suivante a fait exploser le nombre d'ouvrages qui y étaient consacrés.

Traditionnellement, les travaux français d'histoire urbaine tournaient davantage autour de l'histoire des villes que des phénomènes d'urbanisation et de leurs conséquences sociales. Toutefois, du fait de l'engagement de plus en plus massif de l'Etat dans l'encadrement de la croissance urbaine, dans le contrôle et la production de la

---

[1] Nicole HAUMONT, *Les Pavillonnaires*, Marie-Geneviève RAYMOND-DEZES, *La Politique Pavillonnaire*, H.RAYMOND, N.HAUMONT, M.-G. RAYMOND-DEZES, A.HAUMONT, *L'Habitat Pavillonnaire*. Préface d'Henri LEFEBVRE.

[2]. Les trois ouvrages sont réédités simultanément dans la collection Habitat et Sociétés de l'Harmattan. Je saisis cette occasion de dire la reconnaissance que je dois à ceux qui m'ont encouragée et conseillée à l'origine : mon Directeur de recherches René Rémond, l'historien Jean-Marie Mayeur et le géographe Pierre George, ainsi que ma joie d'avoir alors travaillé au sein de l'équipe dynamique et chaleureuse de l'ISU, dont l'influence amicale a orienté ma carrière ultérieure, au département de Sociologie de l'Université Paris-Nanterre (Paris X), puis dans les travaux d'histoire sociale et urbaine menés au CNRS.

construction aux XIX°et XX°siècles, et de la création d'organismes publics et parapublics spécifiques chargés des problèmes d'habitat des personnes à faible revenu, les spécialistes d'histoire contemporaine ont trouvé des sources diversifiées à l'échelon national qui leur permettaient d'écrire des synthèses à plus grande échelle, tandis que le développement des sciences sociales les incitait à se préoccuper du vécu et de l'évolution des populations citadines.

L'Institut Pierre Léon, à Lyon, lança les premières grandes études d'histoire sociale urbaine contemporaine, dont beaucoup furent produites ou dirigées par Yves Lequin. Roger-Henri Guerrand ouvrit le champ des recherches en matière de politique du logement social. Par la suite, Annie Fourcaut développa l'analyse des lotissements défectueux et de la banlieue rouge de Paris, dont la thèse pionnière de Jean-Paul Brunet sur *Saint Denis la Rouge* avait commencé le cycle en montrant l'intérêt et la complexité de problèmes qui préfiguraient ceux actuellement rencontrés à la périphérie des villes.

Progressivement, les études faites par des chercheurs d'autres disciplines : architectes et urbanistes, géographes, juristes, politologues, psychosociologues et sociologues, qui, eux-mêmes, cherchaient de plus en plus à établir le cadre historique des analyses qu'ils développaient, devinrent, elles aussi, des sources pour l'historien contemporanéiste.

L'Institut d'Histoire du Temps Présent du CNRS, dès sa création au début des années 1980, conçut des programmes dont, à la demande de son Directeur François Bédarida, j'organisai les premières manifestations : séminaire d'histoire orale consacré aux grands acteurs de l'action urbanistique des années 1920 à nos jours, recensement thématique des recherches urbaines contemporaines, enfin, en 1982, table ronde interdisciplinaire sur les politiques urbaines. Par la suite, un groupe de recherche permanent s'y constitua autour de Danièle Voldman, plus spécifiquement centré sur l'histoire politique urbaine.

La nature même du changement urbain à partir de la fin des années 1960 a induit les chercheurs à focaliser leur intérêt sur le logement collectif, les grands ensembles, puis les cités de banlieue. C'est ainsi qu'à la fin des années 1980, un groupement thématique interdisciplinaire se constitua au CNRS sur le thème « Banlieues et changements urbains », co-dirigé par l'historien Claude Willard et le géographe Guy Burgel, dont je fus membre fondateur, et qui travailla pendant quatre ans, établissant des liens avec de nombreux autres groupes de recherche ou d'action, comme notamment la Mission Interministérielle Banlieues 89.

L'intérêt actuel d'un retour sur les thèmes de *La Politique Pavillonnaire* tient au fait que la fin du XX°siècle voit citoyens et politiques s'interroger en France sur les moyens de parer à l'insalubrité des logements bon marché, de répondre aux besoins en logement des populations en difficulté ; les liens entre misère sociale, exclusion, et danger des concentrations de populations qui en sont affectées paraissent évidents, comme c'était le cas à la fin du XIX°. Or c'est de la recherche de solutions d'intégration sociale par la modification des conditions d'habitat et l'accession à la propriété qu'est née la stratégie centriste ici nommée « politique pavillonnaire ».

Le lourd travail de recherche fait naguère pour exposer les problèmes de même nature auxquels furent alors confrontés les Français, et les solutions lentement élaborées par des hommes de bonne volonté, membres de la société civile et législateurs, apportait un éclairage historique qui peut ne pas être inutile aujourd'hui.

Les bégaiements de l'histoire nous ramènent, *mutatis mutandis*, à une quête similaire à celle que ce livre décrit : celle des moyens de transformer les conditions de vie et, par là, le comportement de populations privées de sécurité économique, devenues étrangères aux valeurs généralement acceptées par le reste de la société.

Marie-Geneviève Dezès

PRÉFACE DE LA RÉÉDITION

Tous les livres ne supportent pas d'être réédités après un tiers de siècle. Celui qu'on va lire résiste doublement à l'épreuve : non seulement il n'a rien perdu de son intérêt premier, mais il mérite, dans une perspective historique, une attention supplémentaire.

Son apport majeur reste irremplaçable : voici une fresque historique de grande ampleur des politiques « pavillonnaires » préconisées ou conduites en France pendant près de deux siècles, de la Restauration à l'après Seconde guerre mondiale. L'étude de la longue durée manifeste ici une fois de plus sa fécondité : elle structure le temps et met en évidence à la fois les tendances lourdes et les ruptures remarquables.

Dans l'ensemble, jusqu'à la Seconde guerre mondiale la continuité est frappante, comme les convergences.

Les avocats du logement individuel ouvrier poursuivent d'abord des objectifs moralisateurs et politiques : il s'agit de réduire le danger que représentent pour l'Etat et pour la société les ouvriers mal logés ; les faire accéder à la propriété, ou, à défaut, les loger dans des maisons accompagnées d'un jardinet, c'est créer des conditions favorables à l'éthique du travail et de l'effort, à la solidité des liens familiaux et à l'amélioration de l'hygiène en même temps que leur permettre de produire une partie de leur nourriture. Pour conjurer la menace prolétarienne, l'entreprise vise à la fois et réciproquement l'enracinement, l'amélioration des conditions de vie et la moralisation au mieux par la propriété, sinon par la famille. Préconisée par les réformateurs sociaux conservateurs, notamment par Le Play et son école, cette politique trouve des soutiens bien au-delà des rangs monarchistes, chez les industriels protestants libéraux de Mulhouse comme chez d'autres patrons soucieux de remplir les obligations que leur crée la conception paternaliste de leur rôle. Il s'y ajoute, de façon biaise en quelque sorte, les revendications utopistes de certains penseurs socialistes soucieux de créer les conditions concrètes du bonheur et qui semblent assez dangereux pour s'attirer les foudres marxistes.

Cette tradition intellectuelle se prolonge à la fin du siècle avec les catholiques ralliés, comme l'abbé Lemire et sa Ligue du coin de terre et du foyer. Mais l'originalité de la République est la rencontre de ce courant et d'un mouvement réformateur lui-même composite, animé par des républicains de progrès comme Jules Siegfried au Havre, Ribot ou Paul Strauss. Les accents sont divers ; certains sont plus attentifs à l'économie domestique des familles ouvrières, d'autres à l'hygiène et à la salubrité publiques ; tous ne sont pas unanimes sur le but à atteindre, les uns attachant plus d'importance que les autres à la propriété du logement. Beaucoup font partie des fidèles du Musée Social. Mais tous butent sur les difficultés financières de leurs projets. Le libéralisme officiel proscrivant l'aide directe de l'Etat, qui limite sa contribution à des dégrèvements fiscaux chichement mesurés, ils sont contraints de recourir au crédit et fondent, pour l'organiser aux meilleures conditions, des Sociétés de crédit immobilier. Construire sa maison n'en demeure pas moins hors de portée pour la plupart des ouvriers et concerne un horizon social beaucoup plus large, où se rencontrent des artisans, des petits fonctionnaires, des employés qualifiés et même ce que nous appelons aujourd'hui des cadres moyens. C'est avec la loi Loucheur (1928) que l'aide apportée par l'Etat à la construction de logements atteint un niveau significatif.

Marie-Geneviève Dezès retrace cette histoire en s'appuyant sur une masse impressionnante de documents peu connus, rares, voire parfois aujourd'hui inaccessibles, le temps ayant eu raison du mauvais papier. Elle a exploité l'immense littérature philanthropique du XIX° siècle aussi bien que les rapports officiels et les débats parlementaires. Elle nous en livre des extraits judicieusement choisis, qui nous font entendre les voix de l'époque et mesurer la plasticité du vocabulaire au service d'une idée constante. Surtout, elle s'est préoccupée de confronter le discours aux réalités sociales et urbaines ; elle s'est efforcée de suivre les phases de construction de logements individuels, maisons ou pavillons, et d'en dresser une géographie. La tâche était particulièrement difficile, car la documentation sur la construction dans les villes était particulièrement restreinte au XIX° siècle : la création du ministère de la Reconstruction et de l'urbanisme, ancêtre de l'actuel ministère de l'Equipement et du logement, remonte seulement à la Libération. Pour le XIX° siècle, et même pour la première moitié du XX°, on ne dispose donc que de données éparses, collectées par des commissions d'enquête ou des statisticiens curieux. De ce matériel disparate, elle a réussi à tirer des indicateurs simples, mais qui permettent la comparaison entre villes et entre périodes. Il y a là un immense travail, utilisé de façon synthétique, sans lourdeurs accessoires, dont on chercherait vainement ailleurs l'équivalent.

Ce récit d'une longue tradition débouche sur une rupture majeure, au tournant de la Seconde guerre mondiale, et le cycle semble se clore. L'urbanisme de la Libération délégitime l'habitat individuel au profit des immeubles collectifs. Au nom de la rationalité économique comme de l'hygiène, urbanistes, architectes et fonctionnaires répudient la maison petite-bourgeoise, individualiste et étriquée. Les théories corbuséennes triomphent, indifférentes à des aspirations qu'elles écartent, comme celles qui visent à l'individualisation des lieux ou à l'affirmation d'un statut. L'auteur montre bien la résistance de ces aspirations, dans un mouvement comme les Castors, mais elles ont une allure quelque peu « passéiste » et M.-G. Dezès prend, pour résumer finalement le grand courant qu'elle a fait revivre, le ton un peu nostalgique qu'appellent les ambitions révolues.

Pourtant, son livre témoigne, à sa date, d'un moment qui va s'avérer celui d'un retournement. L'enquête a été conduite au milieu des années soixante, à la plus belle époque des grands ensembles ; c'est en 1965 que culmine la courbe des constructions de logements collectifs (autorisations de construire). Deux ans plus tard, la loi d'orientation foncière se préoccupe de limiter les densités urbaines, en inventant les coefficients d'occupation des sols et le plafond légal de densité. Encore deux ans, et le ministre Albin Chalandon lance un concours pour construire 70 000 maisons individuelles. Replacé dans cette séquence, l'ouvrage de M.-G. Dezès, comme la trilogie dans laquelle il s'inscrit, prend un sens que l'auteur ne pouvait anticiper : l'intérêt pour le pavillonnaire, à cette date, est comme le signe avant-coureur d'un renversement de tendance qui ne se dessine pas encore, mais dont, à sa façon, le livre témoigne qu'il se prépare.

La tentation était grande, en effet, de se conformer à l'air du temps et de clore l'ouvrage en reprenant les condamnations, alors habituelles, du logement individuel. Or M.-G. Dezès montre au contraire que la demande pour ce type d'habitat conservait toute sa force. En même temps, son regard est assez juste pour identifier une mutation : l'heure n'était plus à une politique volontariste promue par des philanthropes ou des réformateurs ; la demande sociale qu'elle identifiait était aspiration au bon air, à la verdure, mais plus encore peut-être, à l'autonomie et à la reconnaissance sociale : c'était une revendication de statut autant qu'une conception du bien-vivre. Par là, elle annonçait à son insu les promotions immobilières ultérieures des bâtisseurs en série de « villages » et de « hameaux »... à proximité du RER. Il est bon, mais somme toute assez rare, et c'est pourquoi il convient de le relever quand le cas se présente, que les historiens ou les sociologues ne se laissent pas aveugler par les préjugés de leur temps et de leur milieu, mais qu'ils sachent regarder la réalité telle qu'elle est. N'est-ce pas l'ambition -et le critère- d'une science, fût-elle humaine ou sociale ?

Antoine PROST

INTRODUCTION

La politique pavillonnaire est un terme qui s'est imposé à l'issue d'une recherche sur l'évolution des représentations collectives et politiques de la variante individuelle de l'habitat social.

L'étude sans a priori idéologique d'un modèle relativement récent d'habitation à bon marché a révélé l'existence en France, au XIX° siècle et au début du XX°, d'une stratégie d'intégration, d'une véritable politique de réforme sociale par l'habitat dans des milieux réformistes qui souhaitaient améliorer le sort de citadins prolétarisés générés par la première, et surtout la seconde révolution industrielle.

Une controverse plus politique qu'urbanistique s'engagea alors autour des notions d'habitat collectif et d'habitat individuel, et surtout autour de la « petite maison avec jardin » à laquelle on prêtait des vertus intégratrices aussi critiquées par les adeptes du changement révolutionnaire que louées par ceux de l'évolution dans la paix sociale.

L'IDÉOLOGIE PAVILLONNAIRE.

En 1928, pendant le débat parlementaire de la grande loi créatrice de pavillons de l'entre-deux-guerres, la loi Loucheur, Paul Reynaud[1] a décrit l'objectif qu'avaient poursuivi avant lui les centristes chrétiens en cherchant à créer, au sein d'une économie de marché impitoyable, une sorte d'oasis pour les familles défavorisées:

> « Vous ne parlez que de logements, vous ne prévoyez pas un coin de verdure où la jeune mère puisse allaiter son enfant et où les enfants puissent s'ébattre. Nous parlons sans cesse des progrès de la démocratie, mais le premier des progrès de la démocratie consisterait à permettre à ces populations de s'épanouir, de respirer, en un mot, à leur donner du bonheur ».

L'idée que le « chez-soi » constitue l'antidote aux soucis de la vie de travail est en effet bien implantée dans l'esprit des hommes politiques et des décideurs français conservateurs jusqu'au milieu du XX° siècle, mais aussi dans celui des architectes : un numéro spécial de la revue *Construire* fut ainsi consacré à « la maison », décrite comme « lieu où l'homme se recrée et se retrouve. »[2]

---

[1] REYNAUD (P.).- Débats de la Loi Loucheur, *Journal Officiel*, Débats Parlementaires, Chambre, 2ème séance, 3 juillet 1928.

[2] JOUVE (R.), « La fonction de la maison », *Construire*, n° spécial *La Maison*, 1943.

La maison apparaissait aussi comme l'incarnation architecturale de l'individualisme, une zone d'autonomie et de liberté célébrée par le proverbe « Charbonnier est maître chez soi », révérée par des écrivains comme Paul Claudel[3] ou des architectes comme Charles Garnier[4].
L'amour du logis, et le désir de perpétuation patrimoniale et familiale qui l'accompagne souvent en France, ont été décrits dans la littérature chez les paysans (Georges Sand, Balzac), et les bourgeois (Balzac, Bordeaux, René Bazin, Mauriac). Ce pouvait être le vecteur de l'amour du terroir et de la patrie, ainsi que l'a chanté Péguy.

Pourtant, au XIX° siècle, lorsque se produisit l'exode rural vers les centres manufacturiers et les grandes villes industrielles, les nouveaux citadins paupérisés ne semblaient guère se soucier de trouver dans leur habitat une contrepartie à leurs problèmes économiques, peut-être parce que leur déracinement les avait éloignés des valeurs incarnées par « la maison », et qu'ils se projetaient plutôt vers un avenir qui améliorerait leur situation, ou que tout simplement ils vivaient au jour le jour en s'étourdissant par la consommation de plaisirs qui révulsaient les moralistes contemporains, et dont la description littéraire fit scandale, de *l'Ouvrière* de Jules Simon[5] en 1863 à *l'Assommoir* de Zola en 1877. Les ravages de l'alcoolisme, la déchristianisation, le développement du concubinage, la prostitution croissante des filles et femmes, inquiétaient, non seulement les moralistes, mais les rénovateurs sociaux.

L'Ecole dite du socialisme utopiste[6] avait trouvé un certain nombre de solutions qui nourrirent les débats de l'Assemblée née de la Révolution de 1848 ; sous le Second Empire, en dépit du développement de la philanthropie privée et de l'amorce d'une intervention de l'Etat-Providence, la situation s'aggrava du fait de l'accélération de la mécanisation de la production et des transports qui généra un nouvel exode vers les centres industrialisés. Les débuts de la Troisième République, marqués par l'insurrection et la répression de la Commune de Paris, et la diffusion des théories

---

[3] CLAUDEL (P.).- *Le Figaro*, 4 sept. 1937.

[4] GARNIER (Ch.).- *L'habitation humaine*, Paris, 1892.

[5] SIMON (J), (1814-1896). Professeur de philosophie d'origine très modeste, Normalien, député en 1848, puis 1863, membre de l'Académie des Sciences Morales et Politiques et de l'Académie Française, Ministre de l'Instruction Publique, Président du Conseil puis sénateur à vie sous la III°République, opposant à l'Empire et au boulangisme, ce républicain humaniste a écrit de nombreux ouvrages sur la situation des ouvriers et des femmes, dont le plus célèbre est celui cité ici, qui fit prendre conscience à un très large lectorat des problèmes de la condition prolétarienne.

[6] Les principaux chefs de cette Ecole furent Henri de Saint-Simon (1760-1825), Charles Fourier , (1772-1837), Pierre Leroux (1797-1871), Etienne Cabet (1788-1856), Pierre Joseph Proudhon (1807-1865), Louis Blanc (1811-1882), ainsi que l'anglais Robert Owen (1771-1858). A part Saint-Simon et Louis Blanc, tous ces réformateurs étaient de condition populaire.

marxistes, n'amenèrent aucune amélioration des conditions de vie, ni de ce que les observateurs contemporains nommaient la « moralité » des salariés prolétarisés. En 1889, un rapporteur de l'Académie des Sciences Morales et Politiques[7], constata amèrement que « les ouvriers de Lille et de Rouen raillaient les philanthropes qui voulaient les tirer de leurs caves ou de leurs greniers ».

C'est qu'en effet, parallèlement à ce processus de divorce entre le prolétariat et les autres catégories sociales, se développait une action combinée de philanthropes chrétiens et de législateurs de même tendance pour restaurer, chez les populations défavorisées, en même temps que des conditions de vie satisfaisantes, des valeurs identiques à celles des couches supérieures de la société.

L'apogée de cette action se situa, comme on l'a dit plus haut, au moment du vote de la loi Loucheur. Un de ses commentateurs en définit ainsi les objectifs[8] :

> « Le Français sentimental et rêveur aime sa maison à laquelle il prête une âme. L'ouvrier connaît moins ce sentiment que le bourgeois. Pour arriver à le faire naître dans le cœur des travailleurs peu fortunés, le législateur a bouleversé les principes du Code Civil. Il espère que leurs propriétaires s'attacheront (aux habitations à bon marché) parce qu'elles auront vu naître leurs enfants, qu'elles auront été les témoins muets, mais présents, de leur mariage, de leurs joies, de leurs souffrances, et qu'enfin elles auront assisté à la mort de leurs vieux parents ».

Il s'agissait ici d'une vision particulière de l'intégration prolétarienne, qui ne se satisfaisait pas de la simple augmentation du niveau de vie des salariés modestes. La paupérisation croissante du prolétariat[9] annoncée par Marx et précocement niée par certains de ses disciples révisionnistes[10], ne s'était pas réalisée. On notait même, entre les deux guerres, une croissance globale de revenus et de statut ; l'historien Jean Lhomme considérait en 1949 que « l'écrasante majorité des ouvriers parisiens -ceux qui, en 1936, touchaient plus de cinq francs par heure-, pouvaient être classés dans les classes moyennes »[11].

---

[7] BAUDRILLART (H).- *L'amélioration des logements d'ouvriers dans ses rapports avec l'esprit de famille*, Rapport à l'Académie des Sciences Morales et Politiques, Paris, 1889.

[8] CABIROL (M.).- *Les lois Ribot-Loucheur*, Paris, Etienne, 1930.

[9] COLLINET (M.) : « toutes les écoles sociales ont identifié au siècle dernier le salariat avec le prolétariat en liant le salaire aux notions de dénuement et d'insécurité », *Essai sur la condition ouvrière 1900-1950*, Tome I, Paris, Ed. Ouvrières, 1952.

[10] KAUTSKY (K.).- *Le marxisme et son critique Bernstein*, 1901, cité in COLLINET, *op.cit.*

[11] LHOMME (J.). *Idées et forces*, janv.-mars 1949.

C'est bien du reste cette vision intégratrice que dénoncèrent, dans la seconde moitié du XIX° siècle, les théoriciens du socialisme scientifique, Marx et Engels, dans *le Manifeste du Parti Communiste*[12], Engels, dans *La Question du Logement*[13].

Pendant l'entre-deux guerres, elle fut à nouveau la cible des critiques d'architectes appartenant au courant corbuséen, à commencer par Le Corbusier lui-même, qui tonnait[14] contre :

> « les fomentateurs de cités-jardins et les responsables de la désarticulation des villes qui ont proclamé bien haut : philanthropie d'abord, à chacun son petit jardin, sa petite maison, sa liberté assurée »,

les accusant d'avoir « parfaitement bien détruit toute force collective. »

L'isolat ruralisé englobait même, pour lui, des réalisations pourtant promues par des hommes de la mouvance socialiste, la cité jardin ne lui paraissant pas moins défavorable que le pavillon à la constitution d'une conscience révolutionnaire :

> « Les cités-jardins, création de la fin du XIX°siècle, approuvées, favorisées, sanctifiées par le capitalisme (...), les cités-jardins, écluse du grand torrent des rancœurs accumulées (...) De cette foule gigantesque, de ces montagnes de vindictes et de revendications, on a fait de la poussière dispersée aux quatre vents des cieux, de la cendre inerte, de la poussière d'hommes. Le statut social égoïste et partial en a eu sa vie prolongée. »

Ce que dénonçait Le Corbusier n'était pas tant la vertu intégratrice de la maison en soi, mais le fait que l'extension horizontale de l'urbanisation écartèle la ville, devenant ainsi plus coûteuse, et faisant supporter au banlieusard des temps de trajet de plus en plus longs :

> « Quand les hommes arrivent à huit heures du soir, ils se taisent et sont terrés. »

Quelle que soit la nature du processus par lequel les habitants de pavillons ou de cités jardins risquaient de s'intégrer, adhésion réelle aux normes de pensée et de comportement de la communauté nationale ou simple assoupissement des facultés de révolte, des voix s'élevaient pour le contrer.

---

[12] *Le Manifeste du Parti Communiste*, écrit en 1847 par Marx et Engels, fut publié pour la première fois à Londres en 1848. Voir chapitre 1, « Le tournant de la révolution de 1848. »

[13] ENGELS (F).- *La Question du Logement*, recueil d'articles de 1872, publié en brochure en 1887, réédité à Paris en 1957. Voir chapitre 2, « Engels et la contestation marxiste du modèle pavillonnaire ».

[14] LE CORBUSIER.-(Edouard JEANNERET-GRIS, dit).- *Quand les cathédrales étaient blanches*, 1937, réédition Paris, Médiations, 1965.

Le débat ne serait cependant pas complet si l'on n'y ajoutait un dernier argument : la maison n'est pas seulement une forme d'habitat, c'est aussi un moyen de rendre le travailleur propriétaire, le seul avant l'extension du système de la copropriété, et le meilleur aux yeux des réformateurs libéraux. Même encore de nos jours, Jacques Rueff déclarait[15], en 1963 :

> « En dehors des bienfaits qu'elle apporte aux familles soucieuses d'intimité et d'indépendance, de la base solide qu'elle fournit au développement des vertus familiales, la maison individuelle présente un immense avantage sur le plan social, car elle se prête mieux et plus aisément que l'immeuble collectif à l'accession à la propriété. »

LA POLITIQUE PAVILLONNAIRE.

Mythe intégrateur, la maison fait-elle de son habitant un conservateur dans la vie réelle ?. La carte des zones urbaines à prépondérance d'habitat individuel ne correspondait pas automatiquement à celle des votes de droite, et l'histoire de la banlieue pavillonnaire, à Paris du moins, fut plutôt celle d'un électorat d'extrême gauche.[16]

Avant que le développement des grands ensembles en cités de banlieue ait créé une ghettoïsation sociale, les politologues concluaient que, du moins dans l'agglomération parisienne, le comportement électoral des habitants de pavillons ne différait guère de celui des habitant de grands ensembles[17]. Il n'y avait donc pas de preuves que, jusque dans les années 1960, le « pavillonnaire » différât de ses voisins, venant du même milieu social et partageant une tradition politique similaire.

Sur le long terme, il est très difficile de se rendre compte de l'état d'esprit des « pavillonnaires », de savoir si la politique pavillonnaire a été conçue en fonction de leurs désirs ou pour leur en inspirer, et de déceler à coup sûr si leur mentalité et leur comportement politique ont été modifiés par le développement d'un logement social unifamilial dont la croissance n'est pas aisée à mesurer.
C'est la raison pour laquelle il nous a fallu dépouiller un nombre considérable de documents variés : commentaires juridiques, manuels d'architectes, réflexions de moralistes ou enquêtes d'observateurs sociaux, sans oublier la propagande des lotisseurs, afin de suivre dans le détail l'évolution, les péripéties et les avatars du mythe pavillonnaire, de sa propagation, de sa concrétisation en réalité urbaine.

---

[15] RUEFF (J.).- *Rapport à la Commission du Logement de l'Académie des Sciences Morales et Politiques*, 27 mai 1963.

[16] BASTIE (J.).- *La Croissance de la Banlieue Parisienne*, Paris, PUF, 1964.

[17] PIRET (J), BODIN (L.).- « Le comportement politique dans les grands ensembles de la région parisienne », *Revue Française de Science Politique*, 13 (4), décembre 1963.

Alors que la maison de type rural, à rez-de-chaussée, décroissait régulièrement en importance relative du fait de l'urbanisation qui s'accéléra à partir de la Monarchie de Juillet, dans la période 1896-1911 le nombre des maisons à un étage subit la plus forte poussée de son histoire. Bien qu'on ne puisse les répartir par catégories car les fermes et les maisons individuelles étaient décomptées ensemble dans les recensements jusqu'en 1946, on peut induire qu'il y a eu croissance du logement unifamilial du fait que, globalement, le nombre moyen de logements par immeuble d'habitation diminuait dans les grandes villes alors que l'amélioration des techniques de construction permettait d'y construire des immeubles plus élevés.

Ce changement est très probablement en relation avec l'intervention en faveur de l'habitat unifamilial des premiers législateurs favorables à l'idéologie pavillonnaire, dont l'effet s'est fait sentir au-delà du cadre strict de l'application de la loi.
La première législation consacrée à la construction sociale, la loi Siegfried de novembre 1894, renforcée et développée par les lois Strauss de 1906 et Ribot de 1908 (cette dernière instituant le Crédit Immobilier), constitua en effet la mise en pratique de ce que nous appelons ici la politique pavillonnaire, et dont les antécédents et le développement sont étudiés dans cet ouvrage.

Entre les deux guerres, le développement de la maison individuelle fut encore supérieur, et les responsables de l'étude sur l'évolution du logement en France sur cent ans menée par l'INSEE en 1957[18] précisèrent que le rôle de la loi Loucheur fut ici déterminant.
L'enquête sur les conditions de logement dans les villes de plus de 50 000 habitants en 1954[19], parce qu'elle concerne des agglomérations en forte croissance, permet de mieux analyser la répartition géographique de ce développement, et son évolution dans le temps par l'étude du nombre de constructions par année et type de logement.
L'INSEE n'a enregistré dans cette étude que la date de construction des maisons existant en 1954, ce qui nous empêche de décompter les constructions anciennes disparues à cette date du fait de destructions dues aux guerres ou à la vétusté, non répertoriées dans les recensements antérieurs.
Ces enquêtes de 1954, malgré ces lacunes, confirment que la construction individuelle a trouvé son apogée à la fois numérique et géographique dans la période de l'entre-deux-guerres, le rapport habitat individuel / habitat collectif étant plus faible dans la période précédente, 1870-1914, pour la majorité des villes. Des poussées locales de construction individuelles sont à noter ; nous avons toutes les raisons de croire qu'elles furent liées à l'action du patronat chrétien dans les zones industrielles. Dans les villes restées au stade préindustriel, la présence de logements individuels devait être d'une autre nature et refléter la construction de petits hôtels

[18] INSEE.- « L'évolution des conditions de logement en France depuis cent ans », *Etudes et Conjoncture* n° 10-11, oct-nov 1957.

[19] INSEE.- « Enquêtes sur les conditions de logement dans les villes de plus de 50 000 habitants en 1954 », *ibidem*, pp 1243-1369. Voir tableaux et cartes.

particuliers et de villas, qu'il aurait naturellement été possible de distinguer du pavillon par leur prix, leur apparence, et la taille de la parcelle, si l'on avait disposé de ces éléments.

La politique pavillonnaire a donc porté des fruits quantitatifs. Le plus apparent d'entre eux est qu'elle a créé de l'espacement social ; était-ce pour générer de l'assoupissement collectif comme le disait Le Corbusier, ou plutôt pour éviter la concentration de « classes dangereuses » et maîtriser l'organisation des villes ?

Dans ce cas, cette stratégie intégratrice n'aurait été que la continuation d'une politique urbaine française fort ancienne, que François Miron résumait déjà clairement dans une lettre à Henri IV[20] :

> « C'est une malheureuse idée de bâtir des quartiers à usage exclusif d'artisans et d'ouvriers. Dans une capitale où se trouve le Souverain, il ne faut pas que les petits soient d'un côté et les gros dodus de l'autre. Vos quartiers pauvres deviendraient des citadelles qui bloqueraient vos quartiers riches ».

Le projet ainsi dénoncé était le refoulement vers les faubourgs des ouvriers et artisans du quartier parisien Bonne Nouvelle. Son principe est resté d'actualité.

La politique pavillonnaire a en effet eu pour but, comme on le verra, non seulement de permettre aux populations en difficulté d'avoir de meilleures conditions de vie et de combattre leur exclusion sociologique, mais de « déconcentrer » les citadelles d'insalubrité et de pauvreté qui, selon ses concepteurs, constituaient une menace pour leur voisinage sur le plan des mœurs, puis de l'hygiène publique, et surtout de la dangerosité sociale et politique.

---

[20] MIRON (F.), Lettre à Henri IV citée in : « La Politique française de l'habitat », *Droit Social,*, 38, 1950.

Chapitre premier

La formation de l'idéologie pavillonnaire

Pendant une très longue période historique, les besoins en logement des populations n'ont pas été pris en compte par les pouvoirs publics. Toutefois, de l'urbanisme de l'Ancien Régime à celui de la Restauration, un changement qualitatif s'est opéré. La responsabilité collective en matière d'hygiène publique s'est peu à peu imposée, tandis que la diffusion de la petite propriété et le développement de la révolution industrielle posaient la question du contrôle de la qualité de la construction privée et notamment de celle des logements à bon marché seuls accessibles à la classe ouvrière en formation.

L'engouement manifesté par les classes moyennes sous la Restauration pour la maison et le jardin, les préoccupations humanistes des philanthropes chrétiens, les échecs des formes communautaires imaginées par les socialistes utopiques et le choc de la révolution de 1848 ont conduit des responsables politiques et des théoriciens réformistes à envisager une transposition populaire de la villa bourgeoise.

Ce modèle architectural était censé améliorer les conditions de vie des plus défavorisés, qui pourraient en devenir locataires ou propriétaires grâce à un financement philanthropique, patronal ou issu de la solidarité collective. Les avantages de la maison avec jardin devaient, dans la pensée de ses promoteurs, apaiser les revendications économiques, tout en conférant à ses habitants une dignité sociale que le droit de vote universel masculin octroyé par la Seconde République leur permettait désormais de revendiquer pacifiquement, par un processus de renouvellement continu et légal des gouvernants.

L'EMERGENCE DU MYTHE DE LA MAISON.

Sous l'Ancien Régime, l'action des autorités royales portait principalement sur deux domaines : la grande voirie et l'architecture civile et urbaine, c'est-à-dire d'une part l'entretien et l'aménagement, d'autre part la construction et l'ordonnancement. Cependant, au sein de ce que l'on pourrait appeler un urbanisme-cadre, des préoccupations d'hygiène, de sécurité et de maîtrise de la croissance urbaine se faisaient jour, qui révélaient l'ancienneté de craintes relatives à la concentration urbaine d'habitations insalubres et d'habitants mécontents de leur sort que, après la révolution de 1848, le mythe pavillonnaire parut pouvoir calmer.

L'URBANISME D'ANCIEN REGIME.

L'urbanisme n'a eu d'existence autonome au sein des organes gouvernementaux de l'Ancien Régime que de façon éphémère. Au XVIe siècle, au moment où les populations citadines, dégagées en partie de la crainte obsidionale, commencèrent à construire en dehors des enceintes urbaines, les problèmes de l'extension et de l'aménagement des villes, et notamment de Paris, se multiplièrent.

La politique de voirie.

Le roi Henri IV créa pour Sully la charge de grand voyer en 1599. L'office fut dissous vingt sept ans plus tard, et les décisions d'administration urbaine relevèrent directement du Conseil Royal, mises à part les constructions qui dépendaient des Bâtiments du Roi.

La politique de voirie est l'aspect le plus ancien de l'intervention publique puisqu'elle remonte à la tradition romaine d'où elle tire son nom. La grande voirie, qui, seule, était soumise à l'autorité royale, n'a guère compris, en dehors de l'entretien des routes du royaume, de mesures d'aménagement portant sur l'ensemble du territoire français. Les règles de contrôle sanitaire que la concentration urbaine dans la capitale a peu à peu rendues nécessaires n'ont fait l'objet de mesures d'extension qu'à partir de la Révolution.

Ces règles d'Ancien Régime visaient d'ailleurs plus à décharger la responsabilité des services royaux envers les particuliers qu'à répondre à leurs besoins. Ainsi, les constructeurs devaient prévoir des fosses d'aisance pour les immeubles d'habitation[1] ; en ce qui concerne les égouts, ou « cloaques », la législation, en exerçant un contrôle sanitaire rendu nécessaire par la multiplication des habitants, mit à leur charge la vidange. De l'édit de 1539 qui prévoyait que « les urines », eaux croupies et corrompues devaient être jetées dans le ruisseau suivies d'un seau d'eau propre[2] aux arrêts du Conseil Royal des 21 Juin 1721 et 22 Janvier 1785 qui interdisaient aux Parisiens d'écouler à l'égout leurs eaux ménagères et latrines, il y a progression de l'hygiène, mais aggravation des charges privées. Que penser de la situation du particulier obligé, aux termes de l'édit de 1539 « d'empaqueter les ordures en mannequins et les porter hors la ville » ?

Seule la politique de l'éclairage fit exception. Après une tentative de recours à l'initiative particulière qui se solda par un échec en 1524, il fallut sans doute attendre plus d'un siècle et l'invention du porte lanterne pour que les autorités prissent la décision d'éclairer les rues de Paris[3]. Mais dès lors, on peut dire que les Parisiens profitèrent des progrès techniques : usage des quinquets d'abord, puis, en sautant la Révolution, utilisation, par volonté expresse de Louis XVIII, du gaz d'éclairage pour l'illumination du passage des Panoramas (1817). Il n'est sans doute pas très aventuré de penser que la libéralité monarchique en matière d'éclairage était inspirée par un souci de sécurité autant que par une volonté de prestige : c'est en effet le lieutenant

[1] Arrêt du Préfet de Paris du 13 septembre 1533 et Edit Royal de novembre 1539. Cité in ROZET (G). - *Dictionnaire de la législation de la propriété*, Paris, Imprimeries réunies, 1890.

[2] Edit Royal de 1539, *ibidem*.

[3] En 1667, il devint obligatoire de suspendre une lanterne à chaque extrémité des rues, et une troisième en leur milieu.

de police de Louis XIV, La Reynie, qui imposa l'utilisation de lanternes sur les voies publiques.

L'ordonnancement urbain.

L'extension de la capitale fut réprimée avec vigueur et continuité par les rois de France[4], pour des raisons que Louis XIV décrivit ainsi :

> « (Les rois) ont cherché tous les moyens de rendre (la capitale de leur royaume et le lieu ordinaire de leur séjour) la plus belle, la plus riche, et la plus peuplée de la France, et l'ont élevée au point qu'elle a surpassé en toutes choses les plus fameuses villes du monde (...) Etant difficile que l'ordre et la police se distribuent dans toutes les parties d'un si grand corps, cette raison les avait portés à la réduire (...) dans des limites justes et raisonnables. »[5]

En dépit de l'absence d'un plan préconçu, le développement des villes anciennes et classiques s'effectuait selon les règles d'un art urbain dont le dessein général s'inscrivait sur leur plan, et qui correspondait à l'état de la société. Ainsi, les villes romaines en damier -construites comme un camp militaire-, les villes du Moyen Age - à l'enceinte circulaire, au réseau curviligne, conçues pour le siège et la lutte contre l'envahisseur-, étaient comme le reflet d'une société conquérante ou troublée. A l'époque classique, les villes françaises s'épanouirent autour d'ensembles monumentaux commandés par les rois, images de l'ordre et de la majesté, images aussi de la centralisation monarchique, puisque autour des places, des palais, se pressaient les hôtels particuliers.

Le cardinal de Richelieu fut l'un des plus grands initiateurs de cette politique de commandes gouvernementales, avec, à Paris, la poursuite des travaux du Louvre, la construction du Palais Cardinal (actuellement Palais Royal), et en province la création *ex nihilo* de la ville de Richelieu. Sous Mazarin, la capitale s'enrichit encore : le Marais, la place des Vosges continuèrent une tradition qui se perpétua à travers la multiplication des hôtels de l'Ile-St-Louis, la création de la place Dauphine, de la place des Victoires, de la place Vendôme, de la place Louis XV et, à Nancy, de la place Stanislas, ordonnancée en l'honneur du beau-père du roi.
Cette architecture urbaine de prestige fut reprise par les deux Empires et la Restauration, avec l'érection de l'Obélisque, l'achèvement de la place St Sulpice, de l'Arc de Triomphe, l'aménagement des Champs Elysées, etc.

---

[4] Une longue succession d'arrêtés royaux furent pris pour limiter l'extension de Paris entre 1548 et 1765.

[5] Déclaration royale du 26 avril 1672, accompagnant l'édit de limitation de la même date. Cité in BARBEDIENNE (R.). - *L'urbanisme et le règlement de construction dans les communes de la Seine*. T.I., *Urbanisme*, Paris, 1945, et BASTIE (J.). - *La croissance de la banlieue parisienne*, Paris, 1964.

Il s'agissait d'ailleurs là non seulement d'un ordonnancement urbain, mais d'un mécénat public de l'architecture. Les plus grands architectes et paysagistes pouvaient en effet, à l'occasion des commandes royales, et de celles qu'une telle clientèle leur procurait, exercer et affiner leur génie créateur et novateur. C'est grâce à cette politique que la construction privée, qui suivait la mode lancée par les Bâtiments du Roi dans la mesure de ses moyens, connut au XVIIIe siècle ce que l'on appela son « âge d'or »[6].

L'AVENEMENT DES PROBLEMES D'HABITAT.

La prise en compte des problèmes d'habitat par les pouvoirs publics a résulté essentiellement, faute d'une urbanisation précoce et dynamique, de décisions politiques prises lors de la Révolution de 1789. La suppression des corporations, qui laissait sans cadre la construction privée, le développement de la petite propriété lié à la suppression du droit d'aînesse garantissant la transmission intacte des grands patrimoines fonciers, et au morcellement des domaines confisqués aux nobles et au clergé, ont créé la nécessité nouvelle d'encadrer la construction privée, et, pour les techniciens de la construction, de se soucier des besoins de leur clientèle et de ses goûts.

Le renforcement des contrôles publics.

Jusqu'à la Révolution, la construction privée était placée sous le contrôle de la corporation des maçons ; le respect de la tradition s'alliait chez ces professionnels à une connaissance étendue de l'évolution technologique et de la diversité des modes d'habitat. Les règles très strictes de l'apprentissage compagnonnique, l'obligation du Tour de France où les futurs compagnons s'initiaient auprès de leurs anciens aux différentes techniques de construction, étudiaient de nombreux types de logement, s'initiaient aux styles régionaux, formaient des artisans de haute valeur professionnelle et de large information esthétique. On peut dans une certaine mesure y voir le secret de l'harmonie de l'urbanisme spontané qui, sans règle écrite, régnait dans les villes préindustrielles.

Cependant, dans les dernières années de l'Ancien Régime, une volonté planificatrice se manifesta en ce qui concerne la capitale. L'ordonnance du 10 avril 1783 fixait un rapport entre la hauteur des maisons et la largeur des rues, et prévoyait en outre le relevé d'un plan géométral de Paris. Ce souci nouveau d'encadrement de la part de l'Etat restait centré sur l'urbanisme.

La politique urbaine de la monarchie ne fut à aucun moment dominée par le souci d'assurer à la population des logements en nombre ou en qualité suffisants. Elle consistait en un contrôle de la sécurité et de l'hygiène publiques laissant de lourdes

---

[6] RAMBERT (Ch.). *-Histoire de l'architecture civile française*. Paris, Ed de l'Information du Bâtiment, 1962.

tâches aux particuliers, et une série de commandes d'architecture urbaine prestigieuse. L'habitat relevait du domaine privé, les mesures d'encadrement réglementaire, du reste rares, ne sortaient guère du domaine technique.

La Révolution de 1789 vint apporter quelques changements à cet état de fait. D'abord, elle mit à l'honneur l'idée d'une réglementation nationale : à la centralisation parisienne de la législation succéda la supervision du droit coutumier provincial par la loi générale. Les communes furent investies de pouvoirs d'administration nouveaux. Par exemple la loi des 16 et 24 août 1790 étendit à tous les bourgs et villages l'obligation du permis de construire prévu pour Paris par l'édit royal de 1607. Dès le 14 décembre 1789, une loi modifiée et complétée par celle de 1790, mettait en place une politique municipale de salubrité, qui prit pouvoir réglementaire par la loi des 19-22 juillet 1791. La loi du 1er décembre 1798 mit l'éclairage des rues à la charge des communes.

Diffusion de la petite propriété et engouement pour « la maison ».

L'innovation la plus importante, en fait l'innovation fondamentale de la Révolution en matière d'urbanisme et d'habitat, fut sa politique de biens nationaux. En mettant à la disposition des particuliers les grandes propriétés foncières du clergé et des nobles émigrés, en permettant le morcellement, en supprimant la vassalité des terres et en proclamant l'égalité civile et fiscale, la Révolution de 1789 amorçait un bouleversement symbolique des structures de la propriété et de la construction qui se traduisit par un développement des désirs de petite propriété, l'essor consécutif de la spéculation foncière, et l'intervention dans le circuit de la construction privée de nouveaux personnages : l'acheteur de biens nationaux, puis le lotisseur.

L'Empire n'apporta pas de grandes nouveautés. Sa politique urbaine consista à renforcer les possibilités d'intervention de l'Etat en matière de réglementation et d'ordonnancement[7], sans prendre en compte les besoins en logement de la population. Si un contrôle de l'hygiène et de la salubrité fut institué, il ne concerna que les établissements manufacturiers. A Paris, toutefois, l'institution par Dubois, Préfet de Police de la Seine, d'un Conseil de salubrité indique que se font jour des préoccupations sanitaires nouvelles, liées au développement industriel français, et notamment à celui des grands bassins d'emploi urbains où, parallèlement, se créaient pour régler les conflits salariaux les premiers Conseils de Prud'hommes.
L'absence, chez le législateur, de préoccupations relatives au mauvais logement, à la misère urbaine, ne signifient pas qu'il en ignorait la présence ; il s'agissait simplement d'une conception restreinte du rôle de l'Etat, qui rejetait la solidarité sociale dans le domaine de la philanthropie privée..

---

[7] Création de la servitude du reculement (loi du 16 septembre 1807), et réglementation de l'expropriation (loi du 8 mars 1810).

Sous la Restauration, le développement du dépeçage des grandes propriétés commencé avec la vente des biens nationaux, malgré le retour des nobles émigrés qui avaient été dépossédés de leurs terres lors de la Révolution, s'amplifia au rythme de l'enrichissement de la nouvelle bourgeoisie commerçante et industrielle. Si le paysan a toujours tenté d'acheter de la terre, le « démon de la propriété » se diffusait à présent dans des couches de plus en plus larges de la société. Balzac décrivit le phénomène, peignant notamment dans son *César Birotteau* le petit bourgeois citadin qui s'enorgueillit de la maison qu'il se bâtit et rêve de sa « campagne », comme tant d'abonnés au *Dictionnaire d'Agriculture* ou à la *Maison Rustique*.

La bourgeoisie « conquérante » se devait de montrer un blason : ce fut la propriété immobilière et foncière. Cet engouement double pour l'habitat individuel urbain et un retour à la campagne d'autant plus souhaité que la ville s'étendait et s'industrialisait ne fit que progresser jusqu'à la fin du XIX° siècle, et ouvrit un nouveau domaine à la construction privée : celui de la résidence secondaire et, pour les couches les moins aisées de la population, celui du lotissement de banlieue. La littérature qui dépeignait ces aspirations, et la propagande commerciale des constructeurs qui les ciblaient, concoururent à partir de cette époque au développement d'une mythologie urbaine de la « maison avec jardin ».

Les monarchies restaurées permirent l'épanouissement de ces tendances, tout en n'apportant aucune nouveauté dans le domaine législatif.

Pendant cette période, cependant, une réflexion s'engagea, à partir de décembre 1848, qui permit, que s'ouvrît une nouvelle phase de la législation : la réglementation qualitative de l'habitat.

LA GENESE D'UNE PHILANTHROPIE DE L'HABITAT SOCIAL.

A partir des années 1820, les notables et responsables politiques régionaux prirent conscience des effets sociaux de l'industrialisation : afflux d'une main d'œuvre à faibles ressources vers les centres industriels et urbains, disproportion entre l'offre et la demande de logements tant au point de vue du prix que du nombre.

Dans divers milieux éclairés, économistes, moralistes, penseurs politiques, édiles, entrepreneurs, on commença à se préoccuper des conditions de travail nées de la mécanisation, qui affectaient la santé des populations et leur devenir, les enfants y étant soumis comme les adultes, et de la pénurie de logements salubres à bon marché. A Paris, où, entre 1801 et 1850, la population passa à peu près du simple au double, les gouvernants eurent sous les yeux le spectacle frappant d'une inquiétante congestion urbaine.

L'inquiétude naissante des élites venait sans doute de leur pitié pour la situation misérable d'une grande partie des salariés industriels, mais elle était aussi inspirée par la dégradation, chez ces prolétaires, des valeurs et des cadres traditionnels de la société française. Le double aspect humanitaire et moral de la réflexion sur la condition ouvrière, la plupart du temps nourrie par une culture religieuse, a conduit à nommer ce mouvement de pensée le christianisme social.

Le caractère unificateur du terme ne doit pas faire illusion. Les catholiques sociaux étaient divisés sur la conduite à tenir ; quant aux protestants sociaux, leur activité, placée sous le signe de la laïcité, dérivait d'une tradition ancienne de paternalisme patronal.

LES HESITATIONS DES PHILANTHROPES CATHOLIQUES.

Les catholiques conservateurs, persuadés du caractère naturel des inégalités sociales, comptaient sur la charité pour secourir les moins aptes, les plus faibles, et sur l'éducation pour permettre l'ascension sociale des plus doués. Lamennais se fit leur porte-parole dans son premier article pour le *Drapeau blanc*, en 1822, où il parlait à la fois de la nécessité d'institutions charitables comme la Société de St Joseph qui venait de se créer à Paris pour fournir un logement gratuit aux ouvriers, et de l'impérieuse obligation de restaurer les valeurs morales et sociales qui « autrefois (...) concouraient à maintenir l'ordre dans cette classe nombreuse. » Ces théories furent également soutenues par Bonald dans ses articles de 1837 pour la *Gazette de France*[8], et par des journaux comme *l'Alliance* ou *le Conservateur*. Les Œuvres ecclésiastiques et monacales constituaient la base de l'action charitable, offrant des hôpitaux aux malades, des hôtelleries gratuites aux ouvriers nécessiteux ou itinérants.

[8] BONALD (Vicomte de), « De l'industrie et du paupérisme », *La Gazette de France*, 20 juin et 6 septembre 1837.

Nombreux furent ceux, qui, avant 1848, eurent des sympathies pour les doctrines associationnistes de Saint Simon, et cherchèrent à favoriser le développement de coopératives ouvrières de production et de consommation. Profondément moraliste, leur réflexion s'attachait au double aspect d'amélioration des conditions de vie et du rétablissement d'un cadre et d'un ordre favorable aux bonnes mœurs. Religion, Famille, Association ouvrière, tels étaient les mots d'ordre de cet « industrialisme » catholique, qui, chez les légitimistes, prenait la forme d'un néo-corporatisme, tandis que des libéraux comme de Coux ou Pradié allaient jusqu'à prôner l'association syndicale.

L'aile gauche des catholiques, de loin la moins nombreuse du fait que son attrait pour le socialisme lui attirait les foudres du Vatican[9] tandis que son étiquette cléricale lui aliénait la sympathie des théoriciens et des travailleurs déchristianisés dont elle souhaitait se rapprocher, était à l'époque bien représentée par la Société Saint François-Xavier. Celle-ci, sous l'impulsion de prêtres jésuites comme l'Abbé Ledreuille, « le prêtre des ouvriers »", touchait assez au socialisme pour inquiéter les autorités de police[10] , sans pour autant entraîner l'adhésion de Buchez[11] et des travailleurs pourtant en majorité chrétiens qui s'exprimaient dans le journal *l'Atelier*.[12] Les chefs du socialisme utopique avaient eu des recrues parmi les notables catholiques, mais l'adaptation que ces derniers faisaient de leurs théories[13] étaient fort loin du modèle. Ainsi, Augustin Cochin ne retint de l'expérience anglaise de paternalisme éclairé d'Owen à New Lanark[14] que les salles d'asiles pour ouvriers qu'il fit construire dans sa municipalité du XIV° arrondissement de Paris ; Victor Calland et Hippolyte de La Morvonnais proposèrent du Phalanstère de Fourier des versions reniées par les fouriéristes orthodoxes[15].

---

[9] La Hiérarchie catholique rappela à l'ordre ces catholiques de gauche après l'échec de la Révolution de 1848.

[10] Rapport de police du 10 février 1846 cité in DUROSELLE (J-B.).- *Les débuts du catholicisme social en France, 1822-1870,* Paris, PUF, 1951.

[11] BUCHEZ (Ph-J-B), (1796-1865). D'abord disciple de Saint-Simon, il créa une doctrine néo-catholique mélangeant des éléments démocratiques aux dogmes évangéliques. Il eut une forte influence à travers ses écrits et son journal l'*Européen*, et fut l'inspirateur du journal ouvrier *l'Atelier*. Député, puis Président de la Constituante de 1848, lors de l'envahissement de cette Assemblée en mai, il fut discrédité par son attitude équivoque, destitué, et sombra dans l'oubli.

[12] *L'Atelier*, journal d'ouvriers qui parut de 1840 à 1850, cherchait à constituer un mouvement ouvrier chrétien en dehors du catholicisme social.

[13] Voir Introduction, note 6, et ci-dessous « l'échec des expériences communautaires ».

[14] Robert Owen (voir Introduction, note 6), fils de paysan, commis de filature puis entrepreneur textile à Manchester, après son mariage avec la fille d'un filateur écossais, créa à New Lanark une nouvelle entreprise où, à partir de 1813, il chercha à améliorer les conditions de vie ouvrière dans un système corporatif amélioré.

[15] Voir Introduction, note 6, et ci-dessous « l'échec des expériences communautaires ».

C'est parmi ce qu'on pourrait appeler les catholiques de juste milieu que des propositions d'action politique et économique se firent jour. Parfois, il y eut de lentes conversions de l'action charitable à la solidarité collective : on peut citer à titre d'exemple l'itinéraire du baron de Gérando qui, en 1820, publiait *Le Visiteur des Pauvres*, mais, en 1839, en était venu à élaborer un *Traité de la bienfaisance publique*.

L'un d'entre eux qui, par ses fonctions, était appelé à mesurer le danger que représentait la détérioration croissante des conditions de vie dans les zones manufacturières, alerta l'opinion publique, après avoir informé le gouvernement royal. Le Préfet du Nord Villeneuve-Bargemont fit en 1828 une enquête dans le département dont il avait la responsabilité, dans laquelle il recommandait au patronat catholique local de construire pour son personnel des logements salubres[16], puis publia en 1834 un véritable plan d'action réformiste dans son traité d'*Economie politique chrétienne*[17].

L'éveil des consciences se traduisit notamment par la demande, faite en 1837 par l'Académie des Sciences Morales et Politiques au médecin et économiste Villermé, d'une enquête sur le paupérisme industriel ; le célèbre *Tableau de l'état physique et moral des ouvriers*[18] qu'il publia en 1840 conduisit au vote de la première loi sociale française, celle de 1841 sur la limitation du travail des enfants.

LE PATRONAT PROTESTANT ET LE LOGEMENT OUVRIER.

L'année même où le Préfet du Nord exhortait le patronat catholique à construire des logements salubres pour ses ouvriers, en 1828, des industriels protestants inspirés par l'exemple de New Lanark se proposaient un but identique.

Daniel Legrand, de la Société Industrielle de Mulhouse, faisait en effet paraître les premiers numéros du *Bulletin* de cette Société où, en accord avec l'idée et l'expérience du théoricien anglais Owen, on posait le principe de la séparation entre réforme politique et réforme sociale, et celui du paternalisme éclairé.

André Koechlin, également membre de cette Société, industriel et maire de Mulhouse, entreprit le premier de mettre ces principes en pratique. Vers 1830,

> « il fit bâtir pour 36 ménages d'ouvriers de ses ateliers de construction des logements où chacun a deux chambres, une petite cuisine, un grenier et une cave pour 12 à 13 francs par mois, moins de la moitié du loyer qu'ils paieraient ailleurs.

---

[16] Le rapport de M. de Villeneuve-Bargemont est cité dans : BEAUJOT (E.), « Le département du Nord sous la Restauration », *Revue du Nord*, Tomes XXV et XXVI.

[17] VILLENEUVE BARGEMONT (Vte A. de), (1784-1850). - *Economie Politique Chrétienne ou Recherches sur les causes du paupérisme*, 3 vol., Paris, 1834.

[18] VILLERME (L-R.), (1782-1863).- *Tableau de l'état physique et moral des ouvriers dans les fabriques de coton, de laine et de soie*, 2 vol., Paris, 1840.

En outre, et sans augmentation de prix, à chaque logement est attaché un jardin pour y cultiver une partie des légumes nécessaires au ménage, et surtout pour habituer l'ouvrier à y passer le temps qu'il donnerait au cabaret »[19].

L'idée mulhousienne se répandit en Alsace, à Guebwiller, chez les industriels Schlumberger et Bourcart, à Colmar, et à Beaucourt, près de Belfort, dans l'entreprise d'horlogerie Japy. Les patrons protestants semblaient plus facilement acquis que leurs homologues catholiques à cette forme d'intervention concrète, dont cependant l'extension restait limitée, selon le témoignage de Villermé[20]qui écrivit en 1849 :

> « Dans plusieurs départements de la France, surtout depuis 1841 (...) plusieurs propriétaires d'usine (ont construit) à leurs frais avec une utilité que l'expérience confirme chaque jour, des maisonnettes assez spacieuses, très commodes, convenables à tous égards, auxquelles ils joignaient souvent et gratis un terrain ou jardin et même parfois un appentis et une petite étable à porcs. Chacune de ces habitations était pour une seule famille, malheureusement, il n'y en avait encore qu'un petit nombre ».

L'exemple du patronat protestant fut cependant montré à l'ensemble du patronat français par M. de Villeneuve Bargemont qui, devenu député, en fit l'éloge lors du débat parlementaire de 1837 sur le travail des enfants.

La conception des cités ouvrières n'était pas neuve en France puisque, dès le XVIIIe siècle, M. de Buffon en avait fait construire pour les 400 ouvriers de ses manufactures de Montbard. Mais la nécessité de telles réalisations ne semblait pas s'imposer à l'esprit de tous les industriels. Le plus souvent, ils laissaient à leurs salariés le soin et la charge de se trouver un logement dans les villages et les villes avoisinant la mine ou l'usine.

L'habitat ouvrier spontané variait avec les dimensions de la ville et les conditions offertes par la construction de rapport ou le prix des terrains. Dans les villages, la solution la plus courante était de prendre pension dans des familles ou chez les cabaretiers, dans les grandes villes, comme à Paris, de louer un logement dans les étages supérieurs des immeubles bourgeois ou dans les bâtiments moins confortables de la périphérie. Certaines villes voyaient par contre se constituer un habitat individuel aux dimensions restreintes, souvent accompagné de jardins et de petits appentis destinés au rangement ou à l'élevage de lapins et volailles, comme c'était le cas dans le Nord et le Pas-de-Calais, à Lille, Roubaix, Tourcoing, Amiens, Anzin,

[19] VILLERME, *Tableau de l'Etat physique et moral des ouvriers, op.cit*

[20]. VILLERME (L-R), « Les cités ouvrières », *Annales d'Hygiène Publique et de Médecine Légale*, T.XLII, 1849.

Aniche. Toutefois, les conditions d'habitat en étaient peu améliorées, du fait du surpeuplement de ces petits logements.
Les premières réalisations patronales dans la région, celles des Compagnies minières, s'étaient orientées vers la construction d'immeubles collectifs, ceints de murs et de grilles, véritables camps de concentration ouvrière, dont un exemple est fourni par Aniche et Anzin. Toutefois à Blanzy, dès 1834, la Société de la Vieille Montagne construisit des maisons avec jardin[21].

La Révolution de 1848, la répulsion éprouvée par les conservateurs à l'égard des expériences de socialisme communautaire, amenèrent les notables réformistes partisans du libéralisme économique à adopter progressivement l'idée d'une politique régalienne de l'habitat et de l'accession à la propriété.

Qu'il s'agisse du travail des enfants ou de l'hygiène de l'habitat des plus démunis, l'inefficacité de la philanthropie privée conduisit les parlementaires royalistes à accepter le principe d'une intervention de l'Etat. C'est en effet le légitimiste Riancey, soutenu à la Chambre par Anatole de Melun, qui fut rapporteur de la loi sur les habitations insalubres votée le 22 avril 1850.

L'ECHEC DES REFORMES COMMUNAUTAIRES.

La promotion de l'habitat collectif n'était pas absente des théories de l'époque ; mais elle était intimement liée à des expériences de type communautaire, destinées par leur exemple à réformer la société, celles de l'Anglais Owen, et des français Cabet, et Fourier. Si leur audience et surtout leur développement restèrent limités, il semble qu'à la suite de l'action des révolutionnaires de 1848 et notamment de la remise en cause du droit de propriété, une certaine confusion ait été faite dans les milieux conservateurs entre les théories communautaires et communistes, et la construction d'immeubles destinés à offrir sous le même toit un grand nombre de logements.

C'est l'équation collectif = phalanstère = communisme, dont les observateurs notèrent la naissance dans l'esprit public contemporain, à propos des réactions suscitées par la construction d'immeubles collectifs à Paris vers 1850. Cet amalgame est notamment décrit par deux membres éminents de l'Académie des Sciences Morales et Politiques spécialistes du logement ouvrier : Georges Picot [22] et

---

[21] Historique de la Société in PICOT (G.). - *Rapport du Jury des Habitations Ouvrières de l'Exposition Universelle de 1889*, Ministère du Commerce, Paris, 1891.

[22] PICOT (G.).- *Rapport du Jury des Habitations Ouvrières, op.cit.* Georges Marie René Picot (1838-1906), juge et légiste, rejoignit l'Ecole de la Paix Sociale créée par Frédéric Le Play (voir Chapitre 2), fit partie du comité de rédaction de son organe officiel La Réforme Sociale, et s'attacha particulièrement à la propagande en faveur de l'amélioration de la condition ouvrière, surtout par le biais de la construction d'habitations économiques. Rapporteur du Jury des Habitations Ouvrières de l'Exposition Universelle de 1889, secrétaire perpétuel de l'Académie des Sciences Morales et Politiques, il mena une action antisocialiste qui le conduisit à figurer parmi les fondateurs du Comité de Défense et de Progrès Social créé

Henri Baudrillart[23].

Les expériences communautaires auraient donc, malgré leur faible portée pratique, et peut-être même à cause d'elle, créé un contexte défavorable à l'adoption, par les philanthropes, et les décideurs libéraux, de programmes de logements économiques collectifs et de cités ouvrières.

L'ECHEC DES COLONIES COMMUNISTES.

L'idée de réformer la condition ouvrière en créant des microsociétés où seraient gommées les disparités sociales et où le mariage des activités agricoles et industrielles aplanirait l'opposition ville / campagne a été représentée sous diverses formes au cours de la première moitié du XIX° siècle. La dimension utopique des projets de trois théoriciens socialistes[24] aurait, selon les commentaires de Marx et Engels dans le Manifeste du Parti Communiste, « fait rêver une large partie du mouvement ouvrier naissant », elle a en tous cas alimenté les projets de réforme sociale même après l'échec de la Révolution de 1848.

Deux d'entre eux : l'Anglais Robert Owen et le Français Etienne Cabet, ont cherché à réaliser eux-mêmes sans succès leur « colonie », le troisième, Charles Fourier, ne parvint à construire ni son Phalanstère ni sa Cité ouvrière -dont nous parlerons plus loin-, et les tentatives de ses disciples n'eurent aucun effet d'entraînement.

Robert Owen et New Harmony.

L'expérience tentée par le filateur anglais au sein de son entreprise de New Lanark ne l'avait pas satisfait, car il n'avait pu y faire disparaître les inconvénients nés de la concurrence industrielle. Il chercha ensuite à faire adopter une législation protectrice par les Etats industrialisés, puis pensa à créer des communautés de taille réduite (douze cents personnes) où existerait une propriété collective des biens et une redistribution équitable des fruits du travail.
En 1819, il acheta un terrain aux Etats-Unis, en Indiana, où il créa une colonie à la fois agricole et industrielle, baptisée New Harmony (1825). Trois ans après, il dut

---

en 1895 par des leplaysiens et des économistes libéraux membres du groupe fondateur de l'Ecole Libre des Sciences Politiques.

[23] BAUDRILLART (H). - *L'amélioration des logements d'ouvriers, op.cit.* Henri Baudrillart (1821-1892), philosophe et économiste, suppléant de Michel Chevalier au Collège de France, entra en 1855 au Journal des Débats et devint rédacteur en chef du Journal des Economistes ; élu à l'Académie Française, il publia des ouvrages destinés à améliorer la condition et l'éducation des ouvriers ; Inspecteur général des Bibliothèques, professeur à l'Ecole des Ponts et Chaussées, membre de l'Académie des Sciences Morales et Politiques il s'intéressa à la fois au logement ouvrier et à la renaissance des traditions rurales de la France à la suite d'une enquête faite sur les populations agricoles à la demande de l'Académie Française.

[24] Voir Introduction, note 6.

reconnaître l'échec de son système et revint en Grande-Bretagne, où il chercha alors à développer le mouvement coopératif et le syndicalisme, selon des principes repris ultérieurement par le mouvement chartiste.

Etienne Cabet et l'Icarie.

Cabet, d'origine modeste, avait réussi à devenir avocat, journaliste, enfin Procureur Général en Corse, mais fut révoqué en raison de ses opinions républicaines. Elu député de Dijon, sa ville natale, il fut condamné à la prison en 1834 pour offense au roi dans ses articles du *Populaire,* et s'exila en Angleterre pour y échapper. Intéressé par les idées d'Owen dont il fut le premier traducteur en français, et influencé par l'*Utopie* Thomas More, il rédigea, une fois rentré en France en 1839, le *Voyage en Icarie* publié en 1842.

Il fut mis au défi de réaliser son système, et acheta un terrain aux Etats-Unis comme Owen, mais cette fois au Texas. Il y partit en 1848 avec 150 de ses amis fonder la république icarienne, où la propriété collective des biens serait exploitée selon une programmation établie par la communauté, qui régirait de même l'accès à la consommation et à la culture. Profondément chrétien, considérant que Jésus était le premier des communistes, Cabet exigeait de sa communauté une parfaite pureté de mœurs. Son projet devait éviter, par contagion, tout bouleversement sanglant de l'ordre social ; il précisait en effet: « si je tenais une révolution dans ma main, je la laisserais fermée. » L'expérience avorta : la petite troupe s'égara en chemin, et Cabet fut poursuivi pour escroquerie par ceux qui lui avaient confié leurs capitaux. Reconnu innocent, il revint au Texas, mais sa communauté ne tarda pas à éclater faute d'entente. Cabet se réfugia à Saint Louis où il mourut de chagrin.

De ces deux expériences, l'opinion conservatrice française retint que, même pour des personnes profondément désireuses de vivre en commun avec un projet collectif, la promiscuité constituait un danger d'explosion sociale impossible à parer.

On imagine l'ironie qui fut déployée à l'occasion de ces échecs, mais elle n'atteignit jamais la violence de l'hostilité dont furent l'objet les conceptions de Fourier.

FOURIER, LE PHALANSTERE ET LA CITE OUVRIERE GARANTISTE.

Charles Fourier a en effet été, non seulement le premier théoricien de la réorganisation de la société en cellules minutieusement organisées pour assurer une « harmonie » générale[25], mais celui dont l'influence a été la plus étendue et la plus vivace.

La diffusion de l'idée « sociétaire ».

Fourier, de son vivant, a converti non seulement des notables catholiques, comme on l'a vu plus haut, mais des disciples de Saint Simon comme Jules Le Chevalier, d'Owen comme Joseph Rey, ou de Cabet, comme Louis Blache, le directeur du *Travail*, qui tenta une conciliation entre les deux théories.

Ses idées se répandirent dans le monde anglo-saxon, furent les seules à être considérées par Marx et Engels comme annonciatrices du socialisme scientifique, et survécurent au développement de cette dernière doctrine. Charles Gide le salua comme le précurseur du mouvement coopératif.

Enfin, ses disciples eurent une activité qui, sans permettre le triomphe de leur Ecole, en laissa des traces.

Tentatives communautaires locales : construction de phalanstères « orthodoxes » à Condé sur Vesgre vers 1830 par le député de Seine et Oise Baudet Dulory, en Côte d'Or par Mme Gatti de Gamond et Arthur Young ; mise en œuvre en 1859 à Guise du familistère « hétérodoxe » des usines Godin par l'architecte catholique Calland - qui avait déjà présenté sans succès au roi Louis-Philippe un projet de Palais de Société destiné aux économiquement faibles en 1846-.

Tentatives de développement de l'école sociétaire, grâce à l'activité politique, journalistique et littéraire de Victor Considérant, principal continuateur de Fourier qui chercha en outre à établir une expérience phalanstérienne aux Etats-Unis[26]

---

[25] FOURIER (Ch.). - *Théorie des quatre mouvements et des destinées générales*, 1808.

[26] CONSIDERANT (V.), (1808-1893), Polytechnicien, officier du génie, se consacra à la diffusion du fouriérisme par des brochures et des journaux dont il fut rédacteur en chef : *la Phalange, la Démocratie Pacifique*. Elu en 1848 à la Constituante et à la Législative, condamné pour sa participation à l'insurrection de juin 1849, il s'exila en Belgique, d'où il partit pour tenter une expérience phalanstérienne au Texas (1853), mais revint rapidement en Belgique, puis repartit pour une nouvelle tentative aux Etats-Unis, mais son établissement sur la Rivière Rouge ne résista pas aux ravages de la Guerre de Sécession. Il fut l'un des promoteurs du droit au travail lors de la Révolution de 1848.

Les principes d'organisation du phalanstère.

La doctrine de Fourier a fait l'objet de sa part de plusieurs traités[27].

Hostile à toute confiscation de la propriété privée, il s'opposa violemment aux communistes Owen et Cabet, aux réformateurs de la propriété et de l'héritage (Saint-Simon et Owen) et prétendit au contraire sauver le droit de propriété menacé dans l'état actuel de l'industrie « morcelée » (organisée sur le principe de la propriété privée capitaliste). Faillites, concurrence, faiblesse de la rémunération des salariés qui les conduit à la contestation, sont autant de conséquences de cet état, alors que les propriétaires seraient garantis dans leurs droits par la mise en œuvre d'une industrie « combinée[28] » (organisée sur les principes du phalanstère),

> « moyen d'organiser en deux mois le progrès réel, la vraie association ou combinaison des travaux agricoles et domestiques donnant quadruple produit et élevant à 25 milliards le revenu de la France, borné aujourd'hui à 6,5 milliards[29]. »

Mariage des activités agricoles et industrielles, cette industrie combinée offrirait toute la gamme des activités répondant aux goûts et aux capacités de chaque individu. En effet, les pertes de productivité, le freinage du travail sont dus à la contrainte exercée sur les individus qui sont obligés de travailler pour vivre. Or, au lieu de réprimer les désirs profonds, il faut les utiliser et les mettre au service de l'activité générale. En admettant avec Fourier qu'il existe douze passions fondamentales[30], que ces passions peuvent se combiner mathématiquement pour donner 810 caractères différents, il suffit de rassembler ce nombre d'hommes et de femmes, soit 1620 personnes, pour obtenir toutes les combinaisons possibles de « mécanique des passions. »

C'est cette communauté de base, la phalange, qui accomplira les tâches qui lui conviendront dans le cadre idéal d'un Palais de Société ou phalanstère où chacun bénéficiera du luxe et du confort, tant sur le plan du logement, des distractions, des lieux de travail, de la culture, de l'éducation, que sur celui de la consommation. Le phalanstère est une propriété collective par actions, chacun en est propriétaire. La

---

[27] 1822: *Traité de l'association domestique et agricole*, 1829 : *Le Nouveau monde industriel et sociétaire*, 1831 : *Pièges et charlatanisme des deux sectes de Saint Simon et d'Owen*, 1835-36 : *La fausse industrie morcelée*, 1841 : réédition de la *Théorie des quatre mouvements*, 1849, édition posthume par la Librairie phalanstérienne de : *Cités ouvrières, des modifications à introduire dans l'architecture des villes.*

[28] Citation de Fourier dans *La Réforme Industrielle* du 10 mai 1833.

[29] *Pièges et charlatanisme des deux sectes, op.cit.*

[30] Le goût, le toucher, la vue, l'ouïe, l'odorat, l'amitié, l'ambition, l'amour, *le familisme* (le sentiment familial), *la cabaliste* (l'intrigue), *la papillonne* (le désir de changement), *la composite* (l'instinct grégaire).

direction est naturellement exercée par les plus capables. Les bénéfices de la production commune sont redistribués entre le capital (4/12), le talent (3/12) et le travail (5/12), -ce qui résout selon Fourier la question sociale-, et le phalanstère fonctionne comme une coopérative de production et de consommation.
Quant aux cités ouvrières qui seraient une version de transition (étape « garantiste » des villes actuelles vers le phalanstère), elles devraient comporter des constructions majestueuses et confortables pour les plus pauvres, et des perspectives de jardins qui gommeraient les effets de la promiscuité et du caractère artificiel des perspectives citadines.

Les moralistes et la « mécanique des passions ».

Un des points sur lesquels. Fourier fut particulièrement attaqué était sa conception des rôles sexuels. Profondément choqué par le développement de la prostitution qui « frappait les plus belles et les plus dignes », le théoricien émancipait la femme par le travail et la laissait donc libre (selon la mécanique des passions) de fonder une famille, de vivre seule ou en union libre. C'est la raison pour laquelle le Familistère de Guise, construit sur le modèle phalanstérien pour les familles du personnel des usines Godin et consacrant ainsi l'institution sociale traditionnelle, constituait une hérésie idéologique condamnée par Considérant.

Il est clair que pour la majorité de l'opinion conservatrice, le terme de *passion* fut pris dans le plus mauvais sens possible, et que le féminisme de Fourier fut confondu avec ce qu'il souhaitait combattre : un proxénétisme organisé. D'où le ton survolté des attaques, traitant par exemple le phalanstère de « maison de débauche, immense lupanar »[31].

La formule par laquelle La Morvonnais définit son projet de commune chrétienne est caractéristique à cet égard :

> « un phalanstère où la vertu et non la passion servirait de fondement à l'association[32] »

Victor Considérant passa beaucoup de temps à réfuter les objections des moralistes, tandis que Fourier demandait qu'on lui permette de faire la preuve de l'amélioration possible d'une situation morale loin d'être idyllique :

> « Puisqu'il est avéré par trois mille ans d'expérience qu'on ne peut ni changer les passions ni concilier les caractères antipathiques et les prétentions rivales ni faire accorder en réunion domestique les ménages de trois ou quatre familles, il faut

[31] *Le Semeur*, 2 février 1842.

[32] LA MORVONNAIS (H. de). - *Avant-propos à l'Ordre Nouveau*, mars 1848.

vérifier si les ressorts nouveaux que j'apporte ont la propriété d'utiliser des passions, instincts et caractères tels que la nature les donne et sans rien y changer. »[33]

Par ailleurs, l'étrangeté de la présentation des théories de Fourier, qui s'amusait à imaginer des appellations bizarres pour chacune de ses inventions, était dépassée par les excentricités de sa vie. Souhaitant trouver des fonds pour construire son Phalanstère, Fourier, après s'être adressé en vain au Directeur des Travaux Publics, le baron Capelle, avait décidé de faire appel aux riches philanthropes, et fait savoir qu'il attendrait leur visite chaque après-midi chez lui, ce qu'il fit ponctuellement jusqu'à sa mort. Aussi, lorsque Considérant, intervenant à la Constituante de 1848 dans le but de faire subventionner le projet de Condé sur Vesgre, prononça le nom de Fourier, il y eut des députés pour crier « Au fou » !

L'influence fouriériste a de ce fait marqué la conception conservatrice de l'habitat populaire : portant un nouveau discrédit moral sur les fortes concentrations de population dans un même lieu d'habitat, elle a toutefois fait comprendre le désir naturel des couches les moins aisées de bénéficier d'un logement agréable et confortable, et la nécessité de marier au paysage urbain des fragments de nature. Cette théorie fut mise en pratique en Angleterre en 1849 dans la cité modèle de Victoria, conçue par J.S.Buckingham[34] ; le développement d'espaces non clôturés dans les ensembles d'habitations semblait alors contraire au goût français pour les propriétés closes, et le modèle anglais ne fut pas alors suivi en France.

Fourier a ainsi attiré l'attention des classes dirigeantes sur le fait qu'une réforme de l'habitat pouvait remédier au mécontentement social, et qu'il était de l'intérêt des propriétaires de créer des formes diverses de répartition de la propriété, qui, en lui donnant une assise populaire, constituerait une garantie de pérennité du droit de propriété.

[33] FOURIER (Ch.), manuscrit Archives Nationales pièce 29210 AS XX, cité in POULAT (E.), « Sur deux textes manuscrits de C.F. », in GAUMONT (J.), MEISTER (A.), POULAT (E.). - *Etudes sur la tradition française de l'association ouvrière*, Paris Ed. de Minuit, 1956.

[34] CAZENAVETTE (J.). - *Extension des villes et lotissements*, Paris, 1936.

LE TOURNANT DE LA REVOLUTION DE 1848.

La fermentation idéologique que représente le courant du socialisme utopique se place dans une période ouverte par la révolution de 1789, où les régimes se sont succédés, République, Directoire, Consulat, Empire, Restauration, ce dernier régime ayant connu deux révolutions de plus faible ampleur, mais de nature différente, car la classe ouvrière naissante y joua un très grand rôle.

La Révolution de 1848 a eu des effets plus visibles politiquement que celle de 1830 puisqu'elle a créé, même de façon éphémère, une République qui institua à la fois le droit de vote universel masculin et le droit au travail, libertés politiques que, contrairement aux libéraux anglais, les libéraux français répugnaient à donner au peuple.

La Seconde République s'est très rapidement soumise à un maître, le Prince Président Louis Napoléon Bonaparte, élu d'abord député à la Constituante dans quatre départements en juin 1848, dans cinq aux élections de septembre, puis Président de la République en décembre. Le mariage entre la légende napoléonienne et la démocratie naissante était facilité par le fait que le prétendant bonapartiste, en tant qu'auteur de *l'Extinction du Paupérisme,* avait donné des gages de réformisme.

On peut y voir le souhait populaire de trouver une conciliation entre les doctrines de réforme qui s'opposaient de façon virulente, et d'avoir une programmation ferme et concrète de la réforme sociale.

Les disputes doctrinales se résumaient alors au fait de savoir si le progrès social passerait par la suppression de la propriété ou par son partage entre capital et travail, et si le mal-être des populations citadines défavorisées se résoudrait par une suppression de l'opposition ville / campagne ou une révolution socio-économique et politique. Leur violence s'est manifestée dans les débats de la Constituante, puis dans le cadre de l'Association Internationale des Travailleurs, organisée à Londres en 1864, et dont l'exil de générations successives de proscrits notamment venus de France fondait progressivement les bases[35].

LE DEBAT SUR LA PROPRIETE.

Les socialistes utopistes, comme on l'a vu précédemment, se divisaient sur une première ligne de clivage économique : la suppression des inégalités sociales dérivait-elle principalement de la possibilité pour certains (les propriétaires) de transmettre du capital accumulé et de contrôler les gains de ceux qui n'avaient que leur travail pour vivre, ou, ces inégalités étant naturelles du fait de la diversité des dons et capacités,

---

[35] Quoique ces mouvements aient gardé des préoccupations plus nationales qu'internationales, leurs membres étaient persuadés de la nécessité d'une solidarité du mouvement ouvrier, ce qui explique qu'on y a vu des précurseurs de l'A.I.T. Ce sont essentiellement les exilés de la Ligue des Justes créée à Paris en 1826 contraints à se réfugier en Angleterre après l'insurrection blanquiste de 1839, qui se groupèrent autour de Marx en une Ligue des Communistes à Londres, puis à Cologne après 1848, l'Association démocrate créée à Bruxelles avec le concours d'exilés français et allemands, dont Marx fut vice-président, et l'Association internationale fondée à Londres par des révolutionnaires français et des chartistes anglais en 1856.

s'agissait-il seulement d'en atténuer les effets par des dispositifs de redistribution sociale ?

La suppression du droit de propriété privée.

La suppression de la propriété privée pouvait prendre des formes variées. Les saint-simoniens, désireux de remplacer l'antagonisme entre propriétaires et salariés par l'association, faisaient passer l'héritage de la famille à l'Etat, qui répartirait les richesses accumulées. Owéniens et icariens faisaient de même, les premiers (ceux qui suivaient l'exemple de New Harmony) pour établir une propriété collective, les seconds (ceux qui approuvaient le système de Cabet), pour se dessaisir de leurs biens au profit d'une gestion d'Etat.

Les publications des deux derniers courants se firent particulièrement nombreuses au moment de la Révolution de 1848[36]. L'Assemblée Constituante sembla pencher en faveur de ces thèses sans que les députés de droite opposassent une résistance marquée, ce qui surprit Proudhon, élu député en juin 1848[37]. Adversaire des saint-simoniens et des communistes dont le système lui paraissait antédiluvien, hostile à la coopération subventionnée par l'Etat que voulait promouvoir Louis Blanc devenu ministre dont il pensait qu'il empoisonnait les ouvriers par des idées absurdes, Proudhon dénia à cette Assemblée tout caractère réellement révolutionnaire[38].

---

[36] Publications en français de textes d'Owen en 1848 : *Courte exposition d'un système socialiste rationnel*, imprimerie Marc Aurel ; *Dialogue entre la France, le monde et Robert Owen sur la nécessité d'un changement total de nos systèmes d'éducation et de gouvernement*, Paulin & Le Chevalier ; *Proclamation au peuple français, aux militaires, aux civils de toutes les classes et de toutes les religions*, Paris, 1er juin, Chaix. Publications par Cabet de ses discours et de ceux d'Owen : Société Fraternelle Centrale.- *Septième et huitième discours du citoyen Cabet sur les élections ; discours de Robert Owen*, aux bureaux du *Populaire*.

[37] PROUDHON (P-J.).- *Le Droit au travail et le Droit de propriété*, Paris, 1848. Publication de l'intervention qu'il ne fit pas lors du débat parlementaire sur le droit au travail dont sont extraites les citations suivantes.

[38] Pierre Joseph Proudhon (voir Introduction, note 6) s'était rendu célèbre par la publication en 1840 de *Qu'est-ce que la propriété ?* , puis en 1846 de *Système des contradictions économiques ou Philosophie de la misère*. Correcteur d'imprimerie, après avoir fait son Tour de France, il devint imprimeur à Besançon, sa ville natale, en 1836, puis journaliste à Paris en 1838, au *Peuple* et à *la Voix du Peuple*. Après avoir fréquenté les milieux fouriéristes et marxistes, il s'opposa violemment à eux, et fonda un courant de pensée qui influa profondément et durablement sur le mouvement ouvrier français, contrebalançant notamment l'influence de Marx au sein de l'A.I.T. L'organisation économique, une fois supprimées et l'inégalité contractuelle et la prise de bénéfices que Proudhon nommait « droit d'aubaine », consisterait en associations de production et de consommation échangeant biens et services, financées par un crédit gratuit dont il chercha à créer le premier organisme en 1849 avec la Banque du Peuple. Ainsi s'opérerait la fusion des classes au sein de classes moyennes, auto-administrées dans une organisation anarcho-fédéraliste. Proudhon a répété ces théories dans de nombreux ouvrages : *Organisation du crédit et de la circulation* (1848), *Solution du problème social* (1848), *L'idée générale de la révolution au XIXe siècle* (1851), *Du Principe fédératif* (1863), *Théorie de la Propriété* et *De la capacité politique des classes ouvrières* (1865).

Pour lui en effet, comme du reste pour les fouriéristes, il était nécessaire d'établir la durée du changement social en veillant à créer des avantages pour tous.

Lors de la discussion parlementaire du texte du droit au travail, le 5 octobre 1848, en contrepartie à ce droit inscrit dans l'article 13 de la loi, Proudhon comptait proposer le vote d'un article 14 qui reconnaîtrait le droit de propriété, puis l'institution d'un échange entre travail et propriété :

> « Pourquoi n'avoir pas fait entendre du haut de la tribune un discours si pacifiquement révolutionnaire, si éminemment conservateur ? C'est précisément que je le trouvais d'un bout à l'autre conservateur. La première loi de l'orateur est de s'accommoder au tempérament de ceux qui l'écoutent... »

De même que Fourier considérait que la propriété *combinée* -celle du phalanstère- sauvait un droit menacé par la propriété *morcelée* -la propriété individuelle-, Proudhon assurait que :

> « La proposition d'organiser l'échange est l'ancre de miséricorde de la propriété, la dernière de nos garanties contre le communisme. En voyant avec quelle ardeur l'Assemblée votait les paragraphes démolisseurs de l'article 13, j'ai désespéré de faire passer mon amendement et j'ai perdu courage ».

Prenant la mesure des résistances conservatrices, il voulait en avertir ses collègues de l'Assemblée, à qui, non sans raison, il prophétisait des lendemains réactionnaires :

> « Considérez, citoyens représentants, dans quel désordre d'idées nous sommes(...) Le communisme remplit les cœurs d'effroi, et tout ce que vous faites n'a pour but que d'organiser la désapprobation, d'installer sur les ruines du travail individuel l'action corporative, l'initiative de l'Etat ».

C'est là ce que Marx appela les « jérémiades proudhoniennes », renversant les accusations contre le caractère anti-révolutionnaire du communisme[39] .

On entrait dès lors dans une phase ultérieure du débat sur la suppression du droit de propriété : celui qui opposa durablement, notamment en France, le réformisme anarcho-syndicaliste au socialisme scientifique.

La transformation de la propriété privée.

Les deux principaux courants de pensée favorables à une forme de propriété à la fois privée et collective, le fouriérisme et le proudhonisme, se déniaient mutuellement toute vertu révolutionnaire, sans en reconnaître aux oweniens ou icariens.

---

[39] Marx traita Proudhon de « petit-bourgeois », et répliqua à sa *Philosophie de la misère* de 1846 par la *Misère de la Philosophie*.

Considérant et Proudhon se livrèrent à des joutes sans fin[40] qui firent la joie des milieux conservateurs[41].

En dépit des formes différentes que prenaient, dans leurs doctrines respectives, les avantages concédés au capital et au travail : actionnariat rétributif pour Fourier, liberté contractuelle et gratuité des échanges pour Proudhon, leur idée commune était « la propriété pour tous » et non « la propriété pour personne ».

Il s'agissait moins pour eux de faire disparaître la propriété que de faire disparaître le salariat. La même idée apparaissait dans le système de Buchez, où, par le jeu des cotisations, les associations ouvrières devaient acquérir un capital social qu'elles feraient fructifier et utiliseraient pour le bien de leurs sociétaires[42], seul moyen de libérer le prolétariat :

> « L'esprit des masses demande qu'on l'affranchisse des liens matériels qui l'attachent au salaire comme l'inégalité féodale le fixait à la glèbe »[43].

Pour Proudhon, le prolétaire devait renoncer à la revendication salariale, qui, en instaurant la course entre rémunérations et prix des biens et services, éloignait d'autant la possibilité de mettre l'échange en place :

> « Le travailleur ne sait pas que l'élévation des salaires est cause de la misère »[44].

> « Il faut, à la coalition des travailleurs, opposer la coalition des propriétaires. En agissant ainsi, vous ne créez point dans la nation deux castes hostiles : tout le monde étant propriétaire et tout le monde travailleur, il ne reste, sous les noms de travail et de propriété, qu'une distinction de droits, il n'y a plus de castes (...) Ainsi le travail et la propriété, existant à un égal degré dans chaque individu, deviendront termes identiques et le volcan des révolutions se fermera pour ne plus jamais se rouvrir »[45].

---

[40] Proudhon publia notamment en 1842 *Avertissement aux propriétaires ou lettre à Considérant.* Il traitait le fouriérisme de « plus grande mystification de notre époque ».

[41] L'une de ces joutes fut publiée sous le titre : *MM. Considérant et Proudhon jugés par eux- mêmes.- Pour en finir avec M. Proudhon*, par M. Considérant.- *Pour en finir avec M. Considérant*, par M. Proudhon. Paris, G.Dairnwell, 1849.

[42] Voir Chapitre 1, « La genèse d'une philanthropie de l'habitat social », note 4.
BUCHEZ (Ph-J-B.), « Le moyen d'améliorer la condition des salaires dans les villes », *L'Européen*, n°3, décembre 1831.

[43] *Ibid*, n°10, février 1833.

[44] PROUDHON (P-J.).- *Solution du problème social, op. cit.*.

[45] PROUDHON (P-J.).- *Le Droit au travail et le Droit de propriété, op. cit.*.

Cette thèse du « travailleur-propriétaire » s'enracina profondément dans la tradition du réformisme politique français, venant de trois courants différents du socialisme utopique, et correspondant à un syncrétisme bien français présent dans la devise de la République : liberté, égalité, fraternité..

LE DEBAT SUR L'OPPOSITION VILLE / CAMPAGNE.

Le socialisme utopique, qu'il s'agisse des expériences de colonies communistes ou du phalanstère fouriériste, avait d'autre part l'ambition de réparer les dégâts causés à l'art de vivre par les méfaits de l'urbanisation.

Si les classes aisées pouvaient y remédier en créant des jardins autour de leurs maisons, les plus défavorisés cumulaient les handicaps du surpeuplement, de l'habitat insalubre en ville, et/ou de l'éloignement excessif du lieu de travail et du centre ville.

Remédier à l'opposition ville / campagne fut pour les théoriciens communautaires un enjeu idéologique ; violemment contesté par Marx, cet enjeu disparut au moins jusqu'à la fin du siècle des préoccupations des théoriciens révolutionnaires, d'autant que la spéculation foncière née de l'urbanisation croissante imposait des formes de construction collective en centre-ville.

Le débat idéologique.

Pour Owen, Cabet, Fourier, il s'agissait à la fois de réconcilier civilisation urbaine et civilisation rurale (elles devaient coexister), et de marier habitat urbain et habitat rural.

Seul Fourier conçut un habitat collectif, si spacieux, si confortable, si bien orné que ce *Palais de Société* uniformiserait la condition des riches et des pauvres, et leur donnerait la jouissance commune de jardins autrefois réservés, précisément, aux Palais.

Dans l'étape de transition « garantiste » vers l'harmonie finale, Fourier tint compte de la spéculation foncière résiduelle. Il transigea en admettant que la dimension de la parcelle non bâtie varierait en raison inverse de sa distance au *Pivot* (ou centre de la cité ouvrière garantiste) ; plus cette parcelle en serait éloignée, plus elle s'accroîtrait en passant des faubourgs aux annexes rurales, avenues et relais. Toutefois, il imposa des règles dont les hygiénistes et les idéologues pavillonnaires reprirent la recette :[46]

> « Chaque maison devra être isolée et assez ornée sur les côtés pour ne jamais présenter de murailles nues hideuses comme les murs mitoyens des villes civilisées Toute maison de la ville ou enceinte centrale doit avoir en terrain vacant, cour ou

---

[46] FOURIER (Ch.). - *Cités ouvrières, des modifications à introduire dans l'architecture des villes, op.cit.*.

jardin, une surface égale à celle qu'occupent les constructions (...) précaution nécessaire contre les spéculateurs qui amoncellent de pauvres ménages dans des maisons sans cour, dont la hauteur démesurée s'oppose à la circulation de l'air ».

Marx et Engels, en écrivant en 1847 *le Manifeste du Parti Communiste* publié l'année suivante à Londres, signèrent ensemble l'arrêt de mort, pour le mouvement qui porta désormais seul le nom de « communiste », des spéculations propres aux premiers communistes et sociétaires. Dans la troisième section de l'ouvrage, intitulée « socialisme et communisme critico-utopique »[47], ils anéantirent les principes de révolution pacifique et de réconciliation entre le monde rural et celui des villes qui étaient ceux de leurs prédécesseurs :

> « Ils désirent améliorer les conditions matérielles de la vie pour tous les membres de la société, même les plus privilégiés (...) Ils repoussent donc toute action politique et surtout toute action révolutionnaire. Ils cherchent à atteindre leur but par des moyens pacifiques et essaient de frayer le chemin au nouvel évangile social par la force de l'exemple, par des expériences en petit qui échouent naturellement toujours. Leurs propositions positives en vue de la société future, telle que la suppression des conflits entre la ville et la campagne, du gain privé et du travail salarié, la proclamation de l'harmonie sociale et la transformation de l'Etat en simple administration de la production (...) ne font qu'annoncer la disparition de l'antagonisme des classes. (Le développement de la lutte des classes se heurte à la résistance de disciples qui) continuent à rêver de la réalisation expérimentale de leurs utopies sociales : établissement de phalanstères isolés, création de colonies à l'extérieur, fondation d'une petite Icarie, édition in-douze de la nouvelle Jérusalem, et pour la constitution de tous ces châteaux en Espagne, ils se voient forcés de faire appel au cœur et à la caisse de philanthropes bourgeois. Petit à petit, ils tombent dans la catégorie des socialistes réactionnaires ou conservateurs (et) s'opposent avec acharnement à toute action politique de la classe ouvrière ».

Au fur et à mesure de la pénétration des idées marxistes, les théories qui avaient « nourri le rêve de la classe ouvrière française en formation », comme le disaient Marx et Engels, étaient ainsi abandonnées par les réformateurs de gauche pour être reprises par des réformateurs conservateurs de plus en plus inquiets des conséquences sociales de la spéculation foncière.

---

[47] MARX (K.), ENGELS (F.). - *Manifeste du Parti Communiste*, traduction de Clara Lafargue, Paris, Librairie de l'Humanité, 1922, pp.15-16.

L'effet de la spéculation foncière.

Bien que la spéculation foncière se soit surtout accélérée à partir des grands travaux du Second Empire,[48] le simple effet de l'urbanisation, notamment dans la capitale, avait dès l'époque de la Révolution de 1848 stimulé la construction d'immeubles de hauteur de plus en plus élevée -notamment s'il s'agissait d'y vendre ou louer pour une clientèle à faible revenu, ce que l'on appelait alors des « petits logements »-.

Vers 1853, on recensait plusieurs de ces réalisations, souvent œuvre de notables philanthropes. Le Comte de Madre lotit ainsi à Montmartre un terrain de 35 000 m^2 qui lui appartenait, loué pour moitié à de petits constructeurs, la moitié restante étant destinée à l'édification de 25 immeubles collectifs ; il logea en tout 4 000 personnes. L'architecte Cacheux, un des grands promoteurs de la construction sociale, mit en œuvre des cités sises boulevard Kellermann, rue Jonquoy, rue Charudet, à Paris, et la villa Murat au Point du Jour. Ces actes philanthropiques n'étaient pas isolés, mais les spéculateurs immobiliers, beaucoup plus nombreux, multiplièrent des constructions qui se détérioraient rapidement et quelques années plus tard donnèrent naissance aux îlots insalubres de la Cité Jeanne d'Arc, de la Cité Macquart, etc...

La « taudification » des « petits logements » collectifs causa des réactions hostiles à l'habitat collectif lui-même, qui furent recueillies par les observateurs sociaux de la fin du siècle[49]. Dans une communication à l'Académie des Sciences Morales et Politiques de 1889[50], Henri Baudrillart précisait :

> « Vers 1850, la construction de grands immeubles collectifs commença. Les uns prononcèrent le mot de « communisme », les autres celui de « caserne »; c'est celui-ci qui est resté ».

Dans le rapport du Jury des Habitations Ouvrières de l'Exposition Universelle de 1889, Georges Picot dit de même que l'on parla de « phalanstère », de « communisme ».

Alors que le communisme, sous l'influence de Marx et Engels, allait précisément se détacher des visions communautaires, la crainte qu'il inspirait se reportait donc sur de purs produits de la philanthropie libérale ou de la spéculation capitaliste.

---

[48] Président élu, Louis Napoléon Bonaparte se concilia le « parti de l'ordre » catholique en envoyant une expédition en Italie pour rétablir le pouvoir du Pape, puis ouvrit les hostilités avec l'Assemblée, s'affranchit de son contrôle par le coup d'Etat du 2 décembre 1851, qu'un plébiscite confirma en lui confiant un pouvoir consulaire. La Constitution de janvier 1852 donna de larges pouvoirs pour dix ans à Louis Napoléon ; un nouveau plébiscite, en novembre, transforma la nature du régime : le 2 décembre 1852, le Prince Président fut proclamé Empereur des Français sous le nom de Napoléon III.

[49] Voir Chapitre 1, « L'échec des expériences communautaires », notes 22 et 23, les biographies et l'œuvre de Georges Picot et Henri Baudrillart.

[50] BAUDRILLART (H.). - *L'amélioration des logements d'ouvriers, op.cit.*

C'est que se réveillait, dans le « parti de l'ordre », la crainte politique ancienne de concentrations populaires auxquelles il fallait porter remède. Grâce notamment à l'émergence d'une théorie très élaborée de l'intégration sociale, celle de Frédéric Le Play, les conservateurs libéraux reprirent progressivement à leur compte la stratégie de réconciliation sociale par l'amélioration de l'habitat prolétarien initiée par les communautaristes utopiques, l'idée fouriériste et proudhonienne que créer une propriété populaire désamorcerait les conflits sociaux.

Chapitre deuxième

Les débuts de la politique pavillonnaire

A partir de la proclamation du Second Empire, les conservateurs cherchèrent, pour éviter le retour de révolutions que la répression policière seule n'avait pas suffi à enrayer sous la Restauration, le moyen de transformer la mentalité de masses ouvrières de plus en plus nombreuses, dont la concentration dans les agglomérations industrielles éveillait chez eux des craintes grandissantes.

De son côté, Napoléon III souhaitait améliorer le sort de ces populations et prit diverses mesures, incitatives et personnelles au début de son pouvoir présidentiel et impérial, gouvernementales et législatives lors de la période dite de l'Empire libéral où l'on commença pour la première fois à parler en France d'Etat-Providence[1].

Au confluent de ces deux courants, Frédéric Le Play entreprit de rassembler les expériences et les bonnes volontés, de créer un vaste mouvement de réforme conservatrice avec le soutien de l'Empereur, puis, après la chute de l'Empire, de dissocier des querelles constitutionnelles le travail de réforme sociale autour duquel il regroupa des notables philanthropes. Parallèlement, un processus de conversion du paternalisme protestant à l'intervention d'Etat, incarné essentiellement en la personne de Jules Siegfried, permit le développement d'une politique d'habitat social mariant initiatives privées, collectives, et financements publics.

La convergence et la diffusion de ces stratégies intégratrices, dont le support principal était l'accession à la propriété d'un petit domaine familial, obligea les théoriciens marxistes à intervenir pour tenter d'enrayer l'extension de la politique pavillonnaire.

LA RECHERCHE D'UNE POLITIQUE INTEGRATRICE DU PROLETARIAT.

Le mouvement philanthropique catholique amorcé dans les années 1820 subit un coup d'arrêt après la chute de la Seconde République, et s'orienta vers une action d'ordre moral que l'énergique initiative de Le Play permit de transformer en stratégie intégratrice.

LE PARTI DE L'ORDRE ET LA PEUR DES CONCENTRATIONS OUVRIERES.

Les inquiétudes que suscitait le déracinement de populations rurales dont le comportement avait été profondément transformé par leurs mauvaises conditions de travail industriel et d'habitat urbain avaient, on l'a vu, commencé à se développer dès

[1] L'idée de solidarité nationale, déjà inscrite dans les projets de secours publics étudiés par les assemblées révolutionnaires dans les années 1790, reprise dans les années 1830 par les philanthropes catholiques sous le terme de bienfaisance publique, est exprimée sous la forme libérale d'une aide de l'Etat aux initiatives individuelles sous le Second Empire ; la formule d'Etat-Providence est employée dans le cours des années 1860, notamment par Emile Ollivier lors de la présentation du projet d'autorisation des associations ouvrières (loi du 24 mai 1864 sur le droit de coalition).

la fin des années 1820. La Révolution de 1830 les renforça. En 1834, le Préfet du Nord Villeneuve Bargemont écrivit[2] :

> « On a le choix entre une irruption violente des classes prolétaires et souffrantes sur les détenteurs de la propriété et de l'industrie, et l'application pratique et générale des principes de justice, de morale, d'humanité et de charité. »

Si tous les conservateurs n'acceptaient pas ce principe de prévention des révolutions par la réforme, ils savaient qu'existait un précepte fort ancien de maîtrise des concentrations urbaines qu'un spécialiste des problèmes de l'industrialisation rappela en 1839[3] :

> « En général, il n'est pas bon qu'une grande masse d'ouvriers soit logée sous le même toit. Il est encore préférable que leurs maisons soient petites et isolées, mais destinées à une ou deux familles seulement et si possible entremêlées à celles des riches. »

La même année, les effets de la méconnaissance de ce précepte mis en pratique par l'urbanisme d'Ancien Régime apparaissaient dans le titre, resté emblématique, de l'étude que faisait paraître Frégier sur la constitution des *Classes dangereuses de la population des grandes villes.* Les comptes-rendus qui en parurent en novembre 1839 dans *La Quotidienne* marquèrent l'intérêt des catholiques légitimistes pour un problème auquel le catholique fouriériste concepteur en 1848 de la « commune chrétienne » avait cru pouvoir donner la solution[4], celle d'une

> « association municipale bien organisée, qui appellerait la formation de petites agglomérations sur tout le territoire, et soutirant le trop-plein des villes, contrebalancerait le génie trop agité des villes par le génie beaucoup plus calme et résigné des populations agricoles. »

Bien que le retour en arrière fût le principe même des stratégies réactionnaires, les conservateurs voyaient d'autant moins comment il serait possible de ruraliser en masse le prolétariat que la Hiérarchie catholique mettait un frein à l'action réformiste des fidèles.

Le temps était passé de l'Ere Nouvelle, où, en communion avec l'élan révolutionnaire, l'abbé Maret avait pu s'écrier le 24 février 1848 : « Nous regardons

---

[2] VILLENEUVE BARGEMONT (Vte A. de). - *Economie Politique Chrétienne, op.cit.*, T.I.

[3] WEBER (Dr). - *Rapport du Jury des mémoires sur l'industrialisme*, Académie des Sciences Morales et Politiques, 1839, cité in BENOIT-LEVY (G.). - *L'Habitation ouvrière*, Ecole d'Organisation Scientifique du Travail, Leçon n°160, Paris, 1942, p.2.

[4] LA MORVONNAIS (H. de), lettre du 25 juillet 1849 à F. Arnaud, Archives Arnaud, citée in DUROSELLE (J-B). - *Les débuts du catholicisme social, op.cit.*, p.383.

l'amélioration progressive du sort moral et matériel de la classe ouvrière comme la fin même de la société. » Dès 1849, les évêques avaient condamné cette sollicitude, pour des raisons qu'exprimait ainsi Mgr Régnier, d'Angoulême[5] :

> « Trop de signes indiquent que la lave bouillonne encore dans le volcan. On attaque l'ordre social jusque dans ses principes. L'abolition de la propriété, de la famille, de la religion, ne pourra jamais être que le rêve, ou plutôt le délire impuissant d'intelligences dépravées. »

Les prêtres socialistes furent traqués après les journées de juin, et les libéraux catholiques semoncés.

Le raidissement des consignes de l'Eglise française[6] s'accompagna, sous la ferme direction d'un Pape de plus en plus présent (triomphe de l'ultramontanisme sur le gallicisme) et très profondément religieux (il fut canonisé sous le nom de Saint Pie IX), d'une explosion sans précédent du prosélytisme religieux, de l'action purement charitable, et du mysticisme collectif (c'est l'époque des grands pèlerinages, du développement du culte de la Vierge notamment avec les apparitions de Lourdes, et de celui du Sacré-Cœur).

Les initiatives favorables au mouvement ouvrier prises sous l'Empire[7], et plus généralement le développement international du syndicalisme et des théories socialistes, amenèrent Pie IX à donner un nouveau coup de semonce en décembre 1864 dans l'Encyclique *Quanta Cura,* accompagnée d'une liste des erreurs contemporaines, le *Syllabus errorum,* qui devint le catéchisme des catholiques ultramontains.

Les libéraux catholiques auraient dès lors été privés de tout moyen d'action si la possibilité théorique de concilier réforme morale et réforme sociale, et même de ruraliser le prolétariat, n'avait été indiquée par Frédéric Le Play.

---

[5] Pastorale de 1849 citée in ROLLET (H.).- *L'action sociale des catholiques en France*, 2.vol, Paris, 1947 et 1958.

[6] Cette rigueur est qualifiée de « plan de réaction sociale » par Henri GUILLEMIN.- *Les catholiques en France au XIX°siècle, 1815-1905*, Paris, 1947.

[7] Si les subventions faites sur sa cassette personnelle par Napoléon III aux associations ouvrières de production n'avaient guère ému les conservateurs, ils furent par contre irrités par la dérive libérale officielle : financement public du voyage à Londres d'une délégation ouvrière élue à l'occasion de l'Exposition Universelle de 1862 qui conduisit le mouvement proudhonien français à réclamer la possibilité de s'organiser comme les syndicalistes britanniques, tolérance législative en 1864 du droit d'association et de grève.

FREDERIC LE PLAY ET SON ROLE SOUS LE SECOND EMPIRE.

La personnalité de Frédéric Le Play[8], du fait de son influence durable, est souvent confondue avec le type d'action sociale qu'il a étudiée avant d'en devenir un promoteur. Il ne fut pas « le père du paternalisme », mais son observateur, son théoricien, et fut par contre le fondateur d'une Ecole dont la face scientifique était celle de la Société Internationale d'Economie Sociale, et la face politique celle des Ecoles de la Paix Sociale poursuivant son œuvre sous la Troisième République.

L'enquête sur les ouvriers européens.

Le Corps des ingénieurs des mines, auquel Le Play s'était destiné, avait une responsabilité sociale étendue, dans la mesure où les exploitations dont on lui confiait la charge technique constituaient aussi de véritables villes usines. Le Play souhaita mieux connaître les conditions de gestion en vigueur dans les autres pays et commença, accompagné de son « ancien » de Polytechnique Jean Reynaud, par explorer les établissements des montagnes du Hartz. Il fut si intéressé par les résultats de cette première enquête qu'il poursuivit pendant dix-huit ans ses voyages d'études, notamment en Norvège, en Vieille Castille, dans les bassins houillers britanniques, et se hasarda jusque dans les steppes d'Europe et d'Asie, parcourant ainsi plus de soixante dix mille lieues à pied.

A chaque retour de voyage, il parlait des principes de réforme qu'il entrevoyait avec ses amis libéraux, notamment Tocqueville et Montalembert qui le pressaient de divulguer une méthode dont Thiers, au moment de la révolution de février 1848, pensa (en tant que défenseur du droit de propriété) qu'il était urgent de la mettre en pratique. Le Play ne s'y sentait pas encore prêt et voyagea encore sept ans avant de rédiger le compte-rendu définitif de son enquête, observations sociologiques, économiques et sociales assorties d'une théorie de réforme, publié par l'Imprimerie Impériale en 1855 sous le titre des *Ouvriers Européens*.

La parution des *Ouvriers Européens* fit d'abord sensation dans les milieux scientifiques. L'Académie des Sciences lui décerna son Grand Prix de la Statistique, assorti d'un vœu de nature exceptionnelle ; elle donnait mission à Le Play de fonder une Société savante destinée à appliquer les méthodes d'observation imaginées par lui (les monographies de familles) pour étudier les différents types d'organisation sociale.

---

[8] Frédéric LE PLAY (1806-1882), fils d'un officier des douanes de la région de Honfleur, fut confié à 17 ans à un ingénieur des Ponts et Chaussées de Saint Lô pour préparer le concours de l'Ecole Polytechnique, dont il sortit assez brillamment pour intégrer l'Ecole des Mines, où il devint professeur ; à partir de 1855, date de parution des *Ouvriers Européens*, il mena parallèlement des activités d'Economie Sociale exposées dans cet ouvrage. Sa carrière politique -conseiller d'Etat en 1855, sénateur d'Empire de 1867 à 1870- fut organisée par l'Empereur pour lui permettre de diffuser ses idées selon son propre témoignage dans sa Correspondance, repris par le comte d'Haussonville dans son éloge d'ouverture du Congrès de la Société Internationale d'Economie Sociale le 25 juin 1900.

Le 27 novembre 1856, Le Play fonda la Société Internationale d'Economie Sociale ; ses correspondants français et étrangers devaient produire des études monographiques dont les plus remarquables parurent dans un recueil édité par la Société sous le titre des *Ouvriers des deux mondes*.

LE ROLE DE LE PLAY SOUS LE SECOND EMPIRE.

La parution des *Ouvriers Européens* attira par ailleurs sur son auteur l'attention de Napoléon III. Nommé Conseiller d'Etat en 1855, Le Play ne rencontra pas chez ses collègues l'intérêt espéré pour ses théories. Il décida donc de publier un résumé de la méthode de réforme contenue dans son étude sociologique pour s'adresser directement à la classe politique.

En 1864, la sortie de ce livre[9], *La Réforme Sociale en France*, obtint un succès paradoxal, dans la mesure où les penseurs les plus divers y trouvèrent leur miel.

« Bonald rajeuni, progressif, scientifique » pour Sainte-Beuve qui lui consacra deux articles de ses *Causeries du Lundi*, Le Play apparut aux traditionalistes comme le défenseur de la propriété et de la famille, le prescripteur d'une division des sexes où

> « la mère de famille n'est pas obligée d'aller travailler chez les autres, où elle siège et trône en quelque sorte au foyer domestique, où elle est souveraine respectée où les vertus naissent, s'entretiennent, se graduent d'elles-mêmes autour d'elle. »[10]

Réformateur original et courageux pour ses amis libéraux[11], il était, selon eux, celui qui, par le biais d'une organisation économique parfaitement compatible avec les systèmes de production existants et même capable d'en stimuler la productivité, pouvait à la fois améliorer les conditions de vie et la mentalité du prolétariat industriel.

Le succès de *La Réforme Sociale en France* peut se mesurer par le nombre de ses éditions, huit entre 1864 et 1901, en dépit de la publication ultérieure de nombreux autres ouvrages de Le Play.

---

[9] LE PLAY (F.). - *La Réforme Sociale en France déduite de l'observation comparée des peuples européens*, Paris, Plon, 1864, 2 vol. 440 et 480 p.

[10] SAINTE-BEUVE (Ch-A.). - *Les Nouveaux Lundis*,, 1863-1870, T.IX.

[11] MONTALEMBERT (Ch. Forbes, comte de), (1810-1870). - Lettre du 8 janvier 1866 reproduite dans la *Correspondance* des Unions de la Paix Sociale, 1875. « Je vis depuis plus d'un mois en communication intime avec Le Play. En revenant de mon voyage en Espagne, je me suis mis à relire *La Réforme Sociale*. Je la lis, je l'annote, je m'en imbibe goutte à goutte (...) Le livre le plus original, le plus courageux, et sous tous les rapports le plus fort de ce siècle ».

C'est alors que se place l'anecdote que Le Play raconta, après la chute de l'Empire[12]. Invité à dîner en tête-à-tête avec Napoléon III, et parlant longuement avec lui des moyens de diffuser sa réforme, il constata que l'Empereur ne souhaitait pas exercer une contrainte théorique sur ses serviteurs du Conseil d'Etat, du Corps Législatif et du Sénat.[13] Ce fut un conseil de persuasion qui fut donné à Le Play : il devait extraire les principaux principes d'action de son livre, et présenter la brochure à deux membres du gouvernement comme étant l'expression même de la pensée impériale. Le travail fut fait, mais l'accueil des personnalités désignées étant peu encourageant, Le Play se résigna à publier l'ouvrage, qui parut alors que l'Empire s'écroulait[14].

Toutefois, Napoléon III donna de nouveaux moyens d'action à Le Play. Si le titre, du reste éphémère, de sénateur à vie qui lui avait été conféré en 1867 n'accrut pas sensiblement son influence, celui de Commissaire aux Expositions Universelles lui donna l'occasion d'organiser, dans le cadre de l'Exposition de 1867 à Paris, une Section d'Economie Sociale qui imposa la tradition d'une étude comparée des réalisations patronales reprise lors de l'Exposition Universelle de 1889, ce qui permit la jonction des deux courants philanthropiques majeurs du catholicisme social et du protestantisme social.

LES PRINCIPES DE REFORME INTEGRATRICE DE LE PLAY.

Pour comprendre le succès de Le Play chez les traditionalistes comme chez les libéraux, il faut savoir, d'une part, que sa comparaison des stades d'avancement des sociétés plus ou moins industrialisées l'avait conduit à énoncer des principes de réaction patriarcale, et à penser aux moyens de ruraliser le prolétariat en le remettant dans les conditions favorables de possession d'un petit domaine familial ; et, d'autre part, que son observation des méthodes de gestion du personnel ouvrier lui avait inspiré des principes concrets d'amélioration des conditions de vie, de santé, de productivité, qui, croisés avec l'étude sociologique de la vie familiale des ouvriers, lui avait permis d'affirmer que cette réforme sociale avait aussi des effets de réforme morale.

La formulation de ces principes a été faite de nombreuses fois à partir de 1855, dans des ouvrages destinés à des publics différents[15] ; après la chute du Second Empire,

---

[12] Voir note 3.

[13] On peut penser que Napoléon III estimait que l'influence de Le Play sur ses adversaires royalistes serait atténuée par un patronage impérial officiel.

[14] LE PLAY (F.). - *L'Organisation du travail selon la coutume des ateliers et la Loi du Décalogue, avec un précis d'observations comparées*, Tours, Mame, 1870, XII-561 p.

[15] *Les Ouvriers Européens*, 1855 ; *La Réforme Sociale en France*, 1864 ; *L'Organisation du travail*, 1870.

Le Play fit un effort particulier de pédagogie[16] pour s'adresser à la fois à tous les conservateurs, qu'il souhaitait unir dans ses Unions de la Paix Sociale[17]. Nous résumons ici ses principales idées en tirant essentiellement les citations des ouvrages rédigés à l'intention du grand public.

La réaction patriarcale.

Le Play estimait que les sociétés industrialisées et urbanisées où est intervenue une division poussée du travail -qu'il nommait « sociétés compliquées »- avaient perdu la stabilité des fondements sociaux des sociétés pastorales et agricoles ou « sociétés simples », où régnaient la paix sociale et l'ordre traditionnel qui créent et conservent les « grandes races ».

> « Les familles étaient fécondes. Leurs nombreux membres et leurs serviteurs se tenaient groupés sous l'autorité du père tant qu'ils pouvaient être abrités et nourris au foyer domestique. Le régime déplorable des locations était interdit par les mœurs en sorte que l'incorporation d'une famille à une paroisse rurale ou à une commune urbaine était inséparable de la propriété d'un foyer. »[18]

Au sein de cette propriété familiale, l'éducation morale et religieuse (*l'enseignement du Décalogue)* se faisait en même temps que l'apprentissage des techniques de production et la transmission de la culture ; les parents assumaient cette tâche d'éducation en même temps que celle qui consiste à protéger la famille et à réprimer les fautes commises en son sein. Dans la société « compliquée », les époux durent déléguer ces divers pouvoirs, celui de l'éducation aux « ministres de la religion », celui de la défense et de la punition aux « ministres de la souveraineté ».

---

[16] *L'Organisation de la famille selon le vrai modèle signalé par l'histoire de toutes les races et de tous les temps*, avec 3 appendices (E.CHEYSSON, « La famille-souche du Lavedan », F..LE PLAY, « La très petite propriété, le Code Civil et ses agents », C.JANNET, « La réforme du Code Civil selon les jurisconsultes des pays à famille-souche »), 1871, rééditée en 1875, 1884, 1895, 1907 ; *Le principe et les moyens du salut en France*, Correspondance des Unions de la Paix Sociale, n°5, juin 1873, rééditée en mai 1874 ; *La Question sociale et l'Assemblée*, 1873 ; *La Paix sociale après le désastre*, 1876 ; *Notice sur le Comité d'Union de Paris*, 1874 ; *Prélude aux Unions locales*, 1876 ; *Correspondances des Unions de la Paix Sociale*, 1876 ; *La Réforme en Europe et le salut en France*, 1878 ; *La Méthode sociale, « abrégé des Ouvriers Européens ouvrage destiné aux classes dirigeantes qui, selon la tradition des grandes races, désirent se préparer par des voyages méthodiques à remplir dignement les devoirs qu'impose la direction des foyers domestiques, des ateliers de travail ruraux et manufacturiers, des voisinages, du gouvernement local et des grands intérêts nationaux »*, 1879 ; *L'Ecole de la Paix Sociale, son histoire, sa méthode et sa doctrine*, 1881.

[17] Voir ci-dessous « Le Play et les Unions de la Paix Sociale ».

[18] *Le Principe et les moyens du salut en France, op.cit.*

Il n'y a donc ni perfection originelle, comme le prétendait Rousseau, ni égalité providentielle comme le pensait Tocqueville et comme la Révolution de 1848 a cherché à l'imposer.[19]

Le passage à la société « compliquée » s'accompagne d'une illusion de progrès, due à l'évolution technologique, qui conduit certains à penser que le pouvoir temporel peut seul assumer les tâches d'éducation et de contrôle ; mais en fait on constate une dégradation de l'ordre social due à la négation des principes de la morale et à la dégradation des liens familiaux :

> « Certains savants qui admirent la prospérité que procurent à plusieurs sociétés contemporaines les récentes découvertes des sciences physiques (...) voient exclusivement dans le pouvoir de l'Etat le principe de la souveraineté. Ils concluent donc que les sociétés prospéreront dans l'avenir sans le secours de Dieu et de l'autorité paternelle. Cette conclusion est aujourd'hui en Europe la principale cause de discorde »[20].

Pour restaurer les liens familiaux, et les principes qui prévalaient au sein de la famille primitive ou famille-souche, il suffirait de reconstituer les conditions de vie qui assuraient son autonomie et sa solidarité.

Impossible de ruraliser le prolétariat ? Le Play répond qu'il en a observé au contraire de nombreux exemples, réalisés au sein d'exploitations industrielles modernes, pour le plus grand profit des dirigeants comme du personnel, et que ce système pourrait être aussi bénéfique aux sociétés « compliquées » en y restaurant la paix sociale qu'il s'est révélé profitable aux entreprises paternalistes.

Les solutions paternalistes à la dégradation des conditions de vie ouvrière.

Bien que la situation des entreprises soit variable, le moyen universel de survie de la famille ouvrière est l'exploitation d'un petit domaine familial. Le principe en est, d'une part la sous-location éventuelle de la maison d'habitation ce qui suppose que la famille en soit propriétaire, d'autre part la production de biens de subsistance dans un enclos attenant.
L'accession à la propriété de la maison familiale soulève cependant deux objections : le bien peut être saisi par des créanciers, la sous-location éventuelle peut conduire à un surpeuplement gênant.

---

[19] *La Question sociale et l'Assemblée, op. cit.*

[20] *L'Ecole de la Paix Sociale, son histoire, sa méthode, sa doctrine, op.cit.*

Il est vrai que l'ouvrier n'a pas le sens de l'épargne du paysan :

> « Dans l'état actuel de la société occidentale, et en dehors de quelques populations modèles, il n'existe pas un ouvrier sur dix qui, devenant tout à coup possesseur d'une somme d'argent, ait assez d'empire sur lui-même pour la conserver intacte et se contenter du surcroît d'aisance produit par le placement judicieux de cette somme. »[21]

Aussi est-il préférable de fournir un domaine plutôt qu'une augmentation de salaire, et de ne pas en octroyer la propriété d'emblée, pour en faire comprendre la valeur et empêcher sa saisie :

> « Le débitant patenté d'eau de vie, le colporteur et l'épicier, spéculant sur les passions et l'inexpérience de l'ouvrier, ne tarderaient pas, s'ils étaient autorisés à poursuivre le remboursement de leurs avances, à devenir en fait propriétaires de l'habitation. L'extension prématurée (de la propriété) n'aurait ici d'autre résultat que de dégrader par l'ivrognerie le chef de famille et d'enlever aux autres membres de la communauté un de leurs principaux moyens d'existence (...) La propriété est une terre de Canaan à laquelle on ne peut arriver qu'après une longue suite d'épreuves. »

En effet, avec le temps, la propriété crée une jouissance au double sens du terme :

> « Tel bordier qui ne résistera pas à l'attrait des jouissances physiques qu'il peut se procurer immédiatement au moyen d'une somme d'argent, qui n'attachera à la conservation de cette somme aucune satisfaction personnelle, n'aura même pas la pensée de se procurer ces jouissances en aliénant sa chaumière, son jardin, son étable. Bien souvent même on le verra, comme le paysan russe et le mineur du Hartz, consacrer ses loisirs à orner sa demeure et trouver dans cette occupation la plus agréable diversion à son travail. »

La sous-location ne risque-t-elle pas de gêner cette jouissance ? non, puisqu'elle est volontaire et non imposée par la Compagnie propriétaire :

> « L'ouvrier devenu acquéreur fait un certain profit en sous-louant à d'autres personnes la portion d'habitation qui n'est point indispensable à sa propre famille. Par ce moyen, il ramène souvent la dépense qui reste à sa charge au-dessous du taux d'une véritable location. L'administration, de son côté, est dispensée des soins et de la dépense qu'entraînerait l'entretien des habitations directement concédées à titre de subvention. Elle fait accepter sans résistance aux ouvriers des conditions d'existence qui pourraient sembler gênantes si elles n'étaient pas provoquées par l'intérêt même des occupants. »

---

[21] *La Méthode sociale, op.cit.*

Ainsi, la location-vente de maisons par les Compagnies rentabilise la dépense initiale de leur fourniture. Qui plus est, dans le cas où l'industrie serait en difficulté, elle permet le maintien de l'emploi sans que l'ouvrier souffre des variations de salaire, grâce à la présence salvatrice du petit domaine foncier attenant :

> « Une maison d'ouvrier, dans la majeure partie de l'Europe, a pour dépendance nécessaire un jardin ou un verger, dont la surface, comprise dans la plupart des cas entre 2 et 3 ares, atteint rarement 8 ares. L'ouvrier, dans ses moments de loisir, et plus ordinairement la femme avec le concours des enfants et des vieux parents, y cultivent les légumes et les fruits consommés par le ménage. »

Dans le cas de la première enquête de Le Play, celui des mines du Hartz, la preuve a été faite que cette organisation a permis à la fois de sauver l'entreprise, et donc l'emploi, sans que les conditions de vie de la famille ouvrière en deviennent insupportables :

> « Pour maintenir en activité des exploitations dont les recettes balancent à peine les dépenses, l'administration supérieure a dû abaisser les salaires jusqu'aux limites tracées par la satisfaction des besoins indispensables ; en sorte que, par une exception fort rare en Europe, l'épargne, pour un ouvrier placé dans des conditions moyennes, est réellement impossible. Ce régime fait (grâce à la petite exploitation familiale) le bonheur de la population au milieu d'une existence qui serait intolérable pour les plus pauvres ouvriers des grandes villes de France et d'Angleterre. »

Le système pavillonnaire paternaliste dont Le Play décrit ainsi les caractères tirés des expériences concrètes observées par lui a donc un avantage à la fois pour les entreprises et pour les salariés. Mais il a aussi un avantage social, dont profiteraient les gouvernés comme les gouvernants : il restaure les liens entre l'individu et le sol, le réenracine -alors que le locataire est « nomade »-, et rend le salarié, comme le citoyen, plus digne et plus responsable :

> « Dans tous les cas, la condition physique et morale des populations dépend intimement des combinaisons au moyen desquelles on parvient à assurer aux ouvriers la jouissance du logement. Ce genre de jouissance en effet contribue plus que toute autre à développer chez l'ouvrier le goût de la propriété et les sentiments moraux qui s'y rattachent. Cette acquisition a pour l'ouvrier aussi bien que pour l'administration des avantages que l'observation révèle tout d'abord. L'ouvrier acquiert plus de valeur à ses propres yeux. Il manifeste, par sa conduite, plus de respect pour lui-même, plus d'attachement à ses devoirs. »

DU PATERNALISME
AUX SOCIETES D'HABITATIONS OUVRIERES.

Les problèmes de l'habitat ouvrier commençaient à être pris en compte par les pouvoirs publics français, mais ils n'envisageaient qu'une action incitative. En 1850, le ministère du Commerce fit traduire de l'anglais le livre d'Henry Roberts sur l'habitat des classes laborieuses, *The dwelling of the labouring classes* et en fit livrer des exemplaires aux principaux établissements et centres industriels. L'initiative gouvernementale ne permit cependant de convaincre... que les convaincus. C'est en effet à Mulhouse, foyer de la politique pavillonnaire protestante, que fut enregistrée la première, et seule réaction à l'envoi de Paris.

LA SOCIETE MULHOUSIENNE DES HABITATIONS OUVRIERES.

Les exemples qui avaient frappé l'imagination du théoricien, du sociologue, de l'économiste qu'était Le Play, se rapprochaient de l'expérience du patronat alsacien chez qui, depuis vingt ans, les maisonnettes avec jardin d'André Koechlin montraient l'amélioration des conditions de vie produites par l'habitat pavillonnaire. La Société Industrielle de Mulhouse accusa réception de l'envoi gouvernemental dans son *Bulletin* et annonça qu'elle allait entreprendre une étude pour définir les conditions optimales du logement ouvrier[22].

L'étude sur le logement ouvrier de la Société Industrielle de Mulhouse.

Après un an d'enquête[23], les conclusions de la Société Industrielle furent publiées. Bien que rappelant l'œuvre de précurseur d'André Koechlin[24], les enquêteurs condamnaient le principe de location qu'il avait appliqué, l'habitat ouvrier idéal étant pour eux *celui qui assure une absolue indépendance des familles.*

Les chefs d'entreprise mulhousiens adoptèrent donc le principe d'une accession progressive de leur personnel à la propriété d'habitations à construire, envisageant à cet effet de créer une Société indépendante de leurs établissements mais financée par eux et, en partie, par l'apport des ouvriers désireux d'acquérir leur logement.

---

[22] *Bulletin de la Société Industrielle de Mulhouse*, septembre 1851.

[23] *Ibid.*, septembre 1852.

[24] Voir chapitre 1, « La genèse d'une philanthropie de l'habitat social - Le patronat protestant et le logement ouvrier ».

Voici comment Jules Siegfried[25], qui à quinze ans en fut témoin, décrivit la constitution de la Société Mulhousienne des Cités Ouvrières :

> « Un homme de bien, un grand patriote dont la vie a été consacrée tout entière au bien des classes ouvrières, Jean Dollfus, réunit quelques industriels de Mulhouse, pénétrés comme lui des bienfaits de la propriété, et convaincus qu'un des plus grands services à rendre à la classe ouvrière serait de lui en faciliter la jouissance, fonda avec eux en 1853 une Société de Cités Ouvrières, leur but étant de construire de petites maisons séparées avec jardin et cour et de les vendre au prix coûtant aux ouvriers, qui, en payant tant par mois deviendraient propriétaires au bout d'un certain nombre d'années[26] ».

Le *Bulletin de la Société Industrielle* reprenant les conclusions de cette étude et annonçant la création de la Société développait les raisons humanitaires de ce choix, dont la parenté avec les conclusions de Le Play est frappante :

> « La commodité, la propreté d'un logement influent, plus qu'on ne le supposerait d'abord peut-être, sur la moralité et le bien-être d'une famille. Celui qui ne trouve en rentrant chez lui qu'un misérable taudis, sale, en désordre, où il ne respire qu'un air nauséabond et malsain, ne saurait s'y plaire, et le fuit pour passer au cabaret une partie du temps dont il dispose. Ainsi son intérieur lui devient presque étranger, et il contracte bientôt de funestes habitudes de dépenses dont les siens ne se ressentent que trop et qui aboutissent trop souvent à la misère »[27]

La parenté d'esprit des deux courants philanthropiques chrétiens s'arrête lorsqu'il s'agit de politique : les catholiques leplaysiens étaient alors royalistes, les protestants mulhousiens républicains. Leur convergence est toutefois manifeste quant à la nécessité d'une réforme pavillonnaire de l'habitat prolétarien :

> « Si au contraire nous pouvons offrir à ces mêmes hommes des habitations propres et riantes, si nous leur donnons à chacun un petit jardin où il trouvera une occupation agréable et utile, où, dans l'attente de sa modeste récolte, il saura apprécier à sa juste valeur cet instinct de la propriété que la Providence a mis en nous, n'aurons-nous pas résolu d'une manière satisfaisante un des problèmes les

---

[25] Jules Siegfried (1837-1922), fils aîné d'une famille de filateurs mulhousiens qui après l'annexion de l'Alsace à l'Allemagne à la suite de la guerre de 1870 s'installa au Havre après un séjour aux Indes, devint maire du Havre, puis député de la Seine Inférieure (1885-1898), ministre du commerce du cabinet Ribot (1892-1893), sénateur de la Seine Inférieure en 1898, à nouveau député du Havre en 1902. Fondateur du Musée Social qu'il dirigea jusqu'à sa mort, il fut l'auteur de la première législation sur l'Habitat à Bon Marché, cause à laquelle il se dévoua dans ses écrits et ses conférences. Ses principaux ouvrages sont : *La Misère, ses causes*, 1877, *Les Habitations à bon marché*, 1902.

[26] SIEGFRIED (J.). - *Les Cités ouvrières*, Le Havre, 1877.

[27] *Bulletin de la Société Industrielle de Mulhouse*, juin 1853, cité in SIEGFRIED (J.)-. *Les Cités ouvrières*, *op. cit.*.

plus importants de l'économie sociale ? N'aurons-nous pas contribué à resserrer les liens de la famille et rendu un véritable service à la classe si intéressante de nos ouvriers, et à la société elle-même[28] ? »

Les expériences de construction.

Les réalisations mulhousiennes présentent un intérêt tout particulier. Elles permirent, pour la première fois, de tester concrètement les préférences des ouvriers en matière d'habitat ; Dollfus voulut en effet, avant d'entamer la construction en série, savoir quel type de construction individuelle avec jardin les ouvriers préféreraient.

Il fit appel à Emile Muller, l'architecte qui avec ses confrères Emile Cacheux et Emile Trélat introduisit dans les techniques de l'architecture les préoccupations sociales d'hygiène et de construction économique. Une série de maisons appartenant à quatre types différents fut construite. On y installa provisoirement des locataires pour tester leurs réactions à chaque type d'habitat, et quelques mois après, sur leurs indications, Muller entreprit la construction du type définitif dans la banlieue de Dornach.

Trois types avaient été écartés d'emblée : une maison n'ayant qu'un rez-de-chaussée ; des maisons adossées les unes aux autres en double ligne avec jardin en façade ; des maisons ayant devant un petit jardin, derrière une cour avec débarras.
Ainsi, ni le type anglais, ni le type traditionnel des courées (qui fut par la suite repris par les Houillères et prit le nom de coron), ni le type dit « carte postale » ou « carte de Noël », selon le terme de Le Corbusier, n'obtinrent les faveurs des cobayes de Dornach.

Peut-on conclure sur ce seul exemple que les ouvriers n'aimaient pas la maison isolée ou jumelée, et s'accommodaient du semi-collectif ? .La disposition particulière du type adopté offre peut-être la clef d'un choix qui, dans l'histoire du logement pavillonnaire, paraît exceptionnel.

Il s'agissait d'une maison à un étage, avec cave et grenier, comprenant quatre logements, et située au milieu d'une parcelle. L'espace non bâti qui entourait la maison était divisé en quatre jardins, d'une superficie de 120 m^2, destinés chacun à une famille. Les quatre ménages se partageaient la maison, mais au lieu d'une division horizontale par étages, où chaque famille occupe une tranche du mille-feuille, on avait ménagé une division verticale. Chacun des logements comprenait toute la hauteur de la maison, suivant une disposition d'angle. Chaque famille avait ainsi quatre niveaux d'habitat : cave, rez-de-chaussée avec une chambre et une cuisine, un étage avec deux chambres, et un grenier. Elle disposait en outre de deux perspectives visuelles, tout en ayant la garantie absolue de non-prospect par rapport à ses voisins.

---

[28] SIEGFRIED (J.). - *Les Cités ouvrières, op.cit.*

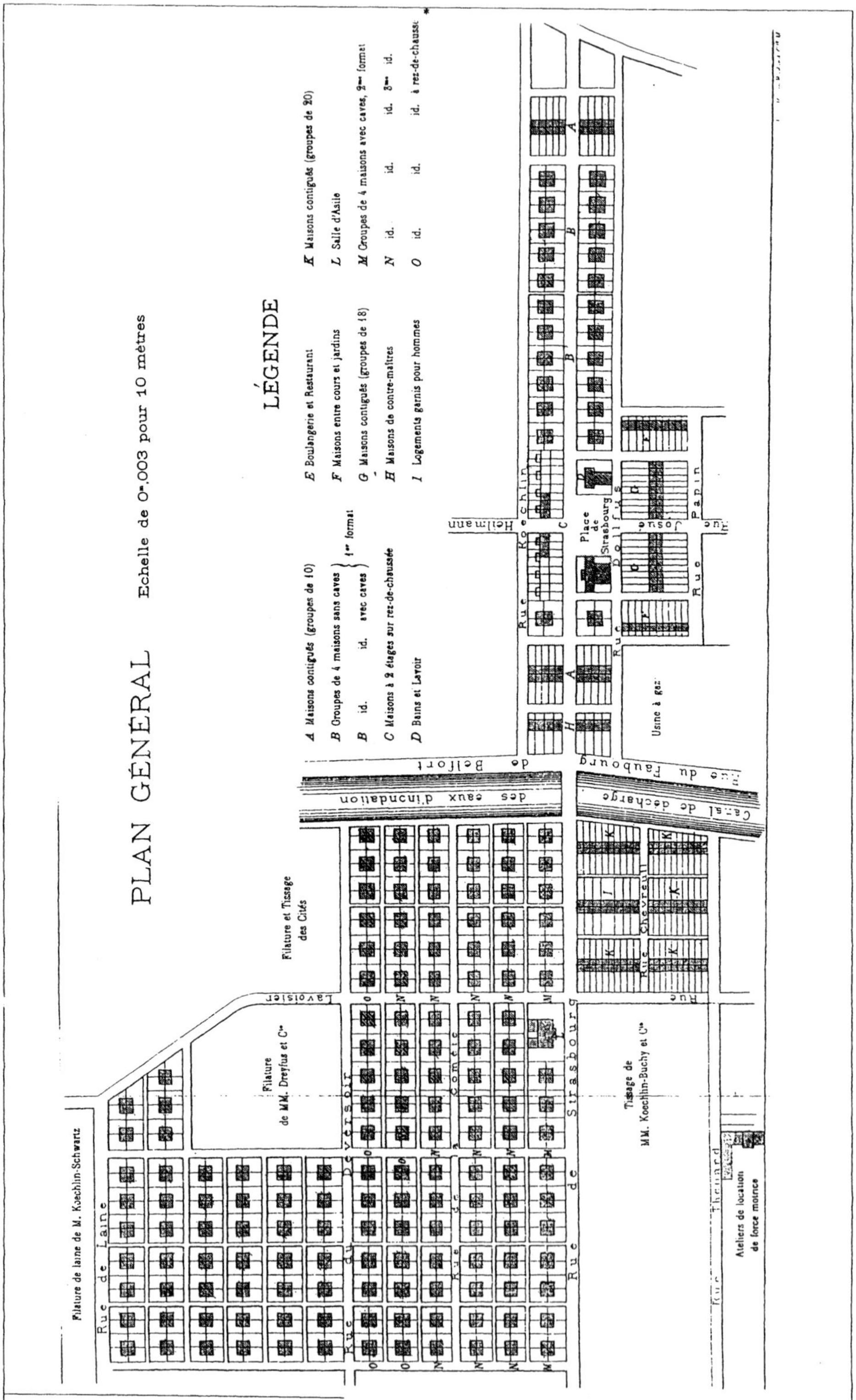

* *La Politique Pavillonnaire*.- Planche I. Expériences de la Société Industrielle de Mulhouse.- Plan général des habitations ouvrières
Source : *Bulletin de la Société Industrielle de Mulhouse*. Collections du Musée Social.

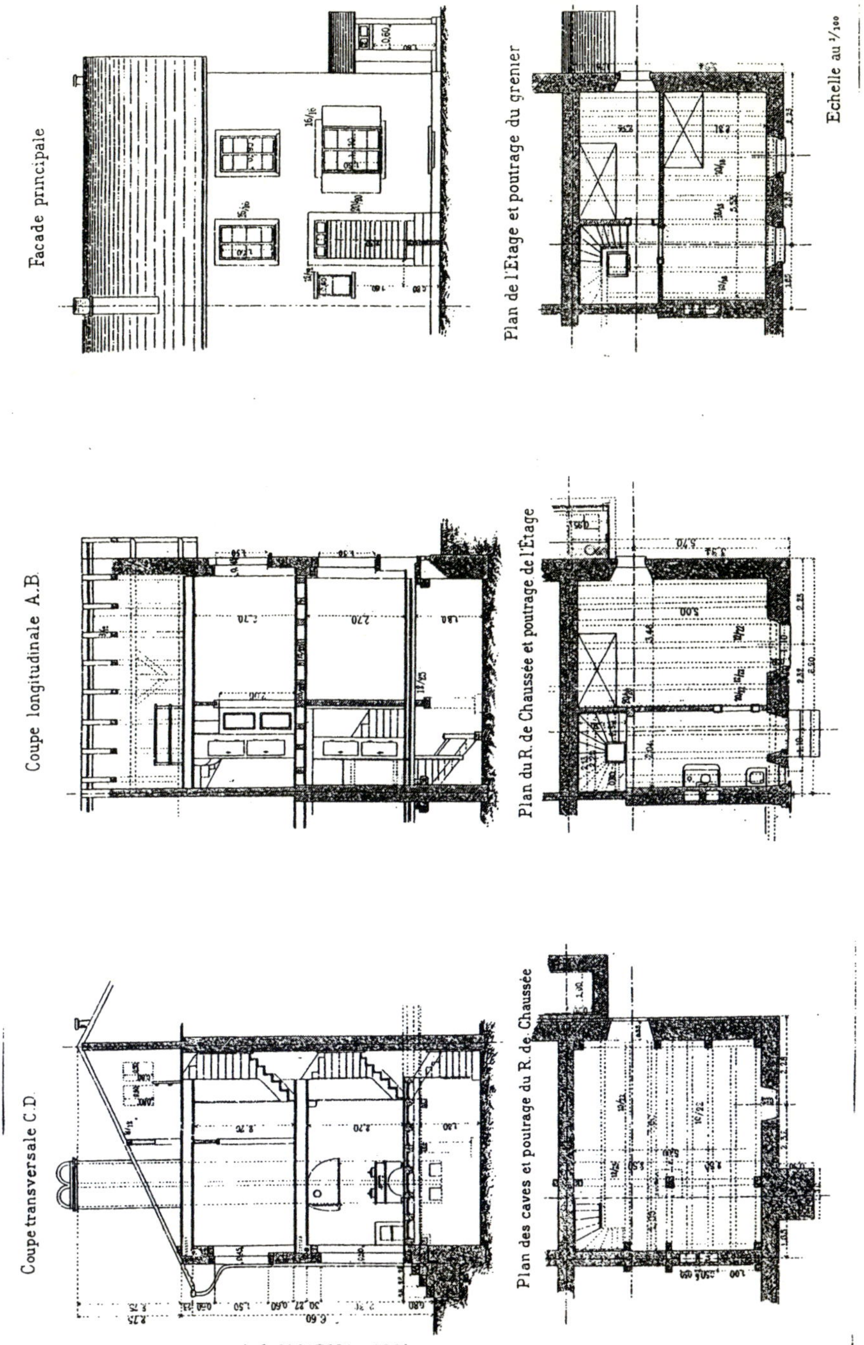

La Politique Pavillonnaire.-Planche II. Expériences de la Société Industrielle de Mulhouse.- maisons types à étages

Source : *Bulletin de la Société Industrielle de Mulhouse*. Collections du Musée Social

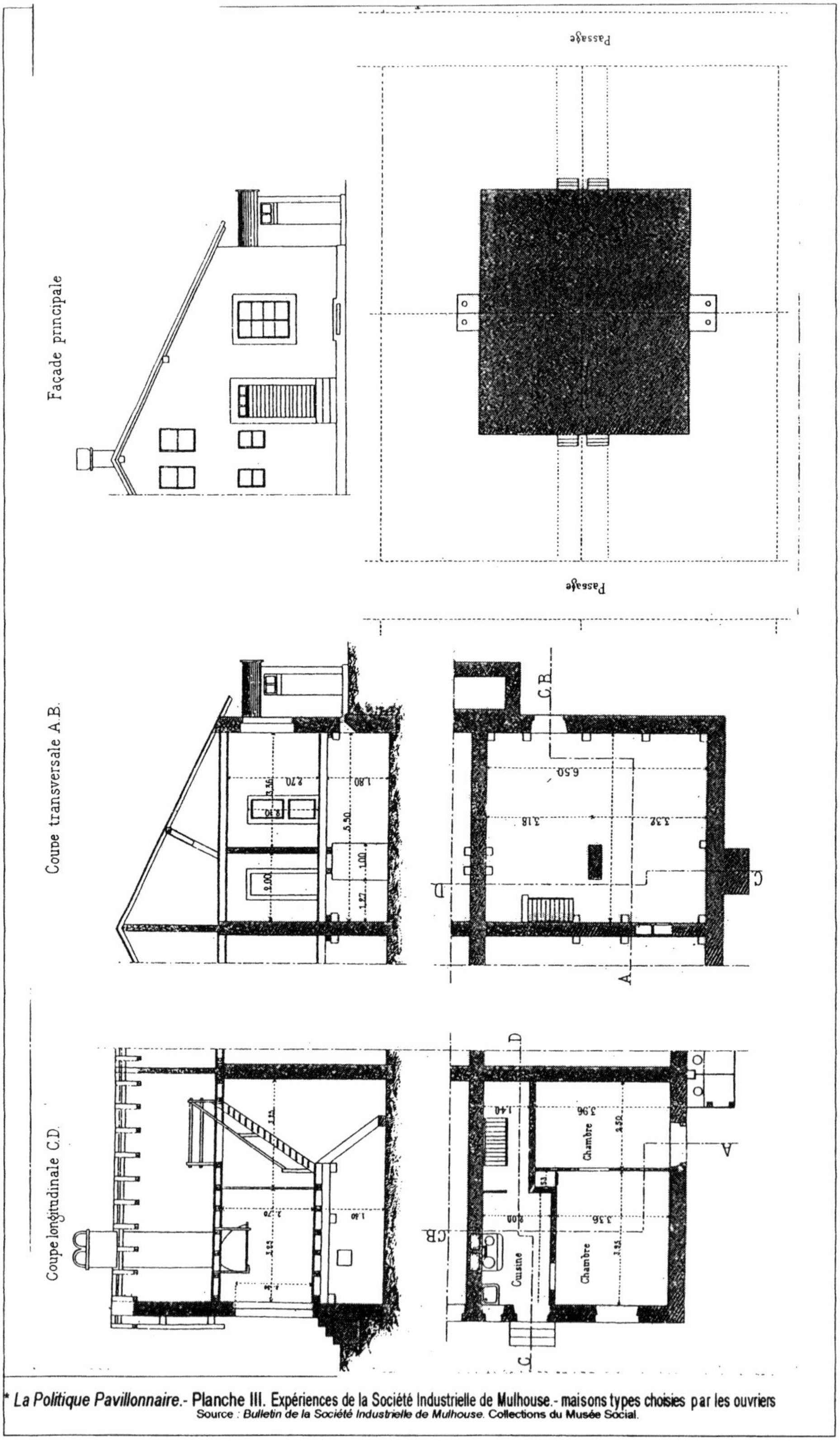

* *La Politique Pavillonnaire*.- Planche III. Expériences de la Société Industrielle de Mulhouse.- maisons types choisies par les ouvriers
Source : *Bulletin de la Société Industrielle de Mulhouse*. Collections du Musée Social.

Le modèle Dornach, en contradiction avec la théorie même de la Société Industrielle, n'est donc pas une maison isolée ; c'est un compromis entre le pavillon et le collectif de petites dimensions, entre l'espace vert collectif et le jardin clos.

Seconde déception pour les patrons mulhousiens, les ouvriers préférèrent en grande majorité rester locataires de leur maison. Le système Dornach définitif fut donc celui de la location-vente optative. Le loyer annuel était de 187,50 francs ; si le locataire désirait se porter acquéreur, il devait verser en sus 6 francs par mois pendant 15 ans, ce qui augmentait d'à peine plus d'un quart le loyer annuel pour lui assurer au bout de quinze ans, pour une somme égale à quatre fois son loyer annuel, la suppression totale de celui-ci.
Malgré ces conditions avantageuses, en 1855 -deux ans après le début de l'expérience- sur 232 maisons construites, 72 locataires seulement s'étaient portés acquéreurs. Avec le temps, suivant le témoignage de Jules Siegfried, le goût de la propriété vint aux ouvriers mulhousiens ; selon lui, en 1877, sur 1 100 maisons construites, le nombre de locations était infime. A ce moment, la population logée était de 7 000 personnes.

Le modèle architectural mulhousien n'eut pas grand succès. Les usines Mabille, à Amboise, ou les usines Seitz à Granges, furent des rares entreprises à avoir adopté ce type pour leurs réalisations, d'après le rapport de l'enquête sur les habitations ouvrières de 1889.

LES SOCIETES PHILANTHROPIQUES DE CONSTRUCTION D'HABITATIONS OUVRIERES.

Dollfus entreprit alors de multiplier les expériences du même type sur l'ensemble du territoire français. Il fut aidé dans sa tâche par un jeune journaliste de *l'Echo libéral*, Partridge, qui publia une série d'articles sur les cités ouvrières[29]

La Société des Habitations Ouvrières de la Seine.

Une première tentative fut faite à Paris, où la situation particulièrement grave du logement ouvrier amena Dollfus, avec l'architecte Muller, constructeur de Dornach, son disciple Cacheux, les jeunes industriels mulhousiens Jacques et Jules Siegfried, et MM. Bamberger, Godillot et Jonquoy[30], à tenter de constituer une Société des Habitations Ouvrières de la Seine.

Les industriels parisiens firent la sourde oreille aux demandes de fonds. N'ayant pu lever à eux seuls un capital suffisant, les promoteurs durent renoncer à leur projet.

---

[29] SIEGFRIED (J.). - *Les Cités ouvrières, op. cit.*

[30] MULLER (E.), CACHEUX (E.). - *L'habitation ouvrière en tous pays*, Paris, 1889, 2ème édition.

Cacheux ne s'avoua pas battu ; par l'intermédiaire du député Turquet, il tenta de faire adopter une proposition de loi visant à obtenir du Trésor des prêts de capitaux au taux réduit de 3% pour la fondation de Sociétés constructrices d'habitations ouvrières. Cette idée, émise en 1866, fut soutenue par l'économiste Leroy-Beaulieu (on voit ici s'amorcer déjà le mouvement de coalition réformiste libérale qui est à la base du succès de la politique de réforme par l'habitat). Toutefois, il n'en sortit rien de concret.

L'évolution de la construction patronale.

La construction patronale, si elle s'était partiellement orientée vers le logement pavillonnaire, comme au Creusot et à Lens, restait globalement dominée par la politique autoritaire du « bon tyran », le patron décidant seul d'après ses lumières ce qui conviendrait à son personnel.

A Lens, depuis 1852, l'habitat ouvrier était conçu en fonction des hiérarchies socioprofessionnelles. La Compagnie établissait de nombreuses différenciations dans la construction de son parc immobilier : il y avait 23 types d'habitations ouvrières et 11 types d'habitations d'employés.

Au Creusot, la politique fut essentiellement axée sur l'accession à la petite propriété. Si la Compagnie construisait directement un certain nombre de logements qu'elle louait ou cédait gratuitement aux familles nombreuses, aux retraités, veuves, infirmes, elle jouait aussi le rôle de Société lotisseuse philanthropique, et de Société de crédit. Cédant à prix réduit des terrains voisins du centre industriel, la Société Schneider prêtait à ses ouvriers tout ou partie du capital nécessaire à l'achat du terrain et à la construction des maisons ; même dans le cas où le financement avancé par la Compagnie n'aurait pas été remboursé, les emprunteurs étaient considérés comme propriétaires définitifs de la maison. Les usines Schneider entreprirent d'autre part en 1860 la construction de 3 600 pavillons isolés avec jardin et instituèrent un mécanisme de location-vente qui permit à 10% de leurs ouvriers d'accéder à la petite propriété. L'usine ville du Creusot, haut lieu du paternalisme, était en effet alors dirigée par Emile Cheysson[31], ingénieur des mines qui s'avoua toute sa vie fidèle disciple de Le Play.

Certaines usines et entreprises continuaient à loger directement leur personnel ; les Cristalleries Baccarat pratiquaient l'hébergement gratuit, la Compagnie des Mines

[31] Emile Cheysson (1836-1910), ingénieur des Mines disciple de Le Play, Directeur des usines du Creusot, fut également professeur d'économie politique à l'Ecole libre des Sciences Politiques. Membre de la Société Internationale d'Economie Sociale, membre du comité de rédaction de la revue fondée par Le Play *La Réforme Sociale*, il publia des ouvrages d'économie sociale (étude sur la famille-souche du Lavedan publiée dans un recueil de Le Play, voir note 16), de statistique, des études de démographie comparée, *La question de la population en France et à l'étranger*, 1885, et d'administration communale rurale, *L'assistance rurale et le groupement des communes*, 1889.

d'Anzin, les usines Menier, Solvay, Schneider, Waddington, etc., faisaient payer un loyer réduit au personnel logé.

En 1889, selon le rapport du jury des habitations ouvrières, et d'après les données incomplètes de l'enquête menée auprès des entreprises françaises[32], le logement patronal encadrait 20 000 familles.

La diversification des Sociétés de construction.

Les philanthropes patronaux et privés s'intéressèrent à l'exemple mulhousien de Société indépendante de construction d'habitations ouvrières, mais le financement de ces opérations s'avéra difficile. Pour attirer les capitaux, il fallait prévoir une rémunération des investisseurs -dans le système mulhousien, un dividende de 4% était considéré comme nécessaire- ; or la faiblesse des revenus de leur clientèle réduisait souvent les constructeurs de logements ouvriers à les financer à fonds perdus. Le nombre d'initiatives privées fut de ce fait considérablement réduit, seuls les patrons d'entreprises de main d'œuvre trouvant un intérêt compensatoire dans le fait de stabiliser leur personnel.

Les collectivités locales et les pouvoirs publics auraient pu relayer, dans le souci du bien-être de leurs administrés, l'effort patronal de subvention de l'habitat ouvrier. C'est effectivement ce que les Conseillers municipaux de Paris avaient immédiatement pensé au moment de l'Exposition Universelle de 1867. Prenant acte de la « vive émotion » éprouvée par les visiteurs des stands d'information sur les habitations ouvrières de la Section d'Economie Sociale, le Conseil Municipal envisagea de faire prendre des mesures rapides en matière de construction sociale. Bien qu'aucune suite n'ait été donnée sur le moment à ce projet, il apparaît comme le signe avant-coureur des politiques de construction sociale ultérieures, à Paris dans les années 1880, puis en région parisienne à la période du socialisme municipal..

Sous le Second Empire, c'est sur sa caisse personnelle et au cas par cas que Napoléon III avait subventionné ce type d'initiative. La Société Mulhousienne des Cités Ouvrières avait reçu ainsi 300 000 francs, somme qui fut dépensée pour l'aménagement de la voirie. La Société Coopérative Immobilière des Ouvriers de Paris obtint un don conditionnel pour encourager la coopération immobilière ouvrière : le don n'était acquis que si les ouvriers réunissaient par souscription un capital minimum[33]. De rares initiatives philanthropiques privées se développèrent malgré tout. M. de Pourtalès construisit de petits logements ouvriers que géra le pasteur Renkhoff. Le Comte de Madre s'offrit à établir sur ses terrains de Montmartre une Société de Gestion des Habitations Ouvrières, mais le Ministre de l'Intérieur M. de Persigny ne lui ayant donné que la caution morale du gouvernement,

---

[32] PICOT (G.). - *Rapport du Jury des Habitations ouvrières, op.cit.*

[33] *ibid.*, p.15.

le Comte de Madre, en l'absence de subvention, dut substituer à la création d'une Société philanthropique le lotissement de ce vaste domaine dans les conditions indiquées plus haut.[34]

Ces difficultés de financement expliquent le nombre restreint des créations[35].

En 1869, une Société de Maisons Ouvrières se fonda à Reims. Son capital se montait à 63 000 francs. Elle bâtit quatre groupes de maisons de type mulhousien, comprenant chacun 16 logements. Malheureusement, cette société manqua son but, puisque parmi les habitants on ne compta que deux ouvriers.
La même année, à Epernay, une autre Société se créa avec un capital de 110 000 francs. En 1872, elle avait construit 64 maisons avec cour et jardin, sur des parcelles individuelles de 285 m².
Toujours en 1869, une Société Anonyme des Maisons Ouvrières se constitua à Amiens. Vingt ans plus tard, elle avait construit et vendu 64 maisons de deux étages comprenant quatre pièces, avec un jardin de 60 m².

En dépit de ces maigres résultats concrets, l'idée d'une réforme sociale par l'habitat social progressa, portée par la convergence d'esprit des philanthropes chrétiens, et nourrie des craintes de révolution. C'est parce que la politique pavillonnaire s'annonçait comme une menace pour le développement du socialisme international qu'une seconde fois -après la diatribe du *Manifeste du Parti Communiste* contre le socialisme « critico-utopique »- les théoriciens marxistes dénoncèrent publiquement le risque qu'une amélioration des conditions de vie ouvrière dans le cadre existant de la société ferait courir à la révolution prolétarienne.

DIFFUSION ET CONTESTATION DE LA POLITIQUE PAVILLONNAIRE

A la chute du Second Empire, l'idée pavillonnaire avait déjà fait de considérables progrès. Comme les enquêtes de Le Play l'avaient démontré, le paternalisme international l'avait déjà mise en pratique, mais de façon désordonnée, sans coordination ni prise de conscience théorique. Les publications de la Société Internationale d'Economie Sociale et de son fondateur, les expérimentations mulhousiennes, la confrontation internationale des œuvres paternalistes lors de l'Exposition Universelle de 1867 déclenchèrent chez les auteurs involontaires de cette

[34] Voir Chapitre 1, «L'effet de la spéculation foncière ».

[35] MULLER (E.), CACHEUX (E.). - *L'habitation ouvrière en tous pays, op. cit.*

politique une forme d'extase à la Monsieur Jourdain, et une émulation générale chez leurs confrères.

Paradoxalement, loin d'entraver ce développement, les conséquences de la guerre franco-allemande de 1870 -chute de l'Empire, annexion par l'Allemagne de l'Alsace et de la Lorraine (et donc du centre pavillonnaire de Mulhouse)- lui furent favorables au point qu'Engels reprit sa plume antiréformiste pour élever d'Allemagne, vers la fin des années 1870, une vigoureuse contestation marxiste.

DIFFUSION INTERNATIONALE DU MODELE PAVILLONNAIRE.

Ce sont précisément les conséquences de la guerre de 1870 qui accentuèrent la progression du modèle pavillonnaire de réforme sociale ; en ruinant la position de ses promoteurs français, elles les contraignirent à un effort supplémentaire de réorganisation qui conduisit Frédéric Le Play à créer les Unions de la Paix Sociale, et Jules Siegfried à faire repartir du Havre sur des bases non plus paternalistes mais politiques les projets mulhousiens de Sociétés de construction d'habitations ouvrières.

Le Play et les Unions de la Paix Sociale.

La perte par Le Play des postes honorifiques que lui avait confié Napoléon III ne le chagrinait guère ; il leur avait toujours préféré le professorat qu'il exerçait à l'Ecole des Mines, formant les futurs gestionnaires des plus grandes entreprises de main-d'œuvre de l'époque dont beaucoup étaient ses disciples. L'abandon par les catholiques sociaux des préoccupations réformistes le peina par contre profondément. Il tenta d'abord de les convaincre de former un grand parti conservateur réformiste, puis entreprit d'organiser en groupe de pression international son réseau de disciples et de sympathisants.

Sa tentative de création d'un grand parti réformiste fut faite immédiatement après la mise en place d'une Assemblée chargée de constituer le nouveau régime français, à la suite de la chute de l'Empire et de la répression de la Commune de Paris. Beaucoup d'élus de la nouvelle Assemblée étant leplaysiens, Le Play entama en juin 1871 un système de correspondances et de publications de brochures dont la cible première était ce groupe de sympathisants du Palais Bourbon. Malheureusement, les monarchistes ne s'intéressaient plus qu'aux questions constitutionnelles, espérant une nouvelle Restauration bien que se divisant sur le nom du futur titulaire du trône. Les élections du 8 février 1871 avaient porté à l'Assemblée une majorité de notables choisis, selon la formule de Prévost Paradol et Daniel Halévy, « d'après l'avis des curés et parmi les familles patrimoniales ». Mais les monarchistes étaient divisés : 214 orléanistes et 182 légitimistes s'opposaient entre eux en une bataille aux multiples péripéties, ne s'entendant que pour retarder la mise au point d'un projet de réforme constitutionnelle dont on dit alors qu'il rappelait l'éternelle tapisserie de Pénélope attendant le retour...du lys !

Le Play les conjura de s'unir pour construire ensemble un grand parti conservateur et réformiste qui seul leur permettrait de conserver le pouvoir, et, plus important encore, d'assurer « la paix sociale après le désastre »[36]

> « Les conservateurs ont le pouvoir de fonder une forte majorité ; il leur suffit d'écarter l'intérêt qui les divise pour s'attacher uniquement à l'intérêt qui les rapproche. Les hommes éclairés qui forment le grand nombre de notre Assemblée se sont eux-mêmes réduits à l'impuissance en se divisant sur ce qu'on nomme la question politique, c'est-à-dire sur les formes de la souveraineté..Quand au contraire ce même parti s'occupe de la question sociale, c'est-à-dire de l'intérêt immédiat des familles, on voit naître une majorité considérable, parfois même l'unanimité »[37].

Pendant l'hiver 1872-1873, l'Assemblée avait en effet voté quatre lois réglementant le travail des femmes et des enfants, la consommation de boissons alcoolisées, l'organisation des bureaux de bienfaisance et du Conseil Supérieur de l'Instruction Publique. Le Play espérait donc que serait durable le resserrement

> « du lien social entre ceux qui se regroupent sous le nom assez impropre de conservateurs, et qui constitueront bientôt, je l'espère, le Parti National. »

Mais, après la répression de la Commune de Paris, l'emprisonnement ou l'exil des responsables des mouvements d'extrême gauche, le vote en 1872 d'une loi qui interdisait de chanter l'Internationale et de faire de la propagande en vue de changer l'organisation de la société, les conservateurs croyaient ne plus avoir à redouter l'agitation révolutionnaire.

Quant aux catholiques ultramontains, ils s'occupaient principalement de rechristianiser et d'éduquer les ouvriers. Albert de Mun avait fondé en 1871 les Cercles Catholiques d'Ouvriers, les patrons catholiques du Nord créaient des retraites religieuses ouvrières à Mouvaux et des Confréries Notre-Dame de l'Usine dans leurs entreprises, des pèlerinages ouvriers étaient organisés sous le haut patronage de l'industriel catholique du Val des Bois Léon Harmel. En finir avec le mal moral semblait plus urgent que de remédier aux maux matériels du prolétariat.

---

[36] LE PLAY (F.).- *La Paix sociale après le désastre, op.cit* .juin 1871.

[37] LE PLAY (F.).- *La Question sociale et l'Assemblée, op.cit.*, février 1873.

L'indifférence des hommes politiques amena Le Play à s'adresser, non plus à « MM. Les députés membres de l'Union de la Paix Sociale »[38], mais tout simplement aux membres de cette Union, sorte de doublet politique et philanthropique d'union des classes de la Société Internationale d'Economie Sociale. En 1874, il restructura un Comité d'Union à Paris[39], lança la création de cellules locales et d'une Bibliothèque de la Paix Sociale destinée à fournir des références aux prosélytes et aux éducateurs[40], mit sur pied des comités régionaux (Georges Picot fut le Président du Comité du Nord), et fonda en 1881 l'organe de liaison des membres de la Société d'Economie Sociale et des Unions de la Paix Sociale, *la Réforme Sociale*. Le but de cette revue était de faire paraître les comptes-rendus des monographies non publiées faites par les Correspondants français et étrangers de la Société d'Economie Sociale, mais aussi de développer le débat théorique et les échanges d'expériences entre les membres de la Société et des Unions sur le plan international. *La Réforme Sociale* devint ainsi le rendez-vous obligé de tous les philanthropes, et l'un des plus importants carrefours entre le monde des Sociétés Savantes et celui de la politique, de l'industrie et du commerce jusqu'au début du XX°siècle.

A sa mort en 1882, Le Play laissait une organisation de recherche et de propagande dynamique, qui fut un des principaux vecteurs de la politique pavillonnaire au début de la III° République.

Jules Siegfried et la diffusion du modèle pavillonnaire mulhousien.

Pour le patronat protestant de la Société Industrielle de Mulhouse, les conséquences de la guerre de 1870 furent, au sens fort du terme, déchirantes.

Les plus jeunes d'entre eux, notamment Jules et Jacques Siegfried, abandonnèrent le berceau de l'entreprise familiale et transportèrent leur activité économique en territoire français.

Le promoteur de la Société d'Habitations Ouvrières, Jean Dollfus, trop âgé pour quitter l'Alsace allemande, accepta de se laisser élire au Reichstag pour jouer le rôle de représentant muet du refus d'assimilation des alsaciens francophiles dans le groupe dit des « députés protestataires ».

Ses adjoints dans la tentative d'essaimage de l'expérience mulhousienne en région parisienne, les frères Siegfried, ne furent que plus désireux de poursuivre la mission commencée avec lui une fois définitivement installés au Havre. Jacques se consacra

---

[38] Sous-titre de la brochure de février 1873, *La Question sociale et l'Assemblée*, *op.cit.*

[39] *Notice sur le Comité d'Union de Paris*, Tours, Mame, 1874.

[40] *Prélude aux Unions locales- La Bibliothèque de la Paix Sociale*, 2ème édition, Tours, Mame, 1876.

davantage aux affaires, l'aîné, Jules, entama la brillante carrière[41] qui devait faire de lui le premier législateur de la politique d'habitat social.

Le parcours havrais de Jules Siegfried commença dans la simple continuation de ses projets mulhousiens. Industriel et constructeur social, il continuait en Seine Inférieure sa propagande pour les cités ouvrières type Dornach, et poursuivait la réalisation d'un projet formulé dans un mémoire adressé en 1868 à la Société Industrielle de Mulhouse[42] : l'introduction en France d'une sorte de club où les ouvriers puissent trouver les moyens de s'instruire, de se délasser en famille dans un cadre agréable, et de rencontrer sans souci des hiérarchies sociales des membres des classes aisées et du patronat, dont le modèle était la Mechanics' Institution anglaise, fondée par Birbeck et Lord Brougham en 1825. Ce faisant, il entra directement en concurrence avec l'œuvre d'Albert de Mun, les Cercles Catholiques d'Ouvriers, encourut les foudres du Ministre de l'Intérieur du cabinet de Broglie, et dut, pour pouvoir poursuivre son action, jouer du combat politique que se livraient républicains anticléricaux et catholiques ultramontains, et devenir ainsi un des centristes de gouvernement qui gérèrent la France à partir des élections de 1881.

Le 9 janvier 1876, Jules Siegfried inaugurait l'institution qu'il avait longuement préparée, et dont le titre devait marquer sa référence à l'égalitarisme économique américain : le Cercle Franklin. Il la présenta comme une « école libre de conceptions libres ». Le choix du parrain de ce Cercle était lui aussi symbolique : c'était Jules Simon. La personne même de cet universitaire, journaliste, académicien couronné pour ses œuvres d'observation sociale, homme politique propagandiste de l'éducation populaire issu des couches les plus défavorisées de la société, constituait un encouragement à ceux qui auraient pu penser que leur situation ne leur permettrait jamais de se cultiver et de monter dans l'échelle sociale. La carrière du républicain courageux, du laïque refusant l'anticléricalisme, était garante d'un humanisme adapté à son temps[43]. Le discours inaugural prononcé par Jules Simon marquait du reste que le Cercle était destiné à changer la mentalité défaitiste ou révolutionnaire du prolétariat, et à instaurer un nouveau climat politique :

« Ce qui finira par supprimer la question sociale, c'est la question morale. C'est là peut-être le secret de l'avenir. Ce qui est grand et puissant, c'est la question morale ».

---

[41] Voir plus haut note 25.

[42] SIEGFRIED (J).- *Des Cercles d'ouvriers*, Mulhouse, 1868.

[43] Voir Introduction, note 5. Député de 1848 suspendu pour avoir refusé de prêter serment à Louis Napoléon, à nouveau député de 1863 à 1870, Ministre de l'Instruction Publique en septembre 1870, Directeur du *Siècle* (1875-1877) et du *Gaulois* (1879-1881), Jules Simon était membre de l'Académie des Sciences Morales et Politiques depuis 1863 (après la parution de *l'Ouvrière*) et de l'Académie Française depuis 1875. Président du Conseil de décembre 1876 à la crise du 16 mai 1877, puis sénateur inamovible, il s'opposa à Jules Ferry dans sa politique de laïcisation de l'enseignement populaire, faisant rejeter par le Sénat l'article 7 du projet Ferry interdisant l'enseignement aux congrégations non autorisées en 1880.

Le Cercle Catholique d'Ouvriers du Havre s'émut de la concurrence qu'allait lui faire le Cercle Franklin, car, avec les mêmes objectifs humanitaires, les buts politiques des deux organisations divergeaient fortement. Bien que le réseau ultramontain fondé par de Mun, La Tour du Pin et Harmel fût déjà très développé[44], la violence du prosélytisme religieux et politique ambiant lui commandait de ne pas négliger un adversaire d'une telle dimension politique. C'est donc Albert de Mun lui-même qui se rendit sur place le 15 février pour prononcer devant son Cercle un discours intitulé « La Question ouvrière »[45] où, à l'égalité des droits économiques à l'américaine, il opposa la fraternité chrétienne :

> « L'association catholique, basée sur l'amour du prochain, sur le dévouement des grands envers les petits, du riche envers le pauvre, du patron envers l'ouvrier, l'association formée par la foi commune, bénie par l'Eglise, soutenue par la Charité, voilà quel est l'objet de notre Œuvre ».

Il fut encore plus clair dans son discours de clôture de l'Assemblée Générale des Cercles Catholiques d'Ouvriers, quatre mois plus tard[46] :

> « Nous ne sommes pas seulement les serviteurs d'une œuvre, nous sommes les soldats d'une idée (...) Cette idée, c'est la contre-révolution, faite au nom du Syllabus ! »

Pour les ultramontains, la lutte contre l'esprit révolutionnaire ne pouvait être que purement religieuse :

> « Qu'est-ce donc que la question sociale ? (...) Ce qui se révèle au-dehors par ces éclats sinistres, ce qui se manifeste au grand jour par ces grandes scènes de désordre, par ces agitations qui divisent les cœurs et creusent des abîmes, c'est la lutte entre le catholicisme et la révolution. Voilà ce qu'est la question sociale. »

De fait, la lutte entre cléricaux et anticléricaux éliminait les questions sociales ; comme de Mun, Gambetta pensait qu'il n'y avait que

> « des questions républicaines et religieuses ; les questions sociales sont des mots dont les vocabulaires cléricaux et anarchistes se servent parallèlement. On peut

---

[44] En 1875 le centre parisien comptait 5 000 membres à Belleville-Montmartre, et il y avait en tout 159 cercles dont 8 cercles dans les villes de Lyon, Marseille, Toulouse, 4 cercles à Bordeaux, 3 à Lille et 2 à Nantes , selon une étude faite sur l'année publiée dans *la Semaine Religieuse* d'Albi.

[45] MUN (A., comte de), (1841-1914), « La Question ouvrière, réponse au discours d'inauguration du Cercle Franklin du Havre par Jules Simon », *L'Association Catholique*, février 1877.

[46] MUN. (A., comte de).- *Discours de clôture de l'Assemblée Générale des Cercles Catholiques d'Ouvriers*, 2 juin 1877, Paris, C.C.O, 1877.

feindre d'avoir peur des questions sociales, mais ce ne sont que des feux de paille »[47].

De décembre 1876 au 16 mai 1877, l'élévation de Jules Simon au rang de Président du Conseil protégea efficacement Siegfried. La démission de Simon lors de la crise politique du « Seize Mai », son remplacement par un monarchiste ultramontain laissa sans défense le réformiste havrais dont la tournée de conférences sur l'habitat populaire fut arrêtée à Bolbec en juin 1877. M. de Fourtou, ministre de l'Intérieur du duc de Broglie, enjoignit à Siegfried de ne plus parler des cités ouvrières. Siegfried publia alors le texte de ses conférences, et se lança dans une action politique qui le conduisit de la Mairie du Havre au Palais Bourbon comme député de Seine Inférieure, puis à des fonctions ministérielles.

Jules Siegfried comprit en 1877 que les réformistes devaient avoir le pouvoir politique pour agir et obtenir le financement de leur action. Considéré alors au Havre comme un homme aux idées avancées, dont la fréquentation de Gambetta valait à son fils aîné les moqueries de ses camarades de classe[48], isolé des hommes de la gauche anticléricale qu'il qualifiait de « hurleurs démolisseurs », notamment Clemenceau, suspect aux socialistes comme Jaurès et Guesde qui refusaient ses invitations, il était inspiré par une idée mulhousienne qui faisait de lui la réplique laïque et républicaine de Le Play, idée qu'il propagea sous la III° République en tant qu'homme politique. Le témoignage d'André Siegfried sur son père en donna la preuve :

> « Il eût volontiers repris à son compte le mot fameux de Lord Randolph Churchill : si vous voulez rendre la démocratie conservatrice, donnez- lui quelque chose à conserver. Il estimait en effet qu'une demeure saine et propre, une famille bien portante détournent l'ouvrier du café et des vaines agitations de la rue, en font un citoyen satisfait, tranquille, et, ne craignons pas le mot, un conservateur de ce qui, dans la société, doit être conservé ».

Tandis que le modèle mulhousien transplanté par Siegfried allait déboucher en France sur une politique pavillonnaire, l'original devenu allemand attirait les industriels d'outre-Rhin venus y chercher des inspirations de politique sociale. Le rayonnement du système fut tel qu'un journaliste de Graz, Reschauer, en proposa l'application en Autriche au Conseil municipal de Vienne.

C'est alors qu'Engels décida qu'il était temps d'arrêter son développement.

---

[47] Citation de Gambetta in : CHEVALLIER (J-J.).- *Histoire des Institutions Politiques*, p.373.

[48] SIEGFRIED (A.), « Discours pour le Cinquantenaire du Musée Social », *Le Musée Social*, n°3, pp.160-170. Le fils cadet de Jules Siegfried, devenu économiste et politologue, professeur à l'Ecole des Sciences Politiques, raconte dans ce discours que son frère aîné était raillé par ses camarades de lycée qui traitaient Gambetta, fréquemment invité par son père au Havre, de « Grand Bêta », et répondaient à ses vivats républicains par un ironique « Vive la République et les pommes de terre frites ! ».

ENGELS ET LA CONTESTATION MARXISTE DU MODÈLE PAVILLONNAIRE.

La première intervention théorique marxiste dans le débat sur l'accession à la propriété et l'effacement de l'opposition ville/campagne portait, en 1847-1848[49], sur des théories majoritairement françaises ; la seconde, qui s'amorça dans les années 1870, concerna essentiellement le développement européen de l'idée pavillonnaire, notamment en Autriche.

En 1872, Engels écrivit trois articles dans le *Volkstaat* de Leipzig pour répondre à des articles et ouvrages allemands et autrichiens[50] et en se référant à un article paru dans l'hebdomadaire des sections marxistes de la Première Internationale en Espagne[51]. Ces articles furent publiés en France en 1887 dans une brochure intitulée *La Question du Logement*, qui fut rééditée en 1957 par les Editions Sociales ; en effet, la critique portée en 1872 resta valable jusqu'après le milieu du XX° siècle pour le mouvement communiste et pesa d'un grand poids dans le débat français ultérieur sur les mérites comparés de la location et de la propriété, du collectif et du pavillon.

La critique de l'accession à la propriété.

La propriété, pour Engels, a pour défauts les qualités mêmes que prônent ses partisans : elle enracine le prolétaire que la location rend nomade, elle lui permet de faire une sous-location, et de cultiver son jardin pour s'assurer des moyens de subsistance complémentaire.

La nomadisation, (que pratiquèrent, beaucoup plus que les français, les ouvriers allemands), est en effet nécessaire au salarié moderne :

> « Avec l'introduction des machines (...) le prix fut déterminé par le produit fait à la machine et le salaire du travailleur industriel tomba d'autant. Mais il était obligé de l'accepter ou de chercher un autre travail ; ce qu'il ne pouvait faire sans devenir un prolétaire, c'est-à-dire abandonner sa maisonnette, son jardinet (...) La possession d'une maison et d'un jardin avait à présent bien moins d'importance que la liberté de mouvement. C'est ici qu'apparaît en pleine lumière la « faveur » que représente pour le travailleur moderne la possession d'une maison et d'un terrain (...) »

---

[49] Voir chapitre 1, « Le débat idéologique sur l'opposition ville/campagne. »

[50] Notamment ceux des Dr Müllberger et Sax, et le livre de Sax : *Les conditions d'habitation des classes laborieuses et leur réforme*, Vienne, 1869.

[51] *La Emancipacion*, 16 mars 1872.

L'enracinement est le prélude à l'asservissement du salarié au patronat local :

> « Pour se loger, les travailleurs doivent se charger de lourdes dettes hypothécaires et ils sont plus que jamais les esclaves de leur patron. Ils sont liés à leur maison, ils ne peuvent en partir et sont contraints d'accepter toutes les conditions de travail qui leur sont proposées (...). Pour (les travailleurs de nos grandes villes), la liberté de mouvement est la première condition vitale, et la propriété ne peut être qu'une entrave. Procurez-leur des maisons qui leur appartiennent, enchaînez-les de nouveau à la glèbe, et vous briserez leur force de résistance à l'abaissement des salaires par les fabricants. »

La propriété pavillonnaire ne constitue pour le prolétaire ni un capital, ni une source de rente, car elle n'annule pas la précarité de sa situation de salarié et peut même l'aggraver (ce à quoi les idéologues pavillonnaires remédiaient en proposant des conditions d'acquisition avantageuses, et la garantie paternaliste de l'emploi à vie des « bons éléments ») :

> « Un travailleur pris isolément peut à l'occasion vendre sa petite maison. Mais en cas de grève sérieuse ou de crise industrielle généralisée, toutes les maisons appartenant aux travailleurs touchés devraient fatalement être mises en vente, et par là ne trouveraient pas d'acquéreurs, ou alors il faudrait s'en défaire à un prix très inférieur à celui payé à l'achat. Et si elles trouvaient toutes des acheteurs, la grande réforme proposée (...) serait réduite à néant. »

La sous-location paraît à Engels incompatible avec l'occupation par le propriétaire (ce que les idéologues pavillonnaires pensaient permettre par l'offre de logements relativement spacieux au départ) :

> « L'ouvrier devient un capitaliste par l'acquisition de sa propre maisonnette ? Le capital donne le pouvoir de disposer du travail non payé d'autrui ; la petite maison ne devient donc du capital que si le travailleur la loue à un tiers, et alors il s'approprie sous forme de loyer une part du travail de ce tiers. En l'habitant lui-même, il empêche justement que cette maison devienne du capital. »

L'augmentation de salaire est préférable au sursalaire gagné à la sueur de son front par le prolétaire en produisant des biens de subsistance et qui est en fait décompté du salaire principal par l'employeur qui bénéficie par contre de ce nouveau servage :

> « Ce que la famille retire par son travail de son jardin et de son bout de champ, le capitaliste, s'autorisant de la concurrence, le déduit du prix de sa force de travail. Les travailleurs sont contraints d'accepter n'importe quel salaire, car autrement ils ne recevraient rien ; or ils ne peuvent vivre du seul produit de leur culture, et d'autre part, cette culture et la terre qu'ils possèdent sont des liens qui les empêchent de chercher une autre occupation . »

Ainsi, pour Engels, la force contractuelle du prolétaire est échangée contre l'illusion d'une amélioration économique, sa conscience de classe troquée contre le titre vide de propriétaire et de capitaliste, sa dynamique personnelle et professionnelle changée en un enracinement sans avenir ; le pavillon n'est ainsi que l'image trompeuse d'une promotion sociale qui est plus sûrement, grâce à lui, refusée dans la réalité.

La critique de l'hygiénisme bourgeois.

La réforme des conditions d'habitation ouvrière prétend répondre à un souci pour la santé des populations logées dans des conditions de surpeuplement et d'insalubrité croissantes avec l'urbanisation et l'afflux de main d'œuvre dans les bassins d'emploi. Mais les philanthropes et les pouvoirs publics n'interviendront que juste ce qu'il faudra pour protéger les beaux quartiers des épidémies.

> « Il est clair comme le jour que l'Etat actuel ne peut, ni ne veut remédier à cette plaie qu'est la pénurie de logements. (...) Si les capitalistes pris individuellement déplorent, il est vrai, la crise du logement, alors qu'on peut à peine les décider à pallier ses plus terribles conséquences, les capitalistes pris dans leur ensemble, c'est-à-dire l'Etat, ne feront pas beaucoup plus. Tout au plus l'Etat veillera-t-il à ce qu'on applique partout uniformément le palliatif superficiel qui est devenu usuel ».

Aussi ne faut-il pas se laisser prendre aux discours scientifiques des hygiénistes :

> « Les sciences naturelles modernes ont prouvé que les « vilains quartiers » où s'entassent les travailleurs constituent les foyers de toutes les épidémies qui périodiquement éprouvent nos cités (...). Les germes du choléra, de la fièvre typhoïde, de la variole et autres maladies dévastatrices se répandent dans l'air pestilentiel et les eaux polluées de ces quartiers ouvriers (...) Ils n'y meurent jamais complètement, se développent quand les circonstances sont favorables, et provoquent des épidémies dont (les bourgeois) subiraient les conséquences ; l'ange exterminateur sera parmi eux avec aussi peu de ménagement que chez les travailleurs. Dès que cette constatation eut été établie scientifiquement, les bourgeois philanthropes s'enflammèrent d'une noble émulation pour la santé de leurs ouvriers. On fonda des sociétés, on écrivit des livres, des projets furent esquissés, des lois débattues et décrétées en vue de tarir la source des épidémies sans cesse renaissantes ».

La critique de la ruralisation du prolétariat.

En fait, sous le prétexte d'une amélioration des conditions de vie ouvrière se cache le thème proudhonien de la déprolétarisation ; Engels en cite, comme preuve, un article du Docteur Mullberger :

> « Nous affirmons sans hésitation qu'il n'y a pas pour toute la civilisation de notre siècle tant vanté plus terrible division que le fait que, dans les grandes villes, 90% de la population et même plus n'ont pas un lieu qu'ils puissent considérer comme leur appartenant. Le véritable centre de vie morale et familiale, la maison et le foyer, est emporté par le tourbillon social (...) Sous ce rapport, nous sommes bien au-dessous des sauvages. Le troglodyte a sa caverne, l'Australien a sa cabane de torchis, l'Indien son propre foyer, le prolétaire moderne n'a pas, en fait, d'endroit où repóser sa tête. »

Engels saisit l'occasion de contrer l'influence proudhonienne rivale du marxisme dans le mouvement ouvrier international :

> « Dans cette jérémiade, nous avons tout l'aspect réactionnaire du proudhonisme. Pour créer la classe révolutionnaire moderne du prolétariat, il était indispensable que fût tranché le cordon ombilical qui rattachait au sol le travailleur du passé. Le tisserand qui possédait à côté de son métier sa maisonnette, son jardinet et son bout de champ, était, avec toute sa misère et malgré l'oppression politique, un homme tranquille et heureux qui vivait « en toute piété et en toute honnêteté », tirait son chapeau devant les riches, le curé et les fonctionnaires de I'Etat et était au fond de lui-même un esclave. »

La ruralisation du prolétariat va à l'encontre, non seulement du déroulement du cours de l'histoire, mais de l'intérêt révolutionnaire de la classe ouvrière :

> « Il y a vingt sept ans, j'ai justement décrit dans *La Situation de la classe laborieuse en Angleterre* de quelle manière, dans ses grandes lignes, s'est opérée au XVIIIe siècle en Angleterre cette expulsion des travailleurs hors de leur foyer. Le prolétaire anglais de 1872 se trouve à un niveau infiniment supérieur à celui du tisserand rural de 1772 ayant « feu et lieu ». Et le troglodyte dans sa caverne, l'Australien avec sa cabane de torchis, l'Indien avec son propre foyer feront-ils jamais une insurrection de Juin et une Commune de Paris ? »

La critique du mariage utopique entre ville et campagne.

Engels développe alors son ancienne critique du socialisme critico-utopique, dont il raille le retour dans l'idéologie philanthropique, et les projets de l'Etat-Providence :

> « Les colonies ouvrières qui doivent être érigées à côté des villes (sont empruntées) directement aux socialistes Owen et Fourier par M. Hubert qui (les a) complètement embourgeoisées en les dépouillant de tout ce qu'elles avaient de socialiste, et par là elles deviennent doublement utopiques. Aucun capitaliste n'a intérêt à édifier de telles colonies, aussi bien il n'en existe nulle part au monde en dehors de Guise en France, et celle-ci a été construite par un fouriériste, non comme une affaire rentable, mais comme une expérience socialiste ».

Quant à la ruralisation pavillonnaire, elle se heurte aux règles du marché, qui empêche la construction individuelle en centre-ville (on voit ici qu'Engels n'a pas bien lu Fourier et encore moins Le Play, et s'attaque à des adversaires qui n'ont pas développé de théories économiques de l'habitat) :

> « C'est le système du cottage qui serait le seul indiqué, le seul dans lequel le travailleur pourrait acquérir la propriété de sa maison. D'ailleurs, celui de la caserne présenterait de très grands inconvénients pour la santé, la moralité et la paix domestique. Mais hélas, trois fois hélas, le système du cottage est irréalisable précisément dans les centres où sévit la crise du logement, à savoir dans les grandes villes, à cause de la cherté des terrains. »

Si on s'obstine ainsi à renverser les règles de l'histoire et de l'économie, ce n'est que pour venir à bout du mouvement révolutionnaire.

La critique de la politique d'intégration du prolétariat.

Les idéologues qui défendent l'idée pavillonnaire souhaitent en fait seulement réintégrer le prolétariat dans la société capitaliste en lui permettant de patienter dans l'attente de réformes de fond que seule la transformation du régime socio-économique pourrait réellement apporter.

Engels cite, à l'appui de cette thèse, les propos tenus dans son ouvrage sur la réforme de l'habitat ouvrier par E. Sax, dont la parenté avec les thèses du christianisme social français est évidente :

> « Par la seule et large amélioration des conditions d'habitation, la majorité (des classes laborieuses) pourrait être tirée du marais où s'enlise leur existence (...). C'est une chose bien caractéristique que la nostalgie de l'homme pour la propriété terrienne (...) par elle il acquiert la sécurité, il est pour ainsi dire solidement enraciné dans le sol et toute économie possède en elle sa base la plus durable (...). Non seulement la classe ouvrière, mais la société dans son ensemble a le plus grand intérêt à voir le plus grand nombre de ses membres attachés au sol (...) Toutes les forces secrètes qui enflamment le volcan de la question sociale brûlant sous nos pieds, l'amertume des prolétaires, la haine, les dangereuses confusions d'idées (...) s'évanouiront comme les brumes du matin au lever du soleil (...) quand les travailleurs eux-mêmes passeront de cette manière dans la classe des possédants ».

Engels résume ce propos intégrateur :

> « En d'autres termes, M. Sax espère que, grâce au changement social que devrait entraîner l'acquisition d'une maison, les travailleurs perdront également leur

> caractère prolétarien et redeviendront dociles et veules comme leurs ancêtres qui, eux aussi, possédaient une maison ».

Ce propos se diffuse dangereusement en Europe. Les marxistes espagnols le dénoncent en Espagne :

> « Les dirigeants les plus intelligents des classes dominantes se sont constamment efforcés d'accroître le nombre des petits propriétaires pour se constituer une armée contre le prolétariat. »

Il devient politique gouvernementale ; mais lorsque la philanthropie aux moyens limités laisse la place à un Etat Providence, il ne faut pas chercher les motifs de l'intérêt nouveau des gouvernants pour les plus malheureux des gouvernés ailleurs que dans le souci de se concilier le suffrage universel :

> « Et si le pouvoir de l'Etat tente de se constituer son propre prolétariat attaché à sa personne pour tenir ainsi la bride à l'activité politique de la bourgeoisie, qu'est-ce, sinon un misérable stratagème bonapartiste nécessaire et bien connu, qui, vis-à-vis des travailleurs, n'engage à rien en dehors de quelques slogans pleins de bonnes intentions - si ce n'est tout au plus à un minimum d'aide de la part de l'Etat aux Sociétés de construction à la Louis Bonaparte ? »

Ainsi, même si Engels ne répondait apparemment qu'à des auteurs non français, c'est bien le modèle fouriériste, proudhonien, l'influence paternaliste des écrits de Le Play et de l'exemple mulhousien, la stratégie d'Etat-Providence du Second Empire auxquelles il voulait apporter la contradiction.

Pour lui, et, désormais pour les communistes, s'il faut satisfaire le besoin en logements sains et abordables, c'est par une solution adaptée aux lois du marché de la société bourgeoise (le collectif, le locatif), tant qu'une refonte révolutionnaire de ces conditions n'aura pas été apportée :

> « La solution bourgeoise de la question du logement a fait faillite ; elle s'est heurtée à l'opposition entre la ville et la campagne. Elle ne pourra être résolue que si la société est assez profondément transformée pour qu'elle puisse s'attaquer à la suppression de cette opposition poussée à l'extrême par la société capitaliste d'aujourd'hui. Ce n'est pas la solution de la question du logement qui résout du même coup la question sociale, mais bien la solution de la question sociale, c'est-à-dire l'abolition du mode de production capitaliste, qui rendra possible celle de la question du logement ».

A partir de 1880, l'idéologie pavillonnaire et l'idéologie anti-pavillonnaire étaient en place. Un combat d'idées entre les partisans du collectif locatif et ceux de l'accession à la propriété, de la maison individuelle et du jardin ouvrier commençait, pour se poursuivre au long de la Troisième République...et au-delà.

Chapitre troisième

Le problème du logement ouvrier

Tout au long de la Troisième République, les philanthropes et les hommes politiques réformistes s'inquiétèrent d'une crise du logement qu'aucune initiative ou privée ou publique n'arrivait à conjurer. L'ampleur et la complexité du problème du logement ouvrier venaient de la conjugaison de plusieurs phénomènes.

En premier, l'urbanisation accélérée générée par l'industrialisation et l'exode rural vers les nouveaux bassins d'emploi désormais facilité par le développement des chemins de fer sous le Second Empire.

En second, l'explosion de la spéculation foncière, due à l'extension des villes situées dans un bassin d'emploi industriel et aux entreprises d'embellissement et de modernisation datant de la même époque, notamment les grands travaux d'Haussmann à Paris ; le renchérissement des terrains de centre ville en chassait les populations à faible revenu, créant une ségrégation urbaine quantitative ou qualitative, selon que ces populations quittaient le centre ville pour les zones de périphérie lointaine non équipées, ou migraient sur place vers des îlots insalubres dédaignés par les citadins aisés.

La ségrégation était elle-même aggravée par des modifications qualitatives dans le mode d'habitat, comme la disparition de l'habitat mixte regroupant dans le même immeuble collectif des occupants de revenu et de statut social différent, et par la dégradation de la situation des locataires de « petits logements » face aux propriétaires de rapport qui, profitant du déséquilibre entre demande et offre, durcirent leurs conditions de telle sorte que leur comportement fut stigmatisé par l'invention d'un surnom collectif, celui de *Monsieur Vautour*.

Les conséquences mêlées de ces trois phénomènes furent la naissance de l'hygiénisme appliqué à l'urbanisme, et la glorification du modèle pavillonnaire, offrant les charmes d'une banlieue où la vie était moins chère, d'une alliance maison-jardin créant *ex facto* des conditions d'hygiène de vie meilleure pour les petits budgets et la garantie d'une autonomie nouvelle et valorisante, loin de *M. Vautour* et de son *Cerbère* le concierge mais aussi des voisinages déplaisants ou dévalorisants au sein des « casernes » ouvrières.

Cette glorification fut naturellement le fait des leplaysiens et des partisans du paternalisme pavillonnaire, mais aussi, à cause de la création d'une législation permettant le financement public de l'habitat social, l'œuvre publicitaire des Sociétés de construction populaire privées qui se constituèrent dans sa foulée.

LE DÉVELOPPEMENT DE LA CONCENTRATION URBAINE.

La congestion urbaine ne peut être précisément étudiée avant le recensement de 1846, où on distingue pour la première fois la population urbaine de la population rurale.

Le recoupement des chiffres de population par communes montre cependant que c'est à partir de la Monarchie de Juillet que l'exode rural a pris une grande ampleur.

LA SÉGRÉGATION SOCIALE CONCENTRIQUE.

L'essor brutal et tardif de l'urbanisation française a accentué, dans les villes industrialisées qui constituaient les nouveaux bassins d'emploi, les effets sociaux traditionnels de la croissance urbaine en submergeant au-delà des faubourgs et communes limitrophes des zones mal préparées à la mise en place d'un habitat moderne.

L'essor de la population urbaine dans la deuxième moitié du XIX°siècle.

A partir de 1846, jusque vers la fin du XIXe siècle, l'accroissement de la population urbaine française se poursuivit à un rythme moyen supérieur à 100 000 individus par an. Entre 1846 et 1872, cette population passa de 8 646 800 à 11 234 900 personnes, soit une augmentation globale sur 26 ans de 2 588 100 individus ; sa moyenne annuelle d'accroissement sur la période fut ainsi d'environ 100 000 citadins, alors que l'ensemble de la population française ne s'accroissait que de 29 000 individus. De 1872 à 1896, pour une augmentation globale sur 24 ans de 3 790 000 individus, la moyenne d'accroissement sur la période fut de 160 000 citadins, celle de la population entière de 107 000 individus. L'accroissement moyen annuel de la population des villes dépassait donc toujours d'au moins une cinquantaine de mille celui de la population entière, même si l'accroissement global de la population différait d'une période à l'autre, la période 1846-1872 étant affectée par les gains dus à l'annexion en 1860 de Nice et des deux Savoie, comme, à l'inverse, par les pertes démographiques dues à la guerre de 1870 générées à la fois par les morts au combat et l'annexion par l'Allemagne de l'Alsace et de la Lorraine.

Les statisticiens estiment que 30% de cet accroissement démographique urbain était du à la migration, sinon plus, étant donné que le taux de natalité était généralement inférieur au taux moyen national dans les grandes agglomérations.

C'est cet afflux imprévu de populations nouvelles qui explique l'ampleur sans précédent de la crise du logement urbain de la fin du XIX°siècle, et particulièrement à Paris.

La crise du logement ouvrier : l'exemple parisien.

La situation dans la capitale était aggravée par trois facteurs :

- une spéculation foncière accrue dans le centre ville où de nombreux logements anciens avaient été remplacés par de larges avenues et un ordonnancement monumental dans le cadre des travaux haussmanniens,
- la présence de fortifications entravant l'extension des quartiers périphériques,
- la destruction d'une partie du parc immobilier lors de l'insurrection, puis de la répression de la Commune.

Un quatrième facteur a fait de cette crise du logement une crise du logement ouvrier : l'importance de l'immigration des petits salariés vers Paris. Quatre sur cinq des immigrants à Paris entre 1876 et 1881 étaient des ouvriers et des petits employés[1] et, en 1889, il y avait 1 300 000 ouvriers dans la capitale[2], soit plus de la moitié de la population de Paris ville.

La demande de logements nouveaux était donc essentiellement le fait d'immigrants aux ressources faibles et à la situation précaire. Le phénomène était du reste ancien, Lamennais le signalait déjà dans son article du *Drapeau blanc* de 1822, mais il prit une ampleur toujours plus grande avec le développement industriel de la France.

Cette population démunie ne pouvait d'autre part se fixer que dans un nombre de sites limité par la spéculation foncière. Dans les dix arrondissements centraux, les loyers étaient les plus élevés[3] et la densité de population décroissait progressivement sous l'effet de la construction de logements plus vastes, d'immeubles professionnels : bureaux, sièges sociaux, banques, grands magasins, salles de spectacle, garages bientôt[4]. Les avenues, les espaces verts, les nouveaux bâtiments officiels stérilisaient pour la construction, depuis le remodelage d'Haussmann, une partie notable de la superficie des quartiers centraux ; les ouvrages de voirie et d'assainissement donnaient une plus-value supplémentaire aux terrains restants. La cherté de la parcelle devint telle que les promoteurs immobiliers durent rechercher, pour rentabiliser leurs opérations, les valeurs locatives les plus élevées et les frais d'entretien les plus faibles. On estimait ainsi que, de 1878 à 1914, pour Paris, sur une moyenne de 1 350 immeubles par an dont 80% dans les quartiers périphériques, un tiers des constructions étaient destinées à une clientèle bourgeoise[5]. En dépit de ces précautions, la distorsion enregistrée entre l'incitation à bâtir et les possibilités de réalisation mit de nombreuses Sociétés immobilières en difficulté entre 1871 et 1875.

La population migrante pauvre se porta donc en priorité vers les quartiers périphériques et les zones de banlieue au-delà des fortifications, où la plus-value foncière se faisait moins sentir (voir tableau 1).

---

[1] MULLER (E.), CACHEUX (E.). - *L'Habitation ouvrière en tous pays, op.cit.*

[2] BAUDRILLART (H.). - *L'amélioration des logements d'ouvriers, op. cit.*

[3] SIMON (M.). - *Statistique de l'habitation à Paris au 15 janvier 1890*, Paris, Baudry, 1891.

[4] Rapport LE CORNUDET, *Journal Officiel*, Débats Parlementaires, Chambre, 23 juin 1914.

[5] FLAUS (M.), « Les fluctuations de la construction d'habitations urbaines », *Journal de la Société de Statistique de Paris*, cité in BASTIE (J.). -*La croissance de la banlieue parisienne*, Paris, PUF, 1964, p.374.

TABLEAU 1

POPULATION DE L'AGGLOMERATION PARISIENNE 1801-1911

CROISSANCE ET RÉPARTITION PAR ZONES*

ANNÉE	PARIS				
	NOMBRE D'HABITANTS			% PARIS	
	Ensemble	Centre	Périphérie	Zone 1	Zone 2
1801	547 756		=	=	=
1851	1 053 262		=	=	=
1861	1 602 000	1 070 000	532 000	66,79	33,21
1876	1 988 000	1 154 000	834 000	68,05	41,95
1896	2 537 000	1 237 000	1 300 000	48,7	51,3
1901	2 714 068	=	=	=	=
1906	2 764 000	1 237 000	1 527 000	44,75	55,25
1911	2 888 000	1 254 000	1 634 000	43,42	56,58

ANNEE	AGGLOMERATION MOINS PARIS							
	NOMBRE D'HABITANTS						% SEINE	
	Proche périphérie Seine			Périphérie lointaine				
	Ensemble	Communes limitrophes	Reste Seine	Seine et Oise	Seine et Marne	Oise	Zone 3	Zone 4
1801	83 829	=	=	421 535	299 160	50 000	=	=
1851	268 803	=	=	472 554	345 100	65 000	=	=
1861	257 000	147 000	110 000	=	=	=	57,20	42,80
1876	422 000	271 000	151 000	=	=	=	64,22	35,78
1896	805 000	491 000	314 000	=	=	=	60,99	39,01
1901	955 862	=	=	707 325	358 000	80 525	=	=
1906	1086 000	626 000	460 000	=	=	=	57,64	42,36
1911	1267 000	687 000	580 000	=	=	=	54,22	45,78

Sources – MEURIOT (P.), *Bulletin International de Statistique op.cit*, pour 1861-1876-1896-1906-1911
BRICET (A.), *Population et habitat dans la région parisienne, op.cit.* pour 1801-1851-1901

***LEGENDE**
Paris Centre : du 1er au 11° arrondissement.
Périphérie : du 12° au 20° arrondissement.
Zone 1 : Paris Centre.
Zone 2 : Paris Périphérie.
Zone 3 : Communes limitrophes de Paris du département de la Seine.
Zone 4 : Reste de la Seine moins Paris.

TABLEAU 2

PRIX DES LOYERS PAR TETE D'HABITANT ET PAR ARRONDISSEMENT PARIS 1890

1 - St Germain l'Auxerrois	224,75	11 – Folie Méricourt	133,27
- Les Halles	179,94	Saint Ambroise	137,36
Palais Royal	325,89	Roquette	100,07
Place Vendôme	455,80	Ste Marguerite	81,26
2 - Gaillon	408,05	12 – Bel Air	112,08
Vivienne	260,69	Picpus	85,60
Mail	204,77	Bercy	100,28
Bonne Nouvelle	163,48	Quinze Vingt	91,06
3 – Arts et Métiers	179,00	13 – Salpetrière	77,88
Enfants Rouges	163,67	La Gare	55,13
Archives	176,35	Maison Blanche	60,23
St Avoie	141,36	Croulebarbe	110,46
4 – St-Merri	152,60	14 – Montparnasse	115,10
St-Gervais	113,52	Santé	65,50
Arsenal	189,49	Petit Montrouge	126,51
Notre-Dame	160,46	Plaisance	83,55
5 – St-Victor	157,30	15 – St Lambert	112,97
Jardin des Plantes	112,80	Necker	119,77
Val de Grâce	164,43	Grenelle	152,57
Sorbonne	121,41	Javel	74,11
6 – Monnaie	179,50	16 – Auteuil	382,75
Odéon	247,01	Muette	381,74
Notre Dame des Champs	241,41	Porte Dauphine	347,72
St Germain des Prés	242,98	Bassins	473,72
7 – St Thomas d'Aquin	435,01	17 - Ternes	374,41
Invalides	533,69	Place Monceau	798,66
Ecole Militaire	157,26	Batignolles	221,96
Gros Caillou	151,11	Les Epinettes	226,24
8 – Champs Elysées	1 024,93	18 - Grandes Carrières	277,70
Faubourg du Roule	640,62	Clignancourt	484,22
Madeleine	694,24	Goutte d'Or	185,62
Europe	677,42	La Chapelle	128,90
9 – Saint-Georges	446,95	19 - La Villette	172,00
Chaussée d'Antin	577,47	Pte de Flandre	78,16
Fg Montmartre	390,17	Amérique	85,10
Rochechouart	280,89	Combat	216,34
10 – St Vincent de Paul	234,48	20 – Belleville	228,14
Pte Saint Denis	249,25	St Fargeau	62,70
Pte Saint Martin	199,86	Père Lachaise	154,10
Hôpital Saint Louis	93,46	Charonne	228,92

Source : SIMON.- *Statistique de l'Habitation*, Paris, 1890, pp. 86-87

De 1801 à 1851, Paris vit sa population doubler en cinquante ans.

Après l'annexion de 1856, le pourcentage de la population de l'agglomération parisienne (Seine seule) habitant les arrondissements centraux tendit à diminuer constamment. La migration fut d'abord le fait des classes les plus démunies, qui se portèrent vers les quartiers aux loyers les moins élevés : le 13e, le 19e, le 20e, étaient des quartiers à prédominance ouvrière, selon les statistiques de Bertillon[7].
A l'intérieur même de la ville, on vit donc se dessiner des lignes de clivage économique entre les différents quartiers ; les loyers atteignirent à Paris des écarts de 1 à 200, les anciennes communes limitrophes étant les moins chères[8].
Entre 1900 et 1911, 40% des habitants nouveaux reçus par l'agglomération parisienne se portèrent sur la banlieue, et entre 1911 et 1931, 77%[9].
Haussmann disait qu'il faudrait bâtir chaque année une ville comme Orléans dans la banlieue parisienne, et cette croissance ne faisait que croître depuis son époque. En 1851, la Seine et la Seine et Oise absorbaient 5,3% de la population française ; en 1911, 12%, en 1936, 15%, et en 1954 c'était 1/7° de la population française qui s'y entassait.

De la ségrégation concentrique à la ségrégation sociale.

D'une façon générale, la croissance des grandes villes industrialisées : Marseille, Lyon, Saint-Étienne, Toulouse, Lille, Roubaix, suivit à partir de 1850 le modèle de ségrégation urbaine parisien :

- une poussée de peuplement dite « colonisation immobilière à bon marché » qui investit la périphérie la plus lointaine,
- suivie d'une vague de saturation des zones intermédiaires par une occupation de classes aisées ne pouvant plus s'offrir le luxe d'habiter dans les zones centrales - qui ne cessaient de se dépeupler par rapport à l'ensemble de l'agglomération.

Ce « dépeuplement » relatif des zones centrales était dû à la fois au manque de terrains à bâtir qui ne permettait pas de faire de nouvelles constructions, et au taux élevé des loyers dans les beaux quartiers.

[7] BERTILLON (J.). - *Statistiques municipales de la ville de Paris*, 1912, cahier 5.

[8] SIMON (M.). - *Statistique de l'Habitation à Paris au 15 janvier 1890, op.cit.*

[9] BRICET (A.). - *Population et habitat dans la région parisienne*, Paris 1956.

TABLEAU 3

EVOLUTION DU PEUPLEMENT PARISIEN PAR ARRONDISSEMENTS 1861-1911*

Arrondissements	1861	1866	1876	1881	1886	1891	1896	1901
1	100	91	80	85	77	76	74	71
2	100	98	95	94	83	85	83	78
3	100	93	91	95	86	89	88	89
4	100	91	91	95	88	91	90	92
5	100	97	97	107	106	109	109	110
6	100	104	102	102	100	103	105	104
7	100	104	115	115	122	132	135	136
8	100	101	120	128	137	153	147	147
9	100	99	108	115	105	112	112	113
10	100	103	126	140	130	137	134	137
11	100	119	145	167	161	171	178	186
12	100	120	143	157	163	170	178	197
13	100	124	128	162	180	193	203	224
14	100	125	144	174	190	213	232	265
15	100	124	140	180	193	210	238	270
16	100	115	140	165	205	240	275	318
17	100	124	155	190	204	229	242	264
18	100	123	144	169	182	200	213	233
19	100	116	129	154	155	166	176	187
20	100	125	143	181	190	200	216	234

Source: HALBWACHS (M.). *Les expropriations et le prix des terrains à Paris, 1860 - 1900*, Thèse Droit, Paris 1909, p.95.

* 1861 = base 100.

TABLEAU 4

IMMIGRATION ET EMIGRATION PAR ARRONDISSEMENT, PARIS 1881-1911

ARRONDISSEMENTS	1881-1891	1891-1901	1901-1911
1	- 10 180	- 5 480	- 4 920
2	- 8 240	- 9 230	- 5 170
3	- 9 450	- 2 880	- 5 030
4	- 6 210	- 1 830	+ 710
5	+ 20	- 1 990	+ 2 550
6	+ 560	- 1 780	+ 860
7	+ 13 160	- 2 780	+ 2 060
8	+ 7 150	- 3 590	- 2 950
9	- 130	- 2 610	- 5 030
10	+ 7 090	- 5 150	- 4 460
11	+ 2 600	+ 10 560	- 570
12	+ 6 900	+ 18 030	+ 16 080
13	+ 30 740	+ 14 600	+ 17 250
14	+ 23 850	+ 31 010	+ 26 260
15	+ 11 210	+ 34 920	+ 40 890
16	+ 21 940	+ 28 910	+ 24 980
17	+ 16 410	+ 27 070	+ 8 620
18	+ 14 670	+ 36 360	+ 15 510
19	- 500	+ 18 060	+ 9 000
20	+ 5 240	+ 21 340	+ 15 410
TOTAL	+ 193 810	+ 209 100	+ 151 850

Source : MEURIOT (P.), « Le mouvement migratoire contemporain à Paris et à Londres », *Bulletin International de Statistique,* T.XX, p.311.

N.B. : (+) : excédent d'immigration, (-) : excédent d'émigration

La différenciation entre quartiers riches et pauvres à Paris.

Le phénomène de différenciation entre quartiers riches et pauvres peut s'observer à partir de l'exemple parisien grâce au croisement de divers tableaux (voir les tableaux 1, 2, 3, 4).

Le tableau 3, où Halbwachs a schématisé l'évolution par arrondissements de la population parisienne entre 1861 et 1911[10], montre la poussée de peuplement vers la périphérie qui s'opéra entre 1861 (base 100) et 1901. Les arrondissements qui ont plus que doublé leur population en 1901 sont, par ordre croissant : le 13° (indice 224), le 18° (indice 233), le 20° (indice 234), le 17° (indice 264), le 14° (indice 265), le 15° (indice 270), le 16° (indice 318).

A partir de 1886, le 16° présenta les chiffres de croissance les plus forts ; le tableau 4 nous montre que les vagues d'émigration y étaient constantes et d'amplitude régulière. D'après le tableau 2, vu le prix des loyers par tête d'habitant en 1890, ces migrants ne pouvaient être d'origine prolétarienne, mais il devaient être moins aisés que les résidents des secteurs prestigieux du 17° comme celui de la Place Monceau, et du 8°, arrondissement qui, selon le tableau 4, après une vague d'immigration entre 1881 et 1891, connut entre 1891 et 1911 des excédents d'émigration.
La modélisation des migrations « bourgeoises » montre qu'il s'agissait d'une « colonisation immobilière » dirigée vers l'ouest des secteurs devenus trop onéreux pour les moins aisés des résidents des beaux quartiers (trajet type 8°⇒16°), chassés par un coût trop élevé du loyer ou de la parcelle, ou par l'absence de parcelles constructibles.

Sur la période 1861-1901, le prix des loyers nous indique quelles furent les zones d'immigration prolétarienne *intra muros*, migrants chassés des zones d'habitat ancien des quartiers centraux ou venus de l'extérieur : il s'agit en majorité des quartiers est, et plus particulièrement des zones de loyer minima du 20° encore assez cher dans l'ensemble en 1890 et surtout du 13° où l'immigration fit un bond entre 1881 et 1891.
La « colonisation immobilière » prolétarienne, en contournant les zones de rénovation urbaine, suivait le prolongement vers la périphérie des quartiers populaires.

Bien que la disparité des zones d'habitat au sein des arrondissements fluidifie ces mouvements généraux, l'orientation des deux types de « colonisation immobilière » de la fin XIX° s'avérait donc divergente, ce qui amplifia l'écart initial entre quartiers riches et pauvres de l'ancien centre ville..

---

[10] HALBWACHS (M.). - *Les expropriations et le prix des terrains à Paris, 1860-1900*, Thèse de Droit, Paris, Cornély, 1909.

La disparition de l'habitat mixte.

La ségrégation qualitative croissante entre quartiers de la fin du XIX° siècle a encore été aggravée par la disparition de l'habitat mixte.

Il ne s'agit pas d'un effet de mode, mais d'une conséquence de la montée des coûts fonciers, qui obligea les promoteurs à rechercher un rapport élevé entre surface habitable et taille de la parcelle, et par conséquent à construire en hauteur. Toutefois, en raison de la résistance supérieure qu'exige des matériaux et des structures de charpente la multiplication des étages, comme du soin particulier à apporter dans la préparation des fondations[11], le prix de revient de l'unité d'habitation restait élevé. Il fallait par exemple, pour construire en 1909 un immeuble à Paris, compter 100 francs par mètre carré et par étage, ce qui, à titre de comparaison, représentait en 1890 un an de loyer dans le quartier de Bercy.

Dans les arrondissements centraux parisiens, les constructeurs renoncèrent donc à édifier des immeubles de rapport destinés non seulement à une clientèle aisée, mais à des locataires modestes, mode de cohabitation constituant l'habitat mixte. Pour des raisons de politique sociale, Haussmann aurait voulu construire des immeubles de ce type pour y reloger une partie des populations expulsées lors des grands travaux du Second Empire. La société dont il était président, La Rente Foncière de Werbrouck, ne put réaliser ce projet que dans le 18° arrondissement, le coût de la parcelle étant trop élevé dans les autres à l'époque. Le quartier « mixte » d'Haussmann totalisa 88 immeubles comprenant 3 000 logements à bon marché[12].

L'habitat mixte, même dans les quartiers de moindre valeur foncière, ne devenait rentable que dans la mesure où il était difficile de louer à un prix élevé les logements des étages supérieurs en raison de la répugnance manifestée par les occupants aisés à monter les étages à pied. Il s'ensuivait une « socialisation » des étages, à laquelle l'apparition de l'ascenseur, montré en tant que curiosité à l'Exposition Universelle de 1867, a progressivement mis un terme ; on en retrouve les traces dans quelques appellations archaïques comme « l'étage noble », ou à travers les chansons populaires. Yvette Guilbert chantait par exemple une *Complainte des étages*, où la déchéance d'une jeune fille de mœurs légères était marquée par sa progression domiciliaire vers les étages supérieurs.

Toutefois c'est antérieurement aux années 1910, époque où la diffusion de l'ascenseur, selon le rapport Le Cornudet[13], permit aux logeurs de recruter une

---

[11] CHEYSSON (E.), « Le logement des familles nombreuses à faible salaire », *La Réforme Sociale*, 1909.

[12] NARNOUX (J.). - *Des logements à bon marché*, Paris, Morel, 1883.

[13] *Op.cit.*, 23 juin 1914.

clientèle uniquement bourgeoise, que la construction d'immeubles mixtes commença à décliner, en raison des tensions psychologiques nées de la différenciation de classe.

Les propriétaires d'immeubles bourgeois, pour souligner le caractère « riche » de leur construction, prirent dès la fin du XIX° siècle l'habitude de revêtir leurs escaliers de tapis dont ils voulurent éviter l'usure sous les pieds des locataires à faible loyer. Ces derniers reçurent la consigne impérative de ne pas passer par l'escalier principal, et d'emprunter l'escalier de service[14]. L'assimilation ainsi imposée aux domestiques, avec qui les ouvriers et petits employés partageaient les « chambres de bonne », fut très mal acceptée par des salariés indépendants fiers de cette indépendance. D'après Muller et Cacheux, il semble que, tout au moins à Paris, elle ait été ressentie comme une chute dans l'échelle sociale par les ouvriers :

> « L'ouvrier de Paris se considère comme supérieur aux domestiques et jamais il ne consentira à passer par l'escalier de service pour arriver à son logement ».

L'habitat mixte devenait de plus en plus rare quantitativement, et de plus acquérait une connotation négative pour les ouvriers. Loin de jouer un rôle de conciliation sociale, comme le concevaient naguère Haussmann et les partisans de l'habitat mixte, il était devenu un révélateur des différenciations sociales entre bourgeoisie et prolétariat.

Les promoteurs de l'habitat à bon marché[15] durent prendre en compte ce phénomène nouveau, et avouer que l'immeuble mixte,

> « en pratique à Paris pendant de longues années et aujourd'hui encore dans de nombreux quartiers anciens, n'est pas facilement applicable dans des constructions neuves, car il est aujourd'hui imprudent de rendre l'ouvrier et les siens perpétuellement témoins des prétendus plaisirs des riches, et d'ailleurs ces derniers ne veulent plus en général s'accommoder d'un tel arrangement ».

Cette nouvelle ségrégation sociale de l'habitat s'avérait au moins européenne :

> « C'est ainsi que dans les pays où les maisons mixtes ont été le plus longtemps en faveur, tels que la Prusse, la Suisse (Berlin, Bâle, Genève) on a reconnu le besoin de maisons spécialement destinées aux ouvriers. »

L'escalade du mépris entre couches sociales - le bourgeois ne veut plus cohabiter avec l'ouvrier, qui ne veut pas être assimilé au domestique -, aboutit à un double recul du prolétariat urbain et de la bourgeoisie citadine devant l'habitat commun, première étape dans la dévalorisation de l'habitat collectif comme logement ouvrier.

---

[14] MULLER (E.), CACHEUX (E.). - *L'habitation ouvrière, op.cit.*

[15] *ibid.*

Librairie du Parti Socialiste (S. F. I. O.)

Monsieur Vautour

ET

LA RÉDUCTION

DES

Loyers

Par PAUL LAFARGUE

Prix : 10 centimes

Au Siège du Conseil National, 16, rue de la Corderie

PARIS (IIIe ARRONDISSEMENT)

La Politique Pavillonnaire.- Planche IV. « Monsieur Vautour »

Source : Paul LAFARGUE.- *Monsieur Vautour et la réduction des loyers*, Brochure de la SFIO (page de couverture). Collections du Musée Social.

MONSIEUR VAUTOUR ET L'HYGIÉNISME.

Le collectif locatif était la seule solution abordable pour la population salariée qui n'avait qu'un faible revenu. Aussi, dès le début de l'exode rural déclenché par la première industrialisation, ce prolétariat n'eut le plus souvent accès qu'au rebut du parc immobilier, habitations anciennes sans confort ou devenues insalubres, caves ou greniers à peine aménagés. Plus l'exode rural dû à l'industrialisation s'intensifiait, plus la position des propriétaires de rapport s'améliorait face à la demande croissante de candidats au logement bon marché incapables d'imposer des demandes d'améliorations.

L'insalubrité croissante de l'habitat ouvrier suscita la proposition de mesures d'autorité pour imposer un minimum d'hygiène publique, ce qui provoqua un duel de longue haleine entre *Monsieur Vautour* et les hygiénistes.

LE RÔLE DES LOGEURS DANS L'INSALUBRITE DE L'HABITAT OUVRIER.

Dès la première moitié du XIXe siècle, les propriétaires de rapport se refusèrent systématiquement à appliquer les lois de contrôle sanitaire. La législation de 1850, par exemple, resta lettre morte pendant plus d'un demi-siècle et la loi de 1902 fut difficilement appliquée. Toutefois, on doit remarquer qu'en dépit du libéralisme régnant, la résistance de la Propriété Bâtie à la réglementation sur l'hygiène publique fut de moins en moins soutenue par l'opinion et les organes administratifs.

La résistance de *M. Vautour* aux règles d'hygiène publique.

Le 18 décembre 1848, un Conseil d'Hygiène et de Salubrité fut créé au chef-lieu de chaque département, et dans chaque arrondissement. D'après les études et les prescriptions de ces Comités, une définition des logements insalubres était élaborée, et obligation fut faite aux propriétaires des immeubles incriminés de réparer, sous le contrôle des Comités, les locaux délabrés et malsains (lois des 19 janvier, 7 mars, 13 et 22 avril 1850). Ces lois furent en fait frappées de caducité. Leur application souleva les protestations des propriétaires qui introduisirent des recours en justice et furent appuyés par les tribunaux. La force de la propriété immobilière fut démontrée par le fait que ni les conseils municipaux, ni les préfets n'entreprirent d'action auprès des récalcitrants. Les circulaires ministérielles se succédèrent : 11 août 1850, 27 décembre 1858, 9 septembre 1878. Le Conseil d'Etat fut conduit à émettre un avis le 24 mai 1864, auquel les préfets ne répondirent même pas[16].

Une telle résistance ayant paralysé l'action des Comités de salubrité, le nombre de ceux-ci ne cessa de décroître. En 1858 il y avait, dans 43 départements, 520 Comités , en 1859, dans 26 départements , 228 Comités pour 36 000 communes, en 1878, dix communes appliquaient encore la loi, et en 1882 seules quelques grandes

[16] MULLER (E.), CACHEUX (E.).- *L'habitation ouvrière, op.cit.*

villes maintenaient en activité leur Comité de salubrité : Paris, Lille, Le Havre, Nancy[17]. Près de trente ans après leur création, le Congrès d'Hygiène de 1878 à Paris en était à formuler le vœu que les prescriptions des Comités fussent rendues exécutoires.

L'obstruction faite par la construction privée au contrôle de la salubrité immobilière s'est prolongée jusqu'au XXe siècle par la force de la tradition libérale, qui sauvegarde l'inviolabilité des droits de propriété. Elle s'affirmait à chaque fois que le législateur remettait sur le chantier un projet hygiéniste, et l'application de la loi de 1902 rencontra les mêmes difficultés que celle de la loi de 1850. De l'aveu même d'un responsable du Bureau administratif du Service d'Hygiène de la Ville de Paris[18], l'administration fut obligée de recourir à une grande diplomatie :

> « On ne rompt pas subitement avec des usages séculaires ; on ne transforme pas d'un coup les coutumes de la location sans être obligé de procéder avec une extrême modération et une sage prudence. »

A la veille de la première guerre mondiale, alors que les propriétaires parisiens pouvaient obtenir de la Ville qu'elle supporte les frais d'installation des conduites d'eau, sur 1 400 voies privées 107 seulement avaient fait l'objet d'une demande d'aménagement. Sur 171 km de voies privées relevant principalement des grandes compagnies immobilières 71 km avaient été assainis par égout, les autres restant sans drainage. La résistance des lotisseurs faisant suite à celle de la Propriété Bâtie, aux îlots insalubres succédaient les lotissements défectueux. La gratuité de la mise en place des canalisations d'eau, la légèreté des taxes de raccordement des conduites de vidange à l'égout collecteur ôtaient toute excuse financière à cette résistance, dont le caractère idéologique libéral et l'absence de préoccupation humanitaire apparurent dans toute leur évidence..

La mauvaise qualité du « bon marché ».

L'aspect spéculatif de la grande majorité des constructions de « petits logements » dominait : il fallait réduire au minimum le prix de revient de l'unité d'habitation et les frais d'entretien. Ces économies sur la qualité de la construction et de l'entretien des bâtiments constituèrent une des principales sources d'insalubrité.

Les constructeurs tendirent à multiplier le nombre d'étages, à resserrer les immeubles et à étendre la surface habitable au détriment des espaces libres: rue et cour. Le système était ancien : on se souvient que Fourier le dénonçait déjà dans sa

---

[17] BAUDRILLART (H.).- *L'amélioration des logements ouvriers, op.cit.*

[18] Rapport cité in : STRAUSS (P.).- *Le Foyer Populaire*, Paris, Fasquelle, 1913.

prescription de la cité garantiste. La hausse du prix des terrains dans les grandes villes en fit un phénomène général.

Le confort, dont bénéficiaient les immeubles modernes, fut refusé aux « casernes » ouvrières. Les services y restèrent communs, notamment en ce qui concernait les « privés », toilettes qui portaient bien mal leur surnom du temps puisqu'elles se trouvaient dans la cour.

Les matériaux de construction étaient médiocres et résistaient mal au temps. La Cité Doré, par exemple, fut décrite en 1889[19] comme un dédale de ruines. Les grands immeubles construits vers 1850 s'étaient décrépits avant l'âge, faute de l'entretien constant que demandent particulièrement les bâtiments de mauvaise qualité.

Entretenir les « petits logements » s'avérait doublement difficile ; la réduction de la marge bénéficiaire du propriétaire en fonction de la hausse des terrains ne l'incitait pas à faire un effort supplémentaire pour leur entretien ; les loyers d'un immeuble entretenu subissant naturellement une augmentation, le logement bon marché pouvait-il être salubre ? Par ailleurs, les constructeurs d'immeubles ouvriers reprochaient à leurs locataires un manque de soin total dans la tenue de leur intérieur et le respect des parties communes, ce qui pour les revenus locatifs les plus faibles causait aux propriétaires les frais d'entretien les plus élevés.

A l'insalubrité de constructions médiocres et mal entretenues s'ajoutait celle due au surpeuplement causé par le calcul de rentabilité des logeurs..La surface habitable n'était pas prévue en fonction de la taille du ménage qui devrait l'habiter, mais de sa valeur locative. Les ouvriers étaient logés à la mesure de leur bourse, dans des logements dont l'étroitesse devenait dramatique s'ils étaient dotés d'une nombreuse famille. Bertillon souligna ce fait en écrivant que le surpeuplement frappait particulièrement la classe ouvrière, et les familles nombreuses[20]. D'après l'enquête publiée par le tout nouveau Ministère du Travail en 1906[21], et les statistiques de Bertillon, sur un million de logements, dans les 50 villes étudiées, il y avait 200 000 logements d'une pièce. L'indice d'occupation atteignait, pour les ouvriers en métaux de la banlieue parisienne 1,31 personnes par pièce à St Denis, et 1,50 pour les manœuvres. Le surpeuplement le plus fort pour ces deux catégories se trouvait à Brest, où il atteignait, probablement à cause de l'appel de main d'œuvre généré par l'Arsenal, des indices de 2,26 pour les ouvriers et de 2,99 pour les manœuvres, ces indices, dans la même ville, tombant à 0,57 pour un médecin, 0,73 pour un instituteur, 0,83 pour un fonctionnaire.

---

[19] BAUDRILLART (H.).- *L'amélioration des logements ouvriers, op.cit*

[20] BERTILLON (Dr J.).- *Essai de statistique comparée du surpeuplement des habitations*, Paris, 1894.

[21] MINISTERE DU TRAVAIL.- *Enquête sur les habitations ouvrières*, Paris, Chaix,1906.

Le rapport du nombre de logements d'une pièce au nombre de ménages d'une personne donne la mesure globale de ce surpeuplement. Dans les 50 villes où fut conduite cette enquête, sur un million de logements, 200 000 soit 20 % ne comprenaient qu'une pièce, alors que le nombre de ménages français composés d'une personne était de 15,7 % au recensement de 1901 -on ne peut faire la comparaison sur celui de 1906, dont l'exploitation a été fort réduite.

Les catégories professionnelles les plus mal logées en 1906 étaient les manœuvres et les mineurs ; pour les premiers l'explication réside dans la faiblesse de leur salaire, pour les seconds, dans la limitation de l'œuvre philanthropique patronale.

Absence d'espaces libres dans les unités d'habitation, manque d'entretien, surpeuplement furent les trois facteurs essentiels de l'insalubrité du logement à bon marché qui, en se développant constamment à partir de 1850, finit par provoquer un mouvement de protestation parmi les économistes sociaux et les hygiénistes, dont l'analyse de plus en plus serrée des conditions de logement de la classe ouvrière mena à l'élaboration d'une théorie médicale de la « déconcentration » de l'habitat ouvrier.

LA CONTRE-OFFENSIVE DES HYGIÉNISTES.

La liaison causale entre le mode de logement et les fléaux sociaux, tout particulièrement en ce qui concerne le prolétariat, est fort ancienne. Dès le milieu du XIXe siècle, Villermé, Benoiston de Chateauneuf, Adolphe Blanqui avaient attribué dans leurs enquêtes une responsabilité majeure à l'habitat dans le développement des maladies et de l'immoralité. Ce second thème sera développé dans le chapitre suivant.

Un des tout premiers appels en faveur d'une amélioration des logements ouvriers urbains fut celui de Jules Simon dans son livre de 1863, *L'Ouvrière*. Les moralistes et les économistes sociaux des années 1880 témoignèrent de l'émotion soulevée par cet ouvrage qui mit en lumière le problème économique et sanitaire des cités, des garnis, des taudis constituant l'essentiel de l'habitat citadin prolétarien.

Le développement des enquêtes sur l'habitat insalubre.

Le cas de Paris fut à nouveau l'objet de la plupart des observations sociales, en raison de sa particulière gravité.

A partir des années 1870, les interventions des hygiénistes se multiplièrent. Les docteurs Marjolin et Du Mesnil firent des rapports à l'Académie de Médecine et au Congrès d'Hygiène de Rouen ; le Congrès d'Hygiène de 1878 émit le vœu que les Comités de salubrité reprissent leur action. En 1884, la Commission du logement du Conseil de la Seine accueillit des notabilités de l'architecture et de l'urbanisme (Alphand, Trélat), de la construction philanthropique (Dietz-Monnin, Muller), du patronat social (Cheysson) et de l'hygiène publique (Du Mesnil). En 1892, le Préfet de la Seine -dont les préoccupations en matière d'hygiène publique s'immortalisèrent grâce à l'introduction par ses soins d'un objet indispensable au traitement des ordures-, M. Poubelle, en tant que Président de cette Commission du logement, créa une Commission de l'assainissement et de la salubrité de l'habitation, qui proposa en 1893 d'importer le système instauré à Bruxelles par Janssen : la statistique sanitaire des maisons.

Cette statistique, ou *Casier sanitaire des maisons de Paris*, fut mise en œuvre entre le 1er Janvier 1894 et le 31 décembre 1904 par le Professeur Juillerat.

Le rapport Juillerat-Filassier[22] définit 6 îlots insalubres où la mortalité par tuberculose était de 825 pour 100 000 en moyenne. De 1894 à 1904, il y avait eu à Paris 101 496 décès par tuberculose, dont 11 500 s'étaient produits dans 820 maisons habitées par 106 300 personnes. On ne pouvait que faire le rapprochement entre tuberculose et surpeuplement.

Par ailleurs, des enquêtes sur le terrain étaient menées par des observateurs sociaux, le plus souvent membres de l'Académie des Sciences Morales et Politiques, qui de plus en plus fréquemment venaient examiner sur place les maux auxquels ils souhaitaient porter remède. Ils publiaient ensuite des descriptions qui, venant d'eux, paraissaient plus crédibles aux yeux des autorités que celles des journalistes de gauche. La taudification de certains sites centraux apparaissait dans toute son horreur :

> « Autour de la Place Maubert, dans un dédale de ruelles fétides, des maisons de 6 étages surplombent des cours étroites sans air ni jour dont le sol est saturé d'ordures ménagères et de détritus organiques. Une putréfaction séculaire semble avoir imprégné jusqu'aux pavés des rues et aux murs des maisons[23]. »

> « A St Médard, Place Maubert, quelques-unes de ces chambres sont situées de plain pied avec le sol et ne reçoivent de lumière que par une porte vitrée dont les carreaux cassés sont souvent remplacés par de vieux journaux. On ne peut aérer la pièce qu'en tenant la porte ouverte, et comme il n'y a pas de cheminée, c'est sur le pas de la porte qu'il faut faire la cuisine. Ces casernes obscures se paient encore 150 francs par an. Pour avoir deux pièces, il faut aller au-delà de 200 francs[24]. »

---

[22] JUILLERAT (P.), FILASSIER (A.).-*La statistique sanitaire des maisons*, Paris, Rousset, 1906.

[23] DELAIRE (M.).- *Enquête sur les logements ouvriers*, citée in : JOURDET (E.).- *Les H.B.M.*, Paris, Dujarric, 1906.

[24] HAUSSONVILLE (O., comte d').- *Enquête sur les logements ouvriers*, citée *ibid.*.

On touchait là au cercle vicieux de la salubrité du logement à bon marché : le logis salubre entretenu était cher, le taudis, profitant de la plus-value générale des logements, ne l'était pas moins.

Il s'ensuivit naturellement une recrudescence du surpeuplement ; le comte d'Haussonville décrivait ainsi la combinaison de l'insalubrité, de la cherté et du surpeuplement des taudis du centre-ville parisien :

> « Dans une visite assez minutieuse de ces logements, je n'en ai trouvé que deux dont le prix de location ne dépassât pas 100 francs. L'un était situé au 6e étage d'une maison de la rue de la Huchette : on y pénétrait, non point par une porte, mais par une ouverture basse par laquelle on ne pouvait passer sans se plier en deux. Une fois redressé, on se trouvait, dirai-je dans une chambre ? non, dans une boîte carrée éclairée dans un coin par une lucarne. L'autre logement était situé dans une mansarde de la rue Maître Albert. C'était une soupente pratiquée sous l'inclinaison du toit. Six êtres humains y vivaient dans un espace à peine plus grand que l'intérieur d'une alcôve : le père, la mère et quatre enfants[25]

La mortalité due aux épidémies s'aggravait chaque année. Le Conseiller Villard rappela aux édiles parisiens que, d'après l'enquête conduite par le Dr Brouardel, de 1870 à 1882, la mortalité par fièvre typhoïde était passée de 48 pour 100 000 à 96, la mortalité par diphtérie de 53 à 101, par variole de 11 à 74, par rougeole, de 30 à 43, par fièvre scarlatine de 7 à 18[26] .

Pollution des eaux, absence de drainage et d'ébouage, décrépitude et saleté, humidité et obscurité étaient les principales caractéristiques des casernes-taudis qui devinrent en conséquence de véritables foyers épidémiques, de par le nombre de personnes qui s'y entassaient. Les cours y devenaient dépotoirs à ordures :

> « une odeur de plombs et de décomposition organique suffoque le visiteur. »[27]

En 1906, on décrivait ainsi la cité Jeanne d'Arc :

> « huit immeubles à plusieurs étages divisés en 1 200 logements pour 2 000 habitants. Les escaliers sombres sont moins éclairés et plus dangereux le soir qu'aucune partie de la voie publique la nuit. Leur infection défie toute description. »[28]

---

[25] *ibid.*

[26] BROUARDEL (Dr P.).- *Enquête sur la mortalité, 1870-1882*, citée in NARJOUX, *op.cit.*

[27] PICOT (G.).- *Les logements d'ouvriers, un devoir social*, Paris, Calmann Lévy, 1885.

[28] JOURDET (E.).- *Les H.B.M.*, Paris, Dujarric, 1906.

Le Dr Brouardel, dans son rapport à la Commission de lutte contre la Tuberculose, déclara :

> « C'est la maison insalubre qu'il faut viser. L'assainir, s'il est possible, la faire disparaître si les causes d'insalubrité sont incompatibles avec la vie des habitants, et enfin, il faut veiller à ce qu'on ne construise plus dans de telles conditions. »[29]

La réflexion juridique sur l'expropriation pour cause d'insalubrité.

Pour suivre ces conseils, il fallait revoir le droit d'expropriation. La lutte contre la taudification s'avérait presque impossible en raison de la difficulté d'exproprier les propriétaires récalcitrants d'immeubles insalubres. L'indemnité d'expropriation, fondée sur la valeur locative, était trop élevée pour que l'Etat ou les municipalités pussent envisager des opérations d'envergure.

A partir des années 1880, le Conseil Municipal de Paris forma un grand nombre de projets d'expropriation et de construction à bon marché, environ quatre cents dans la décade 1880-1890[30]. Dans sa séance du 14 juin 1883, le Conseil mit à l'ordre du jour un projet de convention avec le Crédit Foncier pour construire des logements salubres et à bon marché, qui fut rejeté comme irréalisable[31]. En 1884, le Conseiller Manier, un instituteur, membre de la Commission des logements à bon marché, proposa l'expropriation de tous les logeurs parisiens, ce qui fut également rejeté[32].
Des propositions furent faites en ce sens au Congrès International de lutte contre la tuberculose de 1905 par Casimir-Perier, Bourgeois, Landouzy, Siegfried, Strauss.

Le thème fut repris au deuxième Congrès International de l'Assainissement et de la Salubrité de l'Habitation de Genève, faisant l'unanimité chez les hygiénistes, les membres d'associations de médecine publique, les Conseillers Municipaux parisiens. Les propositions Filassier, les rapports Bruman et Juillerat conduisirent à l'idée d'une taxation de la plus-value abusive des taudis, dont Siegfried et Delory se firent les apôtres en s'inspirant des législations britannique et belge ; ils suggérèrent alors que l'indemnisation d'expropriation fût dégressive en fonction de l'état de l'immeuble.

Cette idée fut transformée en législation par le Parlement français, qui vota une proposition Siegfried sur un rapport favorable d'Honnorat. Le fait est surtout important dans le sens où il montre la conversion des hygiénistes libéraux à l'intervention d'Etat, et le coup porté au principe de l'intangibilité du droit de

---

[29] BROUARDEL (Dr P.).- *Rapport à la Commission de lutte contre la tuberculose*, cité in : STRAUSS (P.).- *Le Foyer Populaire, op. cit.*

[30] MULLER (E.), CACHEUX (E.).- *L'habitation ouvrière, op.cit.*

[31] NARNOUX (J.).- *Des logements à bon marché, op. cit.*

[32] MULLER (E.), CACHEUX (E.).- *L'habitation ouvrière, op.cit*

propriété. Mais les îlots insalubres furent en réalité peu touchés avant la Deuxième Guerre Mondiale.

En 1919, le Conseil Municipal de Paris entreprit de réévaluer la taudification de la capitale, sur la base de définition de 10 décès par tuberculose entre le 1er janvier 1894 et le 31 décembre 1918 par immeuble. Les enquêteurs dénombrèrent 17 îlots insalubres au lieu de 6.

Les destructions furent peu nombreuses : en 1924, l'îlot 9 (Clignancourt) fut rasé pour cause de peste ; en 1935, Saint Merri (îlot 1) et la cité Jeanne d'Arc (îlot 4) furent détruits[33].

L'insalubrité régnait également en province. A Tours, le Directeur du Bureau d'Hygiène, M. Honnorat, dénombrait par centaines les « maisons meurtrières »; à Angers, en 1911, le maire, M. Monprofit, en comptait 2 000, à Lyon, le sénateur Herriot en recensait 1 800 à 2 000, dont 800 non améliorables[34].

De la concentration urbaine à l'espacement urbain.

L'hostilité des constructeurs et logeurs à la législation sanitaire, comme leur utilisation spéculative trop poussée de la surface habitable, découragèrent la confiance des hygiénistes dans le système de construction traditionnel, qui ne permettait pas, si l'on suivait les lois du marché, de respecter l'espacement urbain nécessaire pour faire obstacle aux causes de l'extension des maladies endémiques qu'ils attribuaient à la promiscuité et au manque d'ensoleillement.

Depuis les réflexions de Villemin en 1868 sur les « villes tentaculaires », toute une école de grands médecins s'était persuadée de l'influence déterminante du manque de lumière sur la morbidité, et il eût été étonnant que Juillerat et Filassier, principaux enquêteurs médicaux français, confirmés du reste dans leur opinion par les enquêtes d'un homme au nom prédestiné, Noir, sur le quartier Saint Séverin, passassent outre aux théories de leurs illustres confrères Bayle, Clark, Baudelocque, Piorry, Rilliet, Barthez, Gueneau, de Mussy, Damaschino, Hanot[35].

Dans leur rapport au Congrès d'Hygiène de Berlin, les Docteurs Juillerat et Filassier notèrent que deux îlots habités par des familles équivalentes au point de vue social présentaient, suivant la luminosité et l'aération des locaux occupés, des indices de

---

[33] BEZANÇON (Dr F.).- « Les îlots insalubres et la mortalité tuberculeuse », *Le Musée Social,* 1945, n°1. L'auteur, ancien Président de l'Académie de Médecine, était Président du Comité National de défense contre la tuberculose, Président du Comité d'assistance aux tuberculeux de la Seine.

[34] STRAUSS (P.).- *Le Foyer Populaire, op.cit.*

[35] BEZANÇON (Dr F.).- « Les îlots insalubres et la mortalité tuberculeuse », *op.cit.*

mortalité tuberculeuse variant du simple au triple[36]. Juillerat signala une mortalité quatre fois supérieure dans les rues étroites, comme la rue Saint Jacques, la rue du Petit Pont, la rue Saint Martin, par rapport à celle de grands boulevards comme le boulevard Saint Michel et le boulevard de Strasbourg. Les expériences furent poursuivies ensuite de façon concluante par le Docteur Graux à Paris et à Nantes, et convainquirent les derniers réfractaires parmi les hygiénistes. Le sénateur Strauss, auteur de la première loi sur l'accession à la propriété des jardins ouvriers, était un adepte de cette théorie, dont il disait :

> « Cet hommage à la puissance du soleil n'est pas fait pour surprendre les hommes de science. Les rayons lumineux ont plus d'une vertu : ils purifient l'atmosphère et les appartements, ils remplissent admirablement l'office d'agents de désinfection. »

Il rejoignait ainsi la tradition des observateurs sociaux illustrée au milieu du XIXe siècle par Villermé qui dénonçait également l'existence de nids de scrofules parmi les pauvres entassés dans les rues étroites, les logements sales, obscurs, mal aérés, où ne pénètrent pas les rayons du soleil.

La concentration de l'habitat urbain était donc mise en accusation de façon globale par les hygiénistes et les observateurs sociaux qui désiraient voir éclater, aérer, espacer les constructions, surtout dans le cas de populations à faible niveau de vie, dont l'hygiène alimentaire et corporelle, faute d'argent et de confort, ne pouvaient égaler celles des bourgeois.

La même critique visait le surpeuplement des quartiers et maisons ouvrières, où la mortalité était supérieure à celle des quartiers « riches. » Bertillon notait par exemple pour Paris que, dans les hôtels meublés dont la clientèle se composait presque exclusivement d'ouvriers, la mortalité était double de celle des habitations ordinaires. Dans les 8° et 9° arrondissements, quartiers chers où l'on ne comptait, sur 10 000 habitants, que 404 à 671 mal logés, le taux de mortalité était de 12,7 à 15,4‰, alors que dans les 19° et 20°, avec 2 007 à 2 275 mal logés sur 10 000, le taux de mortalité variait entre 29 et 32_ç‰[37]. Juillerat constatait également que dans les îlots insalubres, où la mortalité était de 825 pour 100 000 en moyenne, la proportion de décès pouvait atteindre dans certaines maisons un indice de 1 247, et dans les garnis, de 4 263 pour 100 000.

La dénonciation du confinement urbain aboutit, à travers ces exemples frappants, à la dénonciation de l'habitat de masse prolétarien. De l'air, de la lumière, de l'espace, tels étaient les trois commandements des hygiénistes. A quoi l'architecte répondait :

---

[36] JUILLERAT (P.), FILASSIER (A.).- *Rapport au Congrès d'Hygiène de Berlin* cité in STRAUSS (P.), *Le Foyer Populaire, op.cit.*

[37] BERTILLON (J.).- *Statistiques municipales de la Ville de Paris*, 1912, cahier n°5.

« Les inconvénients les plus sérieux des casernes pour familles résultent des maladies épidémiques. Une maison à étages, pour être saine, ne doit pas excéder en hauteur la largeur de la rue qui la borde. Comme ce n'est généralement pas le cas, il en résulte une disposition maladive des habitants des étages inférieurs. Ils communiquent rapidement le fléau quand il apparaît dans le quartier. »[25]

Ainsi, le duel entre *M. Vautour* et les hygiénistes prépara la voie à une glorification de l'habitat pavillonnaire, et à une réorientation de la législation hygiéniste qui, ne pouvant venir à bout des résistances de la propriété de rapport, chercha à la contourner par le financement d'un habitat ouvrier neuf, dans un environnement ruralisé.

LA DEGRADATION DES RAPPORTS LOGEUR / LOGÉ.

Tant qu'une législation protectrice n'intervenait pas en faveur des locataires -ce qui fut pratiquement le cas jusqu'en 1948-, les demandeurs de « petits logements » se trouvaient sous la coupe de logeurs qui devinrent leur bête noire.

L'échec de la construction coopérative et les difficultés de la construction philanthropique laissait le champ libre à la Propriété Bâtie libérale, qui se renforçait en se concentrant, sans changer son état d'esprit antisocial déjà décrit par Balzac.

Face à ce puissant interlocuteur, les locataires commençaient à réagir, de plus en plus soutenus par une presse et une représentation parlementaire où la gauche radicale et socialiste progressait, manifestant un esprit revendicatif et combatif qui semblait s'étendre des rapports employeur/employé aux relations logeur / logé.

LE RENFORCEMENT DE LA PROPRIÉTE DE RAPPORT LIBÉRALE.

Les propriétaires bailleurs améliorèrent encore leur position de force au début de la Troisième République, profitant de l'affaiblissement de la concurrence coopérative et philanthropique, et bénéficiant de la concentration nouvelle des Sociétés Immobilières privées.

L'échec des coopératives ouvrières de construction.

La coopération ouvrière française en matière de construction fut quantitativement et sociologiquement restreinte dans le dernier quart du XIXe siècle, et fort en retard sur le plan international.
En Angleterre, à côté de réalisations patronales comme celles de Port Sunlight, un mouvement de construction coopérative s'était bien développé ;.on y recensait en 1886 2 243 Building Societies.
En 1877, une coopérative ouvrière de construction fut fondée en Belgique.

---

[25] MULLER (E.), CACHEUX (E.).- *L'habitation ouvrière, op.ci*

En Italie, de 1879, où se forma à Milan la première des sociétés italiennes, à 1889, il s'en créa une quinzaine.

En France, les organisations pionnières avaient du mal à survivre, et leur succession n'était pas assurée. La Société Coopérative Immobilière des Ouvriers de Paris, fondée le 19 août 1867, malgré des subventions impériales, périclita quelques années plus tard, n'ayant construit qu'un petit nombre d'immeubles collectifs à Paris (Daumesnil, Belleville, Grenelle). A Orléans, une Société Immobilière fut montée en 1879 par deux ouvriers ; mais elle fut rapidement reprise en main par les capitaux privés[26].

Le mouvement coopératif ouvrier français souffrait en effet, non seulement de la contrainte financière, mais de l'opposition politique d'une partie du mouvement ouvrier.

Les premières Chambres Syndicales qui se constituèrent après que Napoléon III eut reconnu aux ouvriers le droit de coalition étaient des associations d'artisans et d'ouvriers très qualifiés dont la plupart relevaient de métiers à tradition corporative : ébénistes, cordonniers, typographes, orfèvres. Les Coopératives de Construction, notamment les deux Sociétés que nous avons citées, furent de même l'œuvre d'artisans. Les ouvriers des manufactures et de l'industrie dont la situation était généralement plus précaire et le salaire plus faible, qui auraient eu le plus grand besoin du système d'entraide mutualiste et d'épargne coopérative pour leur logement, étaient également ceux qui se montrèrent les moins capables d'unions spontanées de constructeurs pendant les trois premiers quarts (ou presque) du XIXe siècle. Il semble que se soit produit pour le prolétariat des débuts de l'accumulation capitalistique, le même phénomène que celui observé chez certains peuples dont l'économie est en voie de développement : un seuil de misère en deçà duquel l'homme ne peut envisager d'améliorer son sort. Le lien, maintes fois évoqué par les moralistes, entre la misère ouvrière, le mauvais logement et l'alcoolisme, en est peut-être la preuve.

La diffusion ultérieure du marxisme -sous la forme doctrinaire du guesdisme- au sein du syndicalisme n'encouragea pas le développement de la coopération ouvrière pour la construction.

Le courant du socialisme utopique, favorable à l'association et à la coopération ouvrière, avait inspiré en 1848 une initiative gouvernementale, celle de Louis Blanc qui avait fait voter la création d'un fonds d'encouragement coopératif. Il continuait d'influencer des spécialistes de la coopération comme Jean Gaumont qui se situait dans la mouvance fouriériste. Il fut progressivement balayé pour faire place à des revendications de réforme globale du système socio-économique.

---

[26] MULLER (E.), CACHEUX (E.).- *L'habitation ouvrière, op.cit.*

Les consignes d'Engels, recommandant de ne pas habiter une construction patronale, de ne pas devenir propriétaire, les exemples terrifiants qu'il donnait des conséquences encourues par les ouvriers qui ne suivaient pas ces préceptes, en Angleterre, aux Etats-Unis, pénétrèrent progressivement les esprits et l'insatisfaction commença à gronder chez les salariés enfermés dans les coquilles du paternalisme patronal. L'exposé des motifs des statuts de la Chambre Fédérale des Sociétés Ouvrières de Paris (1869) refléta ces nouvelles conceptions, face au proudhonisme du mouvement ouvrier français -mêlé d'influence britannique depuis la prise de contact en 1862 de la délégation française à l'Exposition Universelle de Londres avec le trade-unionisme et la coopération de ses homologues d'outre-Manche-.

La répression de la Commune, le retour d'exil des chefs du mouvement ouvrier socialiste contribuèrent à l'essor, puis au regroupement en 1895 au sein de la Confédération Générale du Travail d'un syndicalisme peu soucieux d'offrir à ses militants les services sociaux que d'autres, à l'étranger, considéraient comme nécessaires.

La faiblesse de la construction philanthropique.

La construction philanthropique souffrait aussi de divisions idéologiques internes.

Certaines des sociétés spécialistes de l'habitat ouvrier militaient en faveur du collectif locatif, comme la Société Lyonnaise des Habitations à Bon Marché, ou la Société Marseillaise des Habitations Salubres et à Bon Marché[27].

La première, fondée en 1886 sous forme de société privée par trois industriels, Aymard, Mangini et Gillet, avait déjà à son actif un an après, au 1er juillet 1887, la construction de 5 immeubles collectifs. Les logements étaient de 2 et 3 pièces, avec entrée particulière sur le palier et W.C. particuliers. Le loyer en 1886 était de 72 francs par pièce et par an, de 25 à 30 % moins élevé que l'ensemble des loyers des habitations ouvrières de la région. Pour chaque logement créé, il y avait trois demandes, ce qui conduisit les fondateurs de la S.L.H.B.M. à étendre leur action et à se constituer en Société Anonyme ; ils n'eurent aucune difficulté à lever des capitaux par souscription d'actions. En 1900, la Société avait construit 1 437 logements pour 7 350 personnes. En 1906, son capital atteignait 5 millions de francs, son bénéfice annuel était de 6,5% ; elle versait à ses actionnaires un dividende de 4%, et le restant à son fonds de réserve.

La Société Marseillaise, dans l'année même de sa fondation (1888), avait mis 3 immeubles de 40 logements en location, plus quelques habitations à très bas prix pour les travailleurs les plus démunis.

---

[27] Voir JOURDET (E.).- *Les H.B.M., op.cit.*, et PICOT (G.).- *Rapport du Jury des Habitations Ouvrières, op.cit.*

Ces expériences avaient été soutenues par un financement de la Caisse d'Epargne de leurs départements respectifs, qui avaient souscrit des obligations émises par les Sociétés.

Ces deux Sociétés prospères avaient choisi l'habitat collectif pour des motifs clairement expliqués, qui rejoignaient les analyses d'Engels sur la meilleure adaptation du collectif locatif aux besoins du prolétariat urbain.

La Société Lyonnaise précisait dans ses brochures[28] :

> « A Lyon, le choix était naturel. Dans une ville où personne, même les plus riches, ne possède sa maison, il n'était guère admissible de rendre l'ouvrier propriétaire. Nous avons toujours pensé du reste que l'ouvrier des villes avait rarement intérêt à posséder l'immeuble qu'il habite. Si, dans ce quartier de Lyon qu'on appelle Croix Rousse, les ouvriers avaient été propriétaires de leur maison, le déplacement de l'industrie de la soie, émigrant en grande partie à la campagne, eût causé une perturbation beaucoup plus grande parmi cette intéressante population déjà si frappée. »

Il existait également des entreprises de construction sans idéologie, qui répartissaient leur effort entre les deux modèles. C'était le cas des rares expériences de construction directe effectuées par certaines Caisses d'Epargne locales. La Caisse d'Epargne de Troyes, celle des Bouches du Rhône lancèrent vers 1889 des programmes dont certaines réalisations étaient destinées à la location, d'autres vendues par annuités. On pouvait penser que ces exemples se généraliseraient, mais les Caisses étant par définition des organismes de gestion, leur conversion en constructeurs sociaux souleva les critiques libérales : c'était admettre à long terme la bureaucratisation pure et simple de la construction sociale.

L'extension limitée des Sociétés de Construction indépendantes n'était pas compensée par l'essor de Sociétés philanthropiques, malgré les efforts de certains de leurs promoteurs. Ce fut en particulier le cas de la Société Havraise des Cités Ouvrières que Jules Siegfried fonda en 1871. Très rapidement, il se heurta à des difficultés financières ; sa Société, qui n'avait été fondée que pour trente ans, cessa toute activité en 1900, n'ayant construit que 117 maisons pour un total de 550 000 francs.

La tâche des promoteurs pavillonnaires était en effet plus lourde, vu le coût supérieur de la construction des maisons avec jardin. Seuls les constructeurs patronaux pouvaient en espérer un retour sur investissement en matière de gestion de leur

[28] MANGINI (F.).- « Présentation de la Société des Logements Economiques de Lyon » (dont il était Président), citée in JOURDET (E.).-. *Les H.B.M.*, *op.cit.*

personnel, comme le précisait le rapport[29] du Jury des Habitations Ouvrières de l'Exposition Universelle de 1889 :

> « La petite maison coûte des sommes telles (de 2 à 4 000 francs) que le chef d'industrie se trouve obligé de prendre à sa charge une partie du loyer en sur-salaire ... (ce) serait un pur acte de bienfaisance si les patrons ne comptaient avec raison sur la stabilité du personnel qui en est la conséquence. »

Cette source de construction pavillonnaire se tarit progressivement avec la contestation croissante du logement patronal par le syndicalisme révolutionnaire à la fin du XIX° siècle et au début du XX°, qui s'inscrivit dans les revendications des grévistes de certains grands conflits (Le Creusot, Longwy.)

La concentration de la propriété de rapport.

Face à l'affaiblissement de la concurrence coopérative et philanthropique, la Propriété Bâtie se renforçait en fusionnant de petites sociétés, ou en créant de grandes Compagnies. A Paris, entre 1878 et 1881, apparurent ainsi la Compagnie des Immeubles de la Plaine Monceau (1878), la Société des Immeubles de France (1879), la Compagnie Foncière de France (1881). De 1876 à 1882, le nombre de logeurs n'augmenta que d'un quart, tandis que celui des locataires triplait[30].

La raréfaction de l'offre de « petits logements » s'intensifia du fait que la construction immobilière privée, pour des raisons de rentabilité, consacra essentiellement ses programmes urbains à l'édification d'immeubles « spéciaux » (magasins, sièges sociaux et immeubles de bureaux, etc.) et de logements de luxe[31]. Jusqu'au lendemain de la Seconde Guerre Mondiale, cette situation ne s'améliora guère. M. Ramarony, Président de l'Association de la Propriété Bâtie, considérait[32] en 1945 le problème du logement ouvrier comme insoluble tant que les propriétaires de rapport n'auraient pas acquis la conscience de leurs responsabilités sociales, et les locataires l'amour et le respect de leur logis.

Cette formule nous indique que, dans le rapport logeurs/logés comme dans le rapport employeurs/salariés, il existait en France un dialogue de sourds où les premiers se refusaient à toute concession tant que les seconds ne comprendraient pas leur

---

[29] PICOT (G.).- *Rapport du Jury des Habitations Ouvrières, op. cit.*

[30] BAUDRILLART (H.).- *L'amélioration des logements d'ouvriers, op. cit.*

[31] Voir VIDECOQ (E.).- *Les aspects permanents de la crise du logement dans la région parisienne*, Ed.Internationales, Paris, 1933, et Rapport Parlementaire LE CORNUDET, *op.cit.*

[32] RAMARONY (Ch.).- « L'organisation de la propriété privée bâtie en vue de sa contribution à la solution du problème du logement », Rapport à la Section d'Etudes du Musée Social, *Le Musée Social*, 1945, n°2.

« devoir », c'est-à-dire n'accepteraient pas une part de responsabilité dans le maintien de l'entreprise commune. Le contrat implicite proposé par les bailleurs -échange d'une baisse de loyer contre l'entretien des parties privatives de l'immeuble et le respect des parties communes par les locataires- ne se concrétisa que fort rarement[33], faute de confiance de part et d'autre.

LES PRÉMICES DES MOUVEMENTS DE LOCATAIRES.

L'agressivité qui s'éveilla chez les locataires à revenus modestes à la fin du XIX° siècle faisait suite à une longue patience, ou plutôt à une longue impuissance. Dès 1837, en effet, Balzac dépeignait dans César Birotteau sous les traits de M. Molineux le personnage que Jaurès attaquait une cinquantaine d'années plus tard sous le nom de *M. Vautour*.

L'activité revendicative nouvelle des locataires avait été stimulée par le changement du climat politique ; mais elle ne faisait que révéler une tendance profonde du tempérament français, le désir d'autonomie individuelle, transmise aux ouvriers à travers leurs ascendances paysannes, exprimée avec l'esprit frondeur acquis avec la vie citadine, et surtout à Paris, la gouaille populaire qui était l'arme de défense instinctive des petites gens.

La lutte contre les expulsions.

L'inégalité contractuelle entre le logeur et le locataire, qui alla s'accentuant avec les phénomènes décrits plus haut, était de nature économique.

Le contrat de location, de même que celui du « louage de services » ou contrat de travail, était censé se faire de gré à gré entre interlocuteurs égaux ; mais la puissance que donnait le droit de propriété conférait, dans les deux cas, un avantage tel à son détenteur qu'il n'y avait guère de recours contre ses abus, jusqu'au développement des forces de gauche au Parlement et la multiplication des journaux de même sensibilité. Cette toute-puissance juridique du propriétaire gênait les libéraux réformistes dans leurs velléités d'intervention, même s'ils ressentaient la nécessité de ne pas laisser à leurs adversaires politiques l'exclusivité de la réforme du logement.

Les difficultés financières des locataires constituaient un premier champ de confrontation. Les observateurs sociaux notaient avec effroi l'élévation des coûts locatifs, même dans le cas des logements taudis[34], mais, comme on l'a vu, le mouvement humanitaire et hygiéniste se heurtait à la puissance économique et

[33] Muller et Cacheux citent un seul exemple, celui de M. de Fuisseaux, qui établit ce système avec succès. Voir note 36.

[34] Voir les citations de quelques rapports d'enquête évoqués plus haut dans « le développement des enquêtes sur l'habitat insalubre ».

PETITION DES LOCATAIRES CONTRE LES PROPRIETAIRES

adressée aux représentants du peuple
couverte par 1 598 797 signatures

Messieurs les Députés, Messieurs les Sénateurs,

C'est le cœur rempli d'une indignation impossible à contenir que nous venons vous demander de vouloir bien voter, dans le plus bref délai, une loi qui ordonne la pendaison immédiate, par les pieds, jusqu'à ce que mort s'ensuive, de tous les propriétaires et de tous les concierges de l'Univers sans exception,

Attendu:

1° Qu'il n'est pas de misères que n'imaginent ces monstres qui n'ont été créés et mis au monde que pour le malheur de l'espèce humaine, pour faire enrager les malheureux locataires qui suent sang et eau pour les engraisser.

2° Que plus nous allons, plus il nous devient impossible de nous loger dans des conditions normales.

3° Que si cela continue nous serons obligés sous peu de camper en plein air, si toutefois sa Majesté M.le Préfet de police daigne nous le permettre. En effet, les loyers sont hors de prix, et encore faut-il que nous fassions mille et une bassesses pour que ces princes du capital consentent à nous accepter dans leurs immeubles tout en payant trois mois d'avance.

C'est surtout quand il s'agit pour nous de chercher un logement que notre situation devient tout-à-fait intolérable. « Avez-vous des chiens? avez-vous des chats? avez-vous des perroquets? avez-vous des enfants? Si vous avez les uns ou les autres, nous ne pouvons vous louer. » Tel est le refrain agaçant que MM. les cloportes se complaisent à fredonner à nos oreilles en nous toisant du haut de leur grandeur. Passe encore pour les chiens, passe encore pour les chats, passe même encore pour les perroquets. Mais les gosses! les pauvres moutards! Faut-il les flanquer à l'eau ou leur serrer la vis pour faire plaisir à ces pignoufs-là? Donc voilà qui est bien entendu: de par les propriétaires et les concierges, défense expresse de faire des enfants. Tous eunuques!

C'est la fin du monde prochaine qu'ils désirent... Faut-il qu'ils soient bêtes! Mais, farceurs que vous êtes, quand il n'y aura plus de monde sur la Terre, qui est-ce qui louera vos boîtes à punaises? Ne sont-ce pas des enfants devenus grands qui louent vos logements?

En disant « vos logements » nous nous trompons, c'est « vos appartements » que nous devrions dire, car maintenant on n'en fait plus de logements à Paris. Quand par hasard les architectes de ces messieurs ont réservé au septième étage, sous les toits, un ou deux cabanons étroits et lambrissés, il faut que nous mettions un prix fou pour obtenir la faveur de les posséder.

Et encore faut-il que nous prouvions:

1° Que nous ne sommes pas auvergnats

2° Que nous avons été vaccinés trois fois

3° Que nous allons à la messe tous les matins

4° Que nous avons un grain de beauté sur la f.. pardon sur la joue gauche, etc, etc..

Il est bien entendu que le pipelet aura, par nous, la patte largement graissée, en échange de quoi il ne nous montera jamais nos lettres, nous fera poser un temps infini à la porte quand nous rentrerons passé dix heures du soir, et fera sur nous tous les cancans qui lui plairont.

Ah! tenez, non, nous commençons à en avoir assez de cette engeance désagréable qu'on nomme les portiers et les propriétaires!

Si vous trouvez la pendaison trop sévère, muselez-les, messieurs, muselez-les! il n'est que temps! car ils sont en voie de devenir hydrophobes et nous ne voulons pas mourir des suites de leurs morsures.

Ce faisant vous aurez rendu justice aux locataires soussignés, qui vous béniront du haut de leurs mansardes, et intercaleront dans leurs prières une supplique au bon Dieu en votre intention.

Suivent 1 598 597 signatures

Paris, Félix Meunier, Editeur, dépôt chez L. GABILLAUD auteur-imprimeur, 228 rue Saint-Denis, Paris

* *La Politique Pavillonnaire*.- **Planche V. Pétition des locataires contre les propriétaires**
Source : Affichette anonyme sans date (dépôt légal 1889). Collections de la Bibliothèque Nationale de France.

idéologique des propriétaires de rapport. « Régler son terme » était en permanence la hantise des « sans-le-sou » qui tâchaient d'échapper au regard du concierge, *Cerbère* chargé d'interdire la porte en cas de dettes accumulées. Déménager « à la cloche de bois » en évitant de les régler, être expulsé pour n'avoir pu le faire, donc dans les deux cas se retrouver à la rue, était le sort de nombreux locataires.

Sous le Second Empire, en 1854, une Société de subventions-loyer avait été créée par le ministère de tutelle des affaires sociales impérial[35], dans le but de permettre aux plus démunis de payer leur logement.

Les expulsions des locataires défaillants furent le point de départ, dans les années 1890, de la première manifestation ordonnée de résistance de locataires. Un locataire d'un immeuble parisien de la rue de Dantzig, Georges Cochon, refusa d'obéir à un ordre d'expulsion ; il constitua un regroupement de locataires, créa un syndicat dont la lutte contre les expulsions suivit un programme défini par son titre : Le Raffut de Saint Polycarpe. Le bruit, ou « raffut » fait autour de l'affaire amena l'Association de la Propriété Bâtie à proposer, lors de son Congrès de 1897, la constitution de caisses de subvention-loyer à cotisations mixtes.

La puissance du contrôle économique exercé sur les locataires de « petits logements » par leur propriétaire se transformait , par suite de la surveillance exercée sur eux, en un véritable contrôle social, amplifié parfois par le goût du pouvoir jusqu'à des formes de persécution déjà décrites sous la Monarchie de Juillet par Balzac :

> « Comme tous les Parisiens, Molineux éprouvait un besoin de domination, il souhaitait cette part de souveraineté plus ou moins considérable exercée par chacun, et même par un portier, sur plus ou moins de victimes (...) Il avait patiemment étudié les lois sur le contrat de louage (...) approfondi la jurisprudence qui régit les maisons à Paris dans les infiniment petits des tenants, aboutissants, servitudes, impôts, charges, balayages, tentures à la Fête Dieu (...) Ses moyens et son activité, tout son esprit passait à maintenir son état de propriétaire au grand complet de guerre. Un locataire devenait son ennemi, son inférieur, son sujet, son feudataire (...) Il regardait comme un homme grossier celui qui passait sans rien dire auprès de lui dans les escaliers. Il écrivait lui-même ses quittances et les envoyait à midi le jour de l'échéance. Le contribuable en retard recevait un commandement à heure fixe. Puis la saisie, les frais, toute la cavalerie judiciaire (...) Molineux n'accordait ni terme, ni délai, son cœur avait un calus à l'endroit du loyer. »

La méfiance envers le locataire n'était pas seulement due à la crainte de sa défaillance financière. Elle touchait à son comportement dans l'immeuble : le propriétaire enjoignait au concierge de surveiller les éventuelles déprédations. Les spécialistes de

---

[35] MULLER (E.), CACHEUX (E.).- *L'Habitation ouvrière, op.cit.*

la construction sociale connaissaient cette préoccupation constante, à laquelle une initiative restée isolée semblait pouvoir apporter le remède :

> « Le peu de soins de certains locataires pour leur logement sera une cause de dégradation pour la maison ; les loyers en seront élevés en conséquence, en sorte que les bons paieront pour les mauvais (...) On a pu, dans les maisons à étage, intéresser les ouvriers à la tenue de leur logement et les rendre propriétaires d'un petit pécule, comme l'a fait M.de Fuisseaux en distribuant à ses locataires, au prorata de la valeur de leur loyer, le produit net qu'il retirait de ses immeubles, après avoir prélevé un intérêt au taux de 5% pour indemniser le capital qu'ils représentaient »[36].

L'intéressement des locataires à l'entretien de l'immeuble eut peu de succès au sein de la Propriété Bâtie, qui continua de se plaindre, et d'augmenter les loyers.

La lutte contre le contrôle social.

Un dernier aspect de la méfiance du propriétaire, celui qui déclencha un mouvement de soutien aux locataires, fut le contrôle du comportement intime des personnes logées. Le contrôle moral, d'abord, qui ne réussissait pas toujours :

> « Quelle que soit la diligence du concierge à prendre des informations avant de louer, il sera souvent trompé par des propriétaires désireux de se débarrasser de locataires incommodes, et il admettra des gens pouvant gêner les autres ou avoir une mauvaise influence sur eux, surtout avec la législation française actuelle qui ne permet d'expulser un individu qu'au bout de trois mois[37]. »

Le contrôle physique, ensuite, qui était, lui, imparable. Pour éviter le surpeuplement et les nuisances de voisinage, les propriétaires de rapport décidèrent de ne plus accepter de familles de plus de deux enfants. En cas de fraude, ou de nouvelles naissances, la famille en infraction était expulsée.

La conjonction s'opéra alors entre les défenseurs de gauche des locataires et les défenseurs conservateurs des familles nombreuses.

Le Président de la Chambre Syndicale des propriétaires parisiens, M. Marc, sentit le danger de ces pratiques malthusiennes, devenues trop courantes pour ne pas engendrer des effets démographiques de grande ampleur dont s'inquiétaient déjà les milieux dirigeants soucieux d'encourager la natalité[38].

---

[36] MULLER (E.), CACHEUX (E.).- *L'Habitation ouvrière, op.cit.*

[37] *ibid.*

[38] STRAUSS (P.).- *Le foyer populaire, op. cit.*

Dès 1896, un mouvement nataliste s'était constitué autour de grands noms de l'hygiénisme ; Bertillon, Honnorat, Richet, Javal furent les premiers Présidents de cette Ligue pour la Vie, Alliance Nationale pour l'Accroissement de la Population Française. Ce mouvement se renforça du fait des constatations pessimistes des démographes. En 1901, le taux de natalité français était en effet un des plus bas d'Europe : 21,4 contre 28,7 en Grande Bretagne, 28,9 en Belgique, 33,3 en Italie et 35,6 en Allemagne. C'est d'ailleurs la comparaison avec ce dernier chiffre qui alarmait le plus les politiques : la ligne bleue des Vosges ne devait pas être submergée par la marée démographique allemande ; les nationalistes espéraient même la repasser un jour, dans le reflux vers les provinces annexées d'une population française rajeunie et revigorée...

En 1908, une Ligue se créa pour la Défense des Familles Nombreuses, dont le fondateur était le Capitaine Maire, et le Président Ambroise Rendu, du Conseil Municipal de Paris.
De 1909 à 1914, la Hiérarchie catholique fit une campagne, par la voix de nombreux évêques à la suite de Mgr Gibier, pour la natalité et la sauvegarde de la famille. Cette cause unit des éléments très variés de l'activisme catholique, patronat social à la suite de Harmel, mouvements démocrates comme le Sillon.

Une nouvelle fois, l'habitat populaire fut l'objet de réflexions pragmatiques et idéologiques sur les moyens d'assurer le logement des ouvriers et la sécurité matérielle et morale des familles. Teintées d'hygiénisme, de natalisme, de nationalisme, les théories pavillonnaires réapparurent, entremêlant thèmes anciens et problèmes nouveaux : le remplacement de la location par la propriété qui développe chez l'occupant le désir d'entretenir son petit domaine, le remplacement du collectif par le pavillon où la famille peut s'épanouir et se multiplier, se protéger des influences néfastes du voisinage comme du contrôle social des propriétaires et des concierges -des *Vautours* et de leurs *Cerbères*..

Chapitre quatrième

Le problème de la moralité ouvrière

L'avènement difficile de la Troisième République n'arrêta pas le conflit idéologique qui -au sein des milieux dirigeants- opposait les tenants du libéralisme pur ou de l'action spirituelle à ceux de la réforme, ni la montée des contestations globales égalitaires et prolétariennes.

Dans les années 1890, l'opposition monarchiste ultramontaine fut contrainte par le Pape Léon XIII[1] à abandonner son opposition constitutionnelle au régime républicain[2] ; bien que progressif, le « Ralliement » affaiblit la droite conservatrice monarchiste et l'échec des diverses tentatives de restauration d'un pouvoir autoritaire sembla démontrer l'absence de solution de rechange à l'ordre républicain établi. L'extrême gauche se renforçait au contraire, avec la naissance du socialisme parlementaire et du syndicalisme confédéré. Le centre rassembla ainsi une majorité d'hommes politiques conservateurs, marqués souvent par l'humanisme chrétien, pour qui la conquête électorale des masses était une nécessité croissante, et dont le libéralisme était ébranlé par l'impérieuse obligation d'intervenir pour offrir aux couches les plus défavorisées de la population des conditions de vie meilleures.

Toutefois, au sein du centre républicain, un clivage net séparait ceux qui, autour de Jules Ferry, souhaitaient éduquer le peuple dans la laïcité républicaine, de ceux qui, autour de Waldeck Rousseau, pensaient canaliser l'énergie revendicatrice en lui donnant des cadres institutionnels nouveaux[3], et apaiser le conflit de classes en homogénéisant les comportements sociaux.

La série de lois sur le logement social et l'accession à la propriété a reflété l'intention de ses auteurs, qui, de Siegfried en 1894 à Ribot en 1908, ont voulu restaurer les conditions d'un ordre moral fondé sur les valeurs terriennes traditionnelles de la France.

Période d'intense réflexion juridique sur la mutation de la société française, l'époque charnière entre XIX° et XX° siècle a vu s'opposer les partisans d'une émancipation économique du prolétariat restituant aux salariés des droits de citoyen qu'ils perdaient au seuil de l'entreprise[4], et ceux d'un réenracinement du prolétariat qui lui conférerait la forme ancienne de l'émancipation économique, le droit de propriété, générant un droit du sol qui, dans la législation romaine nourrice de la française, formait la base des libertés du citoyen.

---

[1] Léon XIII, Pape de 1878 à 1903, a vigoureusement recentré les préoccupations des catholiques sur les problèmes de leur temps. Il a notamment encouragé les fidèles à soutenir la reconnaissance des libertés populaires par l'Encyclique *Immortale Dei* de 1885, des libertés politiques par l'Encyclique *Libertas* de 1888, les droits économiques des travailleurs par l'Encyclique *Rerum Novarum* de 1891, autorisant les catholiques à former des associations professionnelles et demandant une législation protectrice des salariés.

[2] Après avoir, lors d'une rencontre à Alger avec le Cardinal Lavigerie, envoyé un message en ce sens aux catholiques français (1890), Léon XIII dut intervenir plus fermement en 1892, dans l'Encyclique *Inter Innumeras Sollicitudines*.

[3] En particulier dans un cadre réglementaire des relations du travail, dont la loi Waldeck Rousseau de 1884 organisant la représentation professionnelle syndicale était un élément majeur.

[4] Une bataille juridique s'engagea notamment autour de la mise en œuvre du Code du Travail, que les partisans de cette émancipation économique, autour de Millerand, voulaient pouvoir publier pour le centenaire du Code Civil, en 1904.

La « moralité » ouvrière, détruite par l'exode rural et la propagande révolutionnaire, en serait régénérée, selon les partisans de la propriété pavillonnaire qui, se fondant notamment sur les enseignements des enquêtes de Le Play et des expériences du patronat protestant, pensaient que la « question morale » ne trouverait sa solution que dans l'amélioration qui en découlerait pour les conditions de vie et la dignité sociale du travailleur.

LA « QUESTION MORALE ».

La « question sociale », omniprésente, n'était qu'une immense équivoque. A droite comme à gauche, des idéologues hostiles à l'analyse économique n'y voyaient qu'une question de religion et de régime politique : catholicisme et régime dynastique pour les uns, laïcité et républicanisme pour les autres. A droite comme à gauche, des extrémistes politiques la considéraient surtout comme une question socio-économique. Les différents courants traditionalistes estimaient que le mal venait du libre jeu des forces économiques, qu'il fallait remplacer par le contrôle moral, économique et social de « ceux qui savent » : élites religieuses, politiques et intellectuelles, élites économiques qui restaureraient le système séculaire de formation et de protection de l'Ancien Régime, et en particulier les corporations. Les collectivistes, partant de la même analyse des maux de l'époque, voulaient au contraire aller vers une société nouvelle, supprimant les classes en effaçant leur principe de discrimination : le droit de propriété et le droit d'exploitation qui lui était attaché. D'autres, tempéraments sociaux épars dans le champ des tendances, croyaient à la fois à la réalité des problèmes sociaux et à la possibilité de les résoudre sans toucher pour autant au cadre global de la vie socio-économique, en créant les conditions d'une adaptation progressive des malheureux et des révoltés au mode de vie et aux valeurs d'une société qu'ils ne rejetaient que parce qu'ils s'en voyaient exclus.

C'est ainsi que la « question sociale devint une question de « moralité ».

La contestation prolétarienne qui nourrissait le vote d'extrême gauche provenait d'un mal-être économique engendrant soit un avilissement et une déchéance, soit des comportements délinquants ou provocateurs, et dans les deux cas un rejet de la part des éléments bien intégrés dans la société. Le problème ainsi posé par les réformistes de juste milieu, notamment les orléanistes « ralliés » et les républicains humanistes qui se rassemblèrent autour de Waldeck Rousseau dans l'Alliance Démocratique, conduisait à une impasse si on envisageait une action contraignante répugnant à leur caractère libéral, et une intervention massive pour laquelle les moyens manquaient notoirement. Les objectifs étaient clairs mais semblaient hors de portée : faire accéder à un niveau de vie qui effacerait les stigmates économiques de l'exclusion, créer un mode de vie comparable à celui des autres couches de la population, fournir une forme d'autonomie et de liberté qui n'aurait plus à être revendiquée par l'action politique révolutionnaire. Il n'y avait du reste pas consensus sur le lien entre conditions de vie et « immoralité », s'il y en avait un pour dénoncer l'« immoralité ».

L'IMMORALITÉ IDÉOLOGIQUE.

On se souvient qu'Albert de Mun, dans le duel inégal entre le Cercle Franklin de Jules Siegfried et ses Cercles Catholiques d'Ouvriers, avait identifié la question sociale à la lutte entre le catholicisme et la révolution. Dès 1877, l'idée que le danger politique venait de la « moralité » ouvrière était ancrée dans l'esprit des conservateurs. La Commission chargée par l'Assemblée Nationale d'enquêter sur les conditions de travail en France avait du reste résumé les problèmes du monde ouvrier en une formule étonnante :

> « L'amélioration physique va toujours en grandissant, mais l'état moral va s'abaissant toujours et partout »[5].

L'état moral recouvrait différentes réalités selon que l'on se plaçait du point de vue de la religion, des bonnes mœurs, de l'ardeur au travail ou des opinions politiques.

La déchristianisation.

Pour les catholiques, on l'a vu, seule la rechristianisation pouvait entraver la marche des idées révolutionnaires. Le réencadrement religieux des masses ouvrières avait été entrepris avec zèle sous le pontificat de Pie IX, dans les Cercles Catholiques d'Ouvriers, par les Congrégations enseignantes, notamment les Frères des Ecoles Chrétiennes qui furent, après l'Encyclique *Rerum Novarum*, les promoteurs des syndicats « séparés[6] » de salariés catholiques.

Cet activisme explique la recrudescence symétrique de l'anticléricalisme militant républicain ; la bataille autour de la laïcité de l'enseignement populaire gratuit, au moment du vote de la loi Ferry, la bataille autour de l'autorisation des Congrégations, enfin la Séparation des Eglises et de l'Etat sous le Ministère Combes furent autant d'occasions pour les catholiques de déplorer les mœurs du temps, notamment la triste moralité des électeurs anticléricaux.
L'anticléricalisme correspondait à la volonté de donner libre cours aux revendications sociales endormies par la religion -que Voltaire appelait déjà en son temps « l'opium

---

[5] FAVRE (L.).- Rapport de la Commission pour l'étude des conditions de travail en France de l'Assemblée Nationale par son Secrétaire, cité in MUN (A., comte de), « La Question Ouvrière », *L'Association Catholique*, février 1877.

[6] Le Syndicat « séparé », par opposition aux syndicats mixtes englobant patrons et salariés d'une même entreprise ou d'un même métier que de Mun voulut sans succès imposer comme modèle lors du débat autour de la loi de 1884 sur les syndicats professionnels, fut difficilement accepté par les catholiques conservateurs ; une vive bataille d'interprétations eut ainsi lieu sur le sens de l'Encyclique *Rerum Novarum*.

du peuple ». Dans une intervention au lendemain du vote des lois sur l'enseignement laïque, Jaurès l'avait magnifiquement précisé :

> « Vous avez définitivement arraché le peuple à la tutelle de l'Eglise et à ses dogmes, vous avez interrompu la vieille chanson qui berçait la misère humaine, et la misère humaine s'est réveillée avec des cris. Vous avez concentré sur les revendications sociales tout le feu de la pensée, toute l'ardeur du désir ».

Bien que les grands noms catholiques de la politique soient peu intervenus en matière de logement social, on peut noter que tous les ténors de la politique pavillonnaire en cette première période de la Troisième République, de Jules Simon à Alexandre Ribot, furent des adversaires de la laïcité militante de Ferry ou de Combes. Le type de dessein intégrateur décrit par Le Play ou prescrit par les promoteurs du paternalisme mulhousien dont Siegfried était le successeur avoué ne pouvait d'ailleurs susciter l'adhésion ailleurs que dans des esprits humanistes au sens chrétien du terme.

L'esprit révolutionnaire.

Le retour en France d'un Guesde marxisé, publiant en 1877 une feuille collectiviste, *l'Egalité,* et en 1878 une brochure intitulée *Collectivisme et Révolution*, ne fut pas étranger au fait que, en 1879, au Congrès Ouvrier de Marseille, les syndicalistes se prononcèrent en faveur des thèses collectivistes.

Guesde et Brousse prirent la tête d'un mouvement syndical nouveau : la Fédération des Travailleurs Socialistes. En 1880, Gambetta arracha l'amnistie des Communards exilés. L'action révolutionnaire reprit et s'organisa ; Vaillant fonda un Comité Central Révolutionnaire. Les deux syndicats-partis ne recueillirent encore que 50 000 voix aux élections de 1881, et n'eurent aucun siège. Le rejet du réformisme opposa bientôt Guesde à Brousse selon qui il fallait « fractionner le but idéal, immédiatiser quelques-unes des revendications pour les rendre possibles ».[7]. Guesde se sépara en 1883 de la Fédération des Travailleurs Socialistes et constitua le Parti Ouvrier Français. Sept ans après, sous l'influence de la théorie de la grève générale comme de l'exemple revendicatif américain, sur la lancée de la célébration du Premier mai, Allemane rejeta à son tour le socialisme bourgeois et fonda en octobre 1890 le Parti Socialiste Ouvrier Révolutionnaire.

La progression des théories révolutionnaires au sein des formations politiques et des syndicats (car le Congrès de Lyon de 1886 approuva la lutte des classes) était bien le signe, pour les conservateurs, que l'état moral empirait de jour en jour. Aux élections de 1893, les socialistes obtinrent 18 sièges, dont la majorité pour des collectivistes ou des révolutionnaires : 6 guesdistes, 5 blanquistes parlementaristes, 5 allemanistes, et seulement 2 broussistes. L'anarchisme se développa, jusqu'à la Première Guerre Mondiale, et les attentats de Ravachol, Caserio ou Vaillant portèrent jusque sur les

---

[7] BROUSSE (Paul). Cité in CHEVALLIER (J-J.), *Histoire des Institutions Politiques, op.cit.*, p.426.

bancs de la Chambre le témoignage parfois meurtrier de la contestation politique la plus extrême.

L'IMMORALITÉ DES COMPORTEMENTS SOCIAUX.

La progression de l'esprit de révolte que traduisaient la désertion des lieux de culte et le vote à l'extrême gauche se manifestait naturellement dans la vie quotidienne sous la forme d'un rejet du conformisme social et de la désobéissance à l'égard de l'autorité, dont les chefs d'entreprise faisaient de plus en plus souvent l'expérience, et que les hygiénistes constataient en visitant les quartiers ouvriers des villes.

Le « moral » ouvrier.

Le Play avait démontré que, pour la plupart, les ouvriers des pays industrialisés européens étaient « révoltés contre le Décalogue et l'autorité paternelle[8]. » Il avait remarqué que le « moral » ouvrier -l'ardeur au travail, la productivité- était amélioré par les meilleures conditions de vie fournies par la propriété pavillonnaire.

Ces deux formes de comportement : discipline et ardeur au travail, faisaient place à la revendication et à la grève. Les conflits de travail prenaient des formes violentes et spectaculaires: en 1890, à Fourmies, la troupe intervint , en 1892, à Carmaux, une grève longue fut émaillée d'un assassinat et d'une tentative d'assassinat ; entre 1899 et 1901, la grève de Montceau-les-Mines et du Creusot prit une ampleur nationale, marqua les premiers refus du paternalisme, et se clôtura sur un arbitrage de Waldeck Rousseau lui-même, autorisant pour la première fois en France l'élection de délégués d'atelier.

Par ailleurs, sur les conseils du groupe de l'Avant-Garde, l'anarchisme était entré au sein des cadres syndicaux et, sous l'influence de Pelloutier, gagna les syndicalistes regroupés dans les Bourses du Travail.

Les incidents entre ouvriers catholiques et anticléricaux, entre « bons ouvriers » et « gréviculteurs », le harcèlement quotidien que s'infligeaient ces frères ennemis, créait désormais un climat de guerre larvée dans les grandes entreprises.

Il n'est donc pas étonnant que les soutiens les plus fermes de la politique pavillonnaire aient été des industriels, comme Siegfried, Cheysson ou Casimir-Perier, des juristes spécialistes des affaires criminelles comme Picot ou Ribot[9].

---

[8] D'après le titre de la sixième partie des *Ouvriers Européens* : « Les ouvriers de l'Occident, populations désorganisées, révoltées contre le Décalogue et l'autorité paternelle ».

[9] Ils furent l'un et l'autre Directeur des Affaires Criminelles au Ministère de la Justice.

L'immoralité des casernes ouvrières.

La même opposition entre « bons » et « mauvais » était perçue par les observateurs sociaux et les hygiénistes qui enquêtaient dans les quartiers ouvriers. Lors de l'enquête de 1896 sur les conditions d'habitat en France, dirigée par un des partisans de la politique pavillonnaire, Alfred de Foville, le Contrôleur des Contributions de Lille, qui avait rédigé une notice relative au département du Nord, précisait[10] :

> « L'habitation isolée relève le moral des familles et ranime les vertus du foyer. Dans l'habitation collective, c'est tout le contraire. Une promiscuité s'introduit dans les familles et devient une cause de désordre, d'insalubrité et de malpropreté. D'honnêtes familles vivent sous le même toit que des voleurs et des filles publiques. L'ouvrier laborieux et honnête s'y décourage et se révolte contre l'état social dont il se croit la victime ».

Le lien est ici tout naturellement fait entre les mauvaises conditions de vie et la révolte politique ; un avertissement supplémentaire est donné : même le « bon » se révolte, s'il ne peut se différencier du « mauvais ». Or la possibilité de se différencier et donc d'échapper à l'inévitable assimilation aux révoltés existe ; le même enquêteur l'indique clairement :

> « Dans le Nord, la situation de l'ouvrier est bonne. Le plus pauvre peut se procurer le luxe d'une habitation particulière. Sans doute, la maison est petite et modeste, mais si le mari a le goût du travail et le sentiment du devoir, si la femme est économe et laborieuse, l'humble logis ne tarde pas à changer d'aspect. C'est une proie de moins pour le logeur et le cabaret ».

Quelques années plus tard, l'étude d'un hygiéniste[11] donne une indication similaire :

> « Pour consentir à loger (dans les cités ouvrières collectives de Paris), il faut que le père de famille soit réduit au dernier dénuement. Telle est l'immoralité de ces agglomérations que la mère, en vous parlant de ce logement, s'excuse spontanément d'y être venue habiter ».

La formule est éclairante : visiblement, la mère de famille chez qui est venu l'hygiéniste tient à se séparer de ce qui est immoral dans son voisinage, et se considère donc elle-même comme « morale ». Ayant affaire à un économiste ou à un médecin, à un bourgeois donc, elle essaie de prévenir un mépris différenciateur qu'elle devine chez lui. Elle souffre de l'extrapolation qu'il pourrait faire : un malhonnête, tous malhonnêtes, un alcoolique, tous alcooliques.

---

[10] SAINT-PAUL, « Notice sur les maisons - type de Lille et des autres villes du département du Nord », *Enquête sur les conditions d'habitat en France,* Ministère de l'Instruction Publique, Paris, 1886, p.35.

[11] JOURDET (E.).- *Les H.B.M.*, Paris, Dujarric, 1906.

La maison individuelle peut apparaître comme un refuge : au moins n'y est-on pas marqué au front du signe des parias, au moins y est-on responsable de soi-même, au moins peut-on compenser, par le soin que l'on prend de sa maison, le handicap que le statut socioprofessionnel pourrait constituer pour accéder au standing social que l'on souhaiterait atteindre.

La question de la moralité ouvrière peut donc trouver dans l'habitat individuel une solution partielle et non contraignante. En permettant aux « bons ouvriers » d'exprimer et de satisfaire leur désir naturel de mieux-être, on leur démontre l'inanité des doctrines révolutionnaires tout en leur offrant l'occasion de s'identifier individuellement aux couches sociales auxquelles ils auraient aimé appartenir. Restent exclus ceux qui « le veulent bien » ; la réforme s'adressera à ceux qui ne le veulent pas, dont le souhait d'intégration à peine formulé ne demande pour s'épanouir que l'outil concret qui lui manque. On n'*embourgeoise* pas le prolétaire, on ne fait que faciliter à celui qui y aspire une amélioration des conditions de vie vécue comme une ascension sociale.

LA RESTAURATION DU BIEN-ÊTRE.

Les idéologues pavillonnaires ne songeaient pas seulement au rétablissement des valeurs morales grâce à la reconstitution des liens familiaux ; ils savaient que cette reconstitution n'était possible qu'à partir d'un certain niveau de bien-être économique, difficile à atteindre dans les conditions normales du marché pour une famille ouvrière, surtout dans les grandes villes, et impossible pour les familles nombreuses.

La solution, déjà élaborée par Fourier pour la cité ouvrière garantiste, avait été mise en pratique avec succès à Mulhouse : l'éloignement du centre-ville, dans des conditions de confort qui le compenserait. Cette solution, mise spontanément en pratique par l'immigration ouvrière, aboutissait, comme on l'a vu, à une ségrégation concentrique pénalisante du fait des mauvaises conditions de la colonisation immobilière prolétarienne. La location de petits logements urbains était devenue très coûteuse et socialement contraignante ; l'exemple anglais de subventions-loyer municipales, malgré quelques tentatives, n'avait plus été suivi en France depuis les expériences faites sous le Second Empire. Pour les plus démunis, l'exil vers des zones lointaines et donc moins touchées par la spéculation foncière était devenu obligatoire.

Il s'agissait donc, par une intervention paternaliste, d'inverser l'image de la relégation banlieusarde pour en faire un refuge bienfaisant.

L'ÉLÉVATION DU NIVEAU DE VIE PAR L'HABITAT SUBURBAIN.

L'habitat pavillonnaire, malgré son prix de revient élevé, devait permettre une réelle élévation du niveau de vie de la famille ouvrière, grâce au coût plus modique de la vie en zone suburbaine et aux économies réalisées de ce fait.

Vivre mieux à meilleur prix.

Si les petits salariés se portaient spontanément vers les zones suburbaines, le prix des terrains n'était pas seul en cause : du fait de l'octroi[12], le prix des matériaux de construction, celui des denrées de consommation, bref, l'ensemble du coût de la vie y était moins cher qu'en ville.

Dès 1811, Napoléon Ier avait relevé la coïncidence :

> « L'influence de l'octroi est forte sur l'évolution de la croissance des banlieues prolétariennes »[13].

Dans ses mémoires, le Préfet Rambuteau nota que les communes limitrophes se peuplaient rapidement, malgré la pauvreté des municipalités due à celle de leurs administrés et l'absence consécutive d'infrastructures urbaines de voirie et de services, tandis que de vastes espaces étaient laissés en friche en deçà du mur d'octroi.

Toutefois, l'achat ou la construction d'un pavillon aurait exercé une trop forte ponction sur les revenus actuels ou futurs des familles démunies, si elles avaient tenté d'emprunter à cet effet, d'autant que le seul prêteur auquel elles auraient pu s'adresser aurait été l'usurier. Ce manque d'argent, négligé par les théoriciens, était fort présent à l'esprit des candidats à la propriété, comme les auditeurs des conférences de Jules Siegfried le lui firent remarquer ; alors qu'il célébrait les bienfaits de l'acquisition d'un pavillon, une voix cria de la galerie[14] :

> « Et la galette ? »

---

[12] La taxe d'octroi était perçue par les communes sur l'introduction dans leurs murs de denrées destinées à la consommation locale. Existant dès le XIII° siècle en France, ces taxes furent supprimées en 1791, puis rétablies au profit des municipalités. Plusieurs communes les abrogèrent pendant l'entre-deux-guerres ; elles furent définitivement abolies en 1948.

[13] Réponse de l'Empereur Napoléon Ier au Conseil d'Etat sur la question de l'annexion des communes limitrophes de Paris en 1811, citée dans le *Rapport de la Commission d'Extension de Paris, Aperçu historique*, Paris, Chaix, 1913.

[14] Anecdote rapportée par l'un des auteurs de lois pavillonnaires, le conseiller municipal parisien, puis sénateur Paul Strauss dans son livre sur *Le Foyer Populaire, op.cit.*

Ce rappel opportun de la faiblesse des ressources populaires montra aux législateurs pavillonnaires la nécessité d'une aide à l'accession à la propriété.

Après l'institution du Crédit Immobilier par la loi Ribot de 1908, la littérature publicitaire qui se développa avec la fonction de lotisseur reprit les thèmes de la banlieue, zone économique :

> « La banlieue n'est pas chère : les vivres, l'entretien, la toilette, y sont bien moins coûteux qu'à Paris ; le luxe lui-même y exige moins de frais. L'octroi n'y vient pas frapper à tout instant vos œufs, votre gibier, votre alcool, vos volailles ; le chauffage est sensiblement plus économique. Quant à l'éclairage, le gaz, qui vaut quatre sous à Paris, est presque partout tarifé à trois sous dans les environs. L'électricité elle-même descend de sept centimes à six centimes l'hectowatt. Mais surtout le loyer, ou son équivalent si vous êtes propriétaire de votre maison, deviendra votre grosse économie, ai-je besoin d'insister à ce sujet ? Tout le monde sait que dans la banlieue on est mieux logé pour moins d'argent. Faire construire soi-même son pavillon ou sa villa, tel est en effet le vrai but à atteindre pour tout esprit qui comprend bien l'économie[15]. »

Acquérir l'esprit d'économie.

Le fait même d'habiter un pavillon fait « comprendre l'économie » à son occupant, et lui permet de constituer une épargne, destinée d'abord à payer les annuités du crédit, puis à d'autres achats importants qui n'auraient pu être faits sans l'habitude prise de « mettre de côté ». C'est l'un des bienfaits décrits par Le Play dans ses enquêtes. C'est très exactement l'un des attendus de l'éloge fait par Picot[16] de l'œuvre de la Société Mulhousienne :

> « En rendant l'ouvrier propriétaire (elle) lui a fait comprendre le but de l'épargne, lui a donné avec le goût de la propriété l'habitude des efforts persévérants et féconds ».

Les hygiénistes favorables à la législation pavillonnaire insistaient sur le même point :

> « L'appât de la propriété est tel chez l'homme, et surtout chez les Français, que la perspective de devenir possesseur d'une habitation développerait chez l'intéressé le goût de l'économie[17]. »

---

[15] CHARLEUX (A.).- *Préface* à TRANCHANT (M.).- *L'habitation du Parisien en Banlieue*, Paris, 32 Bd Montparnasse, 1908.

[16].PICOT (G.).- *Rapport du Jury des Habitations Ouvrières,op.cit*

[17] JOURDET (E.).- *Les H.B.M., op.cit.*

Toutefois, ce mieux-être économique intéressait surtout nos humanistes en ce qu'il devait se doubler d'un mieux-être physique et moral.

LE MIEUX-ÊTRE DU PAVILLONNAIRE.

Si le goût de l'économie vient au propriétaire de pavillon, les économies qu'il peut faire sont liées à l'exploitation même de son petit bien. Les efforts d'entretien de la maison et de jardinage portent une double récompense : l'amélioration du bol alimentaire et des conditions d'habitat, mais aussi une forme nouvelle de loisir sain et familial, impossible à pratiquer dans les taudis parisiens.

L'amélioration de l'hygiène familiale.

Le premier aspect de l'amélioration des conditions de vie par l'habitat pavillonnaire frappe les yeux en premier lieu : grâce aux dimensions de la maison, à la présence du jardin, c'est un logement où pénètrent l'air et le soleil, et c'est ce à quoi avait pensé le patronat mulhousien :

> « L'idée nouvelle qui s'est produite en Alsace a été de tirer les ouvriers de la grande industrie des maisons collectives où ils vivaient entassés avec peu de lumière dans un air vicié, pour les conduire aux environs de la ville et les loger dans des maisons individuelles et salubres[18]. »

Jean Dollfus avait préconisé cette déconcentration[19] dès 1856 :

> « Alors que le terrain valait 50 à 60 francs le mètre à l'intérieur de Mulhouse et imposait de par son prix des immeubles à étages, en s'éloignant des vieux quartiers où l'on se dispute l'air et la lumière, et en en fondant de nouveaux, qui feront avec le temps de petites villes dans les meilleures conditions de salubrité, on peut avoir du terrain à 1 et 2 francs le mètre. »

Là encore, les hygénistes du début du XX°siècle[20] se firent l'écho de leurs lointains prédécesseurs :

> « Je n'hésite pas dans mon choix : je préfère la maison individuelle avec un petit jardin (...) L'habitation individuelle sera toujours plus saine que la maison collective, parce que les agglomérations humaines établissent entre les êtres qui la composent des contacts favorables à la transmission des maladies et épidémies(...) L'ouvrier qui a travaillé tout le jour dans une ville comme Paris éprouvera un

---

[18] PICOT (G.).- *Rapport du Jury des Habitations Ouvrières,op.cit*

[19] DOLLFUS (J.), « L'expérience des logements ouvriers à Mulhouse », *Bulletin de la Société Industrielle de Mulhouse*, 1856, cité in BENOIT-LEVY (G.).- *L'Habitation ouvrière, op.cit.*

[20] JOURDET (E.).- *Les H.B.M., op.cit.*

grand bien être à venir se reposer le soir dans une maisonnette entourée d'un jardin au milieu d'un air moins vicié que celui de la capitale. Les enfants y prendront un air plus pur au lieu de courir dans la rue ou de s'anémier dans un logement ».

Les lotisseurs suivaient de près le discours des hygiénistes :

> « Car rester à Paris, c'est fatalement s'astreindre à habiter de vieilles maisons, les seules abordables, mais aussi les seules qu'on ne voudrait pas habiter à cause de leur manque d'hygiène. Ici la question économique se double d'une question de salubrité. Quels taudis, en effet, quels cloaques que ces vieilles maisons de Paris ! Des fenêtres qui ouvrent sur des cours noires, des chambres remplies de vermine, des couloirs crasseux, des plafonds bas (...) L'eau est sur le palier, les W.C. indescriptibles sont dans l'escalier. Sans cesse des odeurs fétides échappées des plombs et des égouts règnent dans ces tristes logis (...) Pas d'air, pas de soleil. Et bien souvent la lampe doit être allumée en plein midi ! Dans la *Presse Médicale* du 16 octobre dernier (1907), un hygiéniste établissait que, avec la forme actuelle donnée aux immeubles, le renouvellement de l'air, souvent insuffisant sur rue, devenait presque nul dans les cours. Hélas ! Pour assurer cette circulation aérienne, pour remédier au mal actuel, c'est Paris tout entier qu'il faudrait démolir ! Ainsi, le souci de l'hygiène et de l'économie commande en quelque sorte à tout chef de famille prévoyant de quitter Paris et d'installer son foyer à la campagne, c'est-à-dire dans la banlieue : là seulement il pourra satisfaire à ce besoin social d'être son propriétaire, là seulement il trouvera son repos physique et moral.[21] »

Les loisirs familiaux et sains du pavillonnaire.

Il s'agissait donc de créer de petites villes pavillonnaires suburbaines, villes salubres, procurant aussi un mode de vie salubre.

Le Play avait déjà indiqué que l'entretien de la maison, et donc le maintien de sa salubrité dans le temps, était assuré volontairement, par plaisir, par l'ouvrier propriétaire. Locataire d'une cité en ville, le même ouvrier aurait probablement subi les reproches des hygiénistes et des logeurs pour le peu de soin qu'il aurait pris de son habitat comme de celui des autres..

Le loisir devenait source d'économie au lieu d'être source de dépenses.

Les premiers spécialistes de la construction sociale le soulignaient avec satisfaction :

> « Quant au spectacle de la rue, à la participation aux plaisirs souvent malsains des grandes cités, ces avantages pouvaient-ils entrer en ligne de compte avec les

[21] CHARLEUX (A.).- *Préface* à TRANCHANT (M.).- *L'habitation du Parisien en Banlieue*

agréments du séjour à la campagne, dont le principal sans doute pour un ménage d'ouvriers sera la culture d'un petit jardin qui fournira une bonne partie des légumes nécessaires à son alimentation et qui donnera de l'occupation au père de famille à ses moments perdus[22] ».

De ce fait, comme l'avait indiqué Le Play, les liens de la famille se resserreraient, et la moralité du père de famille s'améliorerait : l'alcoolisme déclinerait, l'hygiène de la famille, au bon air, mieux nourrie, plus heureuse, s'opposerait à ce qu'elle tombe dans la misère du fait de la maladie et des dépenses inconsidérées.

> « L'ouvrier habitant à lui seul une petite maison réalise par le fait une certaine économie, un logement sain et confortable le retient à son foyer (...) Il bêchera, plantera, sèmera, récoltera quelques légumes et des fleurs. L'ouvrier n'ira plus ou presque plus au cabaret, la femme en éprouvera une grande satisfaction, les enfants se porteront mieux, moins de sujets de discussions ou d'inquiétudes dans la famille ; moins de maladies, moins de temps perdu, et en plus des économies réelles et du contentement. Est-ce que tout cela ne balancera pas largement la petite retenue faite sur le salaire de l'ouvrier ? »[23]

La réponse ne pouvait être que positive, à condition toutefois que la retenue sur salaire restât petite. Pour cela il fallait une contribution extérieure, patronale ou philanthropique ; nous avons vu qu'elle était largement insuffisante pour répondre aux besoins des « nouveaux citadins » peu fortunés. Le désir politique d'améliorer « l'état moral » des masses allait pousser les libéraux à développer une intervention plus globale en faveur de l'accession populaire à la propriété pavillonnaire.

LE RETABLISSEMENT DE LA DIGNITE DE CITOYEN.

L'amélioration matérielle des conditions de vie de la famille ouvrière, la restructuration des liens familiaux n'étaient pas le seul but des humanistes chrétiens, bien que cette amélioration constituât pour eux le socle indispensable à la refondation des bases sociales. En effet, une fois la famille réorganisée, les théoriciens pavillonnaires espéraient faire d'elle la pierre de touche d'une société réfractaire aux idées de révolution, de collectivisme, d'internationalisme de classe.

Cet alignement du prolétariat sur la paysannerie conservatrice, ou, mieux, sur les classes moyennes souhaitées par Proudhon, lui rendrait sa place au sein de la nation, tout en lui conférant, par l'état de propriétaire, des droits à la considération sociale légitimés par le vieux principe du droit du sol, et par le mécanisme en vigueur avant 1848 de l'électorat censitaire.

---

[22] MULLER (E.), CACHEUX (E.).- *L'Habitation ouvrière, op.cit.*

[23] JOURDET (E.).- *Les H.B.M., op.cit.*

LE RENOUVEAU DE LA MORALITÉ POLITIQUE.

La définition de la moralité politique comme conformité aux valeurs conservatrices offrait plusieurs variantes.

Pour les catholiques libéraux, il s'agissait de restaurer des comportements sociaux détruits par la nomadisation prolétarienne et la diffusion de doctrines « immorales » au sein des les classes dirigeantes ; Le Play le précisait clairement[24] :

> « Les populations stables et simples qui offrent les meilleurs modèles de bonheur fondé sur la paix sociale ont pour le lieu natal un dévouement sans bornes. Ce sentiment est développé peu à peu par l'enseignement journalier des parents dépositaires de la loi morale, gardiens du tombeau, des images, des noms et des traditions des ancêtres. Les populations compliquées et agglomérées dans les villes où les parents ne peuvent plus remplir tous les devoirs ne sont pas en cela totalement dépourvues. Tant que la loi morale conserve son empire sur les classes dirigeantes, celles-ci, secondées par les ministres de la religion et de la souveraineté, s'appliquent avec succès à perpétuer dans les âmes l'amour spontané du foyer domestique ».

Le développement de l'anticléricalisme et du socialisme parlementaires montrait suffisamment que la loi morale avait perdu son empire sur les classes dirigeantes. C'était donc uniquement à travers la transformation de ceux qui portaient au pouvoir ces gouvernants pervertis que l'on pouvait éradiquer l'ivraie politicienne, grâce à la reconstitution de la cellule sociale de base, la famille, par le biais de l'accession à la propriété, c'est-à-dire d'un fragment de « société stable et simple » qui se reproduirait progressivement à l'infini pour finalement aboutir au renouveau de la société toute entière.

La reconstitution d'une société stable.

Réenraciner le prolétariat né de l'exode rural, fixer la nomadisation de l'ouvrier parcourant le territoire en quête de meilleures conditions d'embauche étaient le but commun des paternalistes politiques et industriels.

Ce n'est pas sans raisons qu'Engels s'opposait à cet enracinement prolétarien et justifiait le nomadisme comme arme de l'ouvrier en cas de baisse de salaires locale ; en retard sur leurs homologues germaniques, les ouvriers français étaient assez attachés à leur région, encore trop peu cependant aux yeux des chefs d'entreprises de main d'œuvre, et, en premier lieu de ceux des industries métallurgiques et minières.

Du fait de son influence sur le Corps des Mines, Le Play avait converti nombre de gestionnaires de ces Compagnies, le plus connu de tous étant Emile Cheysson,

[24] LE PLAY (F.).- *La Méthode Sociale, op.cit.*

Directeur des usines du Creusot, qui, on l'a vu, y développa un système pavillonnaire. De même, le propriétaire des mines d'Anzin, Casimir-Perier, rompant avec la tradition de son établissement qui était de construire des logements collectifs, des corons-prisons, instaura une politique d'accession à la petite propriété et de crédit à la construction individuelle. En 1888, plus d'un million et demi de francs avait été prêté par son administration aux ouvriers d'Anzin[25].

Les hygiénistes et observateurs sociaux insistaient sur cet objectif :

> « Si l'instabilité de l'ouvrier paraît un obstacle à l'établissement de maisons individuelles dont il serait le propriétaire, en revanche, l'établissement de ces maisons tendrait beaucoup à favoriser la stabilité de l'ouvrier et l'avantage qui en découlerait serait très important pour tout le monde[26] .»

L'enracinement pouvait dépasser l'enceinte de l'usine : du patriotisme d'entreprise au patriotisme tout court, il n'y avait qu'un pas. Les pavillonnaires des années 1890 voyaient là un des mérites pionniers du patronat protestant alsacien :

> « En rendant l'ouvrier propriétaire, la Société Mulhousienne a rendu un grand service. Elle a fixé l'ouvrier nomade, l'a attaché à son pays[27]. »

L'attachement au terroir se développa dans la période charnière entre XIX° et XX°siècles, sans doute davantage dans l'intelligentsia que dans le peuple malgré la popularité de l'école barrésienne. Rétablir le lien à la terre oublié par le paysan devenu ouvrier permettrait, pensait-on, de lutter contre l'internationalisme, l'antimilitarisme et le pacifisme syndical et socialiste.

La revitalisation de l'instinct de propriété.

L'enracinement n'était pas le seul effet attendu de la ruralisation du prolétariat. L'ouvrier devait recevoir du paysan son goût pour la propriété, et en devenir le défenseur. Les économistes sociaux ne faisaient pas mystère de leur désir de revitaliser l'instinct populaire de l'acquisition et de la conservation de biens :

> « Les ouvriers propriétaires ont acquis quelques-unes des qualités des petits propriétaires ruraux, avec moins d'âpreté au gain et plus d'ouverture d'esprit. Ils ont dit : ceci est à moi, et ils se sont transformés[28]. »

---

25 PICOT (G.).- *Rapport du Jury des Habitations Ouvrières, op.cit*

26 JOURDET (E.).- *Les H.B.M., op.cit.*

27 PICOT (G.).- *Rapport du Jury des Habitations Ouvrières, op.cit*

28 BAUDRILLART (H.).- *L'amélioration des logements d'ouvriers, op.cit.*

L'école mulhousienne, on l'a vu, souhaitait réveiller en l'ouvrier :

> « cet instinct de propriété que la Providence a mis en nous ».

A la fin du siècle, on voulait utiliser cet instinct pour contrer le collectivisme. Ainsi, l'étude du Morcellement, c'est-à-dire les suites de la stratégie de diffusion de la petite propriété fonciere lors de la Révolution, suggéra ces lignes au Directeur du Bureau de la Statistique du Ministère des Finances, Alfred de Foville[29] :

> « Ceux qui, ne possédant rien et pour cause, condamnent le droit de propriété, ne voulant voir dans le propriétaire qu'un usurpateur, réclament pour commencer la confiscation des biens, et pour finir la nationalisation de la terre. Lorsque l'un d'eux se réconcilie avec la propriété, c'est que le hasard un beau jour l'a fait lui-même propriétaire. Il est clair que plus la propriété sera divisée en France et ailleurs, moins il y aura de chances de voir triompher ces subversives doctrines ».

Substituer au hasard l'action paternaliste était l'objectif que les catholiques sociaux, une fois reçue l'autorisation papale de travailler à nouveau à des œuvres concrètes, se proposèrent en tirant les leçons d l'Encyclique *Rerum Novarum*[30] :

> « Le grand mal de notre époque est que le prolétariat n'est pas incorporé à notre société, mais qu'il y est simplement campé. Il cessera d'être révolutionnaire dans la mesure où il deviendra propriétaire. »

---

[29] FOVILLE (A.de).- *Le Morcellement,, études économiques et statistiques sur la propriété foncière*, Paris, Guillaumin, 1885. A.de.Foville (1842-1913). Polytechnicien, auditeur au Conseil d'Etat, il entra au Cabinet du Ministre des Finances en 1871, puis au Bureau du Personnel du ministère. Couronné par l'Institut pour un *Mémoire sur les Causes des Variations des Prix* en 1873, il entama une collaboration régulière à *l'Economiste Français*. Il entra au Cabinet du Ministre des Finances Léon Say en 1876, puis dirigea de 1877 à 1893 le Bureau de Statistique et de Législation comparée fondé en 1877, dont il lança le *Bulletin*. Nommé Directeur des Monnaies et Médailles en 1893, il créa un Rapport annuel sur la circulation des monnaies et métaux précieux ; il finit sa carrière comme Conseiller Maître à la Cour des Comptes en 1900. Il exerça en parallèle de multiples fonctions : Professeur au Conservatoire des Arts et Métiers, à l'Ecole Libre des Sciences Politiques, fondateur et Vice-Président de l'Institut International de Statistique, membre de l'Académie Française et de l'Académie des Sciences Morales et Politiques où il succéda à Georges Picot comme secrétaire perpétuel. Il dirigea une *Enquête sur les conditions de l'habitation en France* publiée en 1894 et 1896, dont il rédigea l'Introduction.

[30] TIBERGHIEN (M.l'abbé).- *L'Encyclique Rerum Novarum, commentaires de M.l'abbé Tiberghien*, Paris, 1891.

LES DROITS DU CITOYEN PROPRIÉTAIRE.

L'instinct, ou l'amour de la propriété ne sont pas des sentiments gratuits. La propriété donne des droits, variables avec le type de législation en vigueur, mais qui sont de toute manière des droits à la liberté, et à la reconnaissance sociale.

Droit de propriété et autonomie du citoyen.

La détérioration des rapports logeur/logé avait peut-être fait ressurgir chez les occupants de petits logements la volonté d'autonomie constatée chez les paysans par Foville dans son étude sur le Morcellement. Il y définissait ainsi l'esprit français du « chacun chez soi » :

> « Lors de la nouvelle évaluation de la propriété bâtie, il ne s'est pas rencontré moins de deux mille deux cent soixante dix communes où la pratique du « chacun chez soi » est poussée si loin qu'on n'a pas pu y découvrir une seule propriété imposable qui fût louée (...) Et sans doute la raison première en est l'amour instinctif ou raisonné du paysan pour cette forme particulière de l'indépendance personnelle qui consiste à ne pas avoir de loyer à payer. Payer son terme n'est pour personne une formalité agréable ; mais le citadin, même aisé, même riche, estime souvent qu'il est plus libre avec un appartement loué pour trois, six, neuf années, qu'avec un immeuble à lui. Il peut même y trouver de l'économie. Pour le paysan aussi, la location serait souvent avantageuse (...) Jacques Bonhomme aime mieux emprunter quinze cent francs moyennant un intérêt annuel de soixante-quinze francs, sinon plus, pour acquérir un gîte dont le loyer restera à sa charge, que de donner trente ou quarante francs pour en jouir purement et simplement (...) Y a-t-il là quelque ressouvenir des vieilles rancunes féodales ? le paysan français trouve peut-être *moins compromettant pour sa dignité de citoyen* d'avoir à payer des intérêts à un bailleur de fonds , fût-ce un usurier, que d'avoir à servir un loyer ou fermage à un propriétaire foncier. »

Que la dignité du citoyen soit liée à sa faculté de se soustraire à la vue, au voisinage, à la censure, cela semble inscrit dans la tradition de murs clos des propriétés françaises.

Ce fut en tous cas un cheval de bataille des littérateurs moralistes pour qui la maison se devait d'être le mur de pierre de la famille, comme celui de la propagande commerciale telle que la concevait, par exemple, le rédacteur en chef de *La France Immobilière*[31], et de la littérature populaire consacrée au culte de la maison.

---

[31] M.Guérin, rédacteur en chef de *La France Immobilière*, avait fait mettre en exergue du titre de sa revue une maxime leplaysienne.

Sous ce titre, un prêtre breton[32] publia un opuscule assez apprécié pour atteindre au moins la troisième édition que nous avons consultée. De l'Antiquité aux années 1920, l'auteur cherchait à démontrer, par des exemples littéraires et historiques, que *la maison* était le seul lieu où la famille pouvait s'épanouir dans une atmosphère saine et libre, grâce à la propriété. Démarquant Le Play, il dépeignait ainsi la situation du proverbe « Charbonnier est maître chez soi » :

> « C'était jadis la coutume : presque chaque famille avait sa demeure où habitaient en paix le père, la mère et les enfants. Le père était vraiment maître chez lui, nul ne franchissait son seuil sans sa permission. Aucune menace de concierge, aucun exploit d'huissier, aucune visite indiscrète de locataires éventuels ne venait le troubler. Nul ne pouvait l'arracher à sa demeure et *l'inviolabilité de son domicile garantissait sa liberté et celle de sa famille. »*

Liberté, autonomie, indépendance étaient aussi les termes employés par les moralistes de la fin du XIX° comme Henri Baudrillart :

> « L'ouvrier que le mot communauté peut séduire avec les promesses qui lui servent de commentaire, y répugne profondément dans la pratique. Le phalanstère lui-même, lui donnât-il toutes les délices qui doivent l'accompagner, ne remplacerait pas pour lui l'indépendance perdue[33]. »

Droit de propriété et droit du citoyen.

Les historiens et les juristes de l'époque avaient beaucoup réfléchi au problème de la citoyenneté, frappés par l'émergence des doctrines internationalistes et l'exemple de la Commune.

Augustin Thierry, dans son *Essai sur l'histoire de la formation et des progrès du Tiers Etat,* opposait la « liberté romaine conforme au droit naturel » à la « liberté noble », tissu de privilèges lié au droit de conquête.

Cette idée de l'égalité des droits, reconnue par la Déclaration française des Droits de l'Homme et du Citoyen, était notamment combattue, même si l'objet principal de leurs publications était autre, par l'historien Fustel de Coulanges et le juriste Ernest Glasson, ce dernier étant d'ailleurs leplaysien.

Dès 1864, en publiant *La Cité Antique*, Fustel de Coulanges avait rappelé combien la liberté individuelle y était liée à la possession d'un foyer, lieu de célébration du culte ; famille, religion, propriété, étaient chez les Romains ce tout indissociable vanté par Le Play, qui faisait de l'homme un citoyen. Par la suite, les travaux de généalogie

---

[32] ROUZIC (M. l'abbé).- *La Maison*, Paris, Téqui, 1924, 3° édition.

[33] BAUDRILLART (H.).- *L'amélioration des logements d'ouvriers, op.cit.*

juridique de Fustel de Coulanges, dans son *Histoire des institutions de l'ancienne France* de 1892, et d'Ernest Glasson, dans son *Histoire du droit et des institutions de la France* de 1896 ont montré la filiation entre droit romain et droit français en ce qui concerne le caractère inégalitaire des libertés, nées de la conquête (donc de la force), du talent ou de l'habileté de l'acquéreur de propriété.

Permettre l'accession à la propriété revenait donc en fait à corriger sur les effets économiques de l'inégalité les dégâts dus à leur cause, et rendre égaux ceux qui ne l'étaient pas..

A ce débat faisait écho celui des hommes politiques qui s'interrogeaient sur l'attitude à prendre à l'égard de l'héritage de la Révolution Française. La ranger dans les affaires classées comme Guizot, ou la prolonger comme l'aurait souhaité Michelet ? Refuser les débordements sanglants de la Terreur ou admettre, comme les radicaux clemencistes, que la Révolution est un bloc ? Dès les élections de 1881, ces derniers proposaient l'extension des droits des citoyens de seconde zone qu'étaient les petits salariés, selon la formule célèbre[34] :

> « Vous voulez éviter 93 ? hâtez-vous de faire 89 ! »

Pour les catholiques traditionalistes, il était au contraire évident qu'il fallait restaurer l'idée ancienne, donc inégalitaire, de la propriété, et compenser cette inégalité par le patronage néoféodal de l'employeur ou du notable.

C'est ainsi que le Secrétaire de la Société des Propriétaires Chrétiens, fondée en 1871, s'adressant à un public d'industriels et de propriétaires fonciers du Nord[35], décrivait la lutte entre propriété et collectivisme :

> « On s'en prend au droit de propriété, et la bataille est engagée entre les ennemis de la richesse privée et les possesseurs de capital. Jusqu'à présent, toutefois, nous n'avons pas fait grande attention à cette crise épouvantable. Nous étions occupés à défendre nos droits religieux sans penser peut-être assez à la connexité étroite qui unit la question de la propriété à la question religieuse. Le collectivisme ne paraît pas applicable à un territoire de 36 millions d'habitants. Comment en effet espérer maintenir l'égalité sociale entre un si grand nombre d'hommes inévitablement inégaux par toutes leurs tendances ? Nous ne croyons donc pas à la possibilité, encore moins à la durée, du régime de la propriété indivise entre tous les Français. Mais alors, si nous nous prononçons forcément en faveur de la propriété divisée, nous admettons par suite ses conséquences hiérarchiques : la consécration de l'autorité du propriétaire, la responsabilité de ses commande-

---

[34] BAYET (A.).- *Le radicalisme*, Paris, 1932.

[35] YVERT (Comte).- *L'autorité et la propriété*, Conférence faite devant l'Assemblée Générale des Catholiques du Nord et du Pas de Calais, Paris, Société des Propriétaires Chrétiens, 1883, pp.2–7.

ments, de ses jugements, et de leur exécution. Ne l'oublions pas, les dispensateurs du pouvoir officiel sont forcément les ennemis de l'ordre, parce qu'ils représentent une organisation contre nature. Ils ne veulent pas du collectivisme, et les collectivistes les détestent comme mettant obstacle à la réalisation de leur plan ; d'autre part, ils nient l'autorité du propriétaire, et celui-ci voit en eux des spoliateurs de plus en plus envahissants. Le propriétaire et le prolétaire sont faits pour s'entendre et se rapprocher, et c'est la politique du patronage fondé sur la propriété privée qui peut seule opérer cette union. »

Ainsi, la taille du territoire s'opposerait au collectivisme comme elle s'opposait à la démocratie directe imaginée par Rousseau ; l'Etat-Providence ne serait qu'une formule de juste milieu faisant l'unanimité des extrêmes contre elle, et la restauration de la propriété n'entraînerait que celle d'un système hiérarchique consacrant les inégalités naturelles...

Chez les libéraux républicains, « faire 89 » était au contraire le mot d'ordre de la nouvelle majorité qui se forma, clin d'œil de l'histoire, cent ans après l'année de la Terreur. Une double politique de la main tendue s'amorça en 1893 : main tendue de la droite à la gauche, le Ralliement, main tendue de la gauche à la droite, l'Esprit nouveau. Les anticléricaux s'y opposèrent, mais l'époque était encore tolérante : par 291 voix contre 197, l'ordre du jour Brisson de défiance envers l'Esprit nouveau fut repoussé.

La nouvelle majorité s'annonçait « pavillonnaire », avec l'alliance des opportunistes, dont Jules Siegfried, et des orléanistes ralliés, dont Casimir-Perier[36], qui, dans sa déclaration ministérielle de novembre 1893, promit à la Chambre des Députés de

> « défendre les principes de la Révolution Française de liberté et de propriété individuelle contre les doctrines socialistes ».

Ce fut précisément à un nouveau morcellement (un groupe parlementaire animé par Paul Deschanel se qualifia même de « morcelliste »), à la création de nouveaux droits de propriétaires-citoyens que les réformateurs de l'habitat ouvrier souhaitèrent se livrer, faisant succéder la petite propriété immobilière à la petite propriété foncière voulue par les législateurs révolutionnaires.

---

[36] Jean Casimir-Perier (1847-1907) était issu d'une famille de banquiers et d'hommes politiques dont la fortune datait de la Révolution Française où un ancêtre avait acheté des biens nationaux et la mine d'Anzin. Il débuta comme chef de cabinet de son père, ministre de l'Intérieur à la chute de l'Empire, fut élu député en 1876, sous-secrétaire d'Etat à la Guerre en 1883, Président du Conseil en 1893 ; il démissionna pour être élu Président de la République après l'assassinat du Président Carnot en mai 1894. Petit-fils du Casimir Perier dont le prénom fut joint au patronyme familial, régent de la Banque de France et de la banque familiale et ministre orléaniste qui avait impitoyablement réprimé l'opposition républicaine et la révolte des canuts de 1831, il eut le malheur, lors d'un procès intenté au publiciste Gérault-Richard, de subir un réquisitoire portant sur sa dynastie de la part de l'avocat adverse, Jaurès, et, pesant le manque d'influence de son pouvoir présidentiel, se retira de la vie politique en janvier 1895.

Donner des droits politiques pour éviter d'avoir à donner des droits économiques, était une première interprétation du « faire 89 » ; les libéraux français, trouvant les droits politiques accordés en 1848 et les droits syndicaux accordés en 1884 largement suffisants, en préférèrent une autre : donner *de* la propriété pour conserver *la* propriété.

Ce mot d'ordre était celui du premier législateur de la politique du logement, missionnaire de l'accession à la propriété, Jules Siegfried ; son fils en témoigna[37] :

> « Ce programme social ne changea jamais : tel il était avant la guerre de 1870, tel il demeura jusqu'à la fin. Il s'agissait de rendre meilleure la situation matérielle du peuple afin d'accroître sa dignité morale, et de consolider ainsi la famille et la société. »

[37] SIEGFRIED (A.).- *Jules Siegfried*, Paris, Firmin Didot, 1942.

Chapitre cinquième

La cristallisation de l'idéologie pavillonnaire

A la fin du XIXe siècle et au début du XXe, la cristallisation de la réflexion socio-politique et urbanistique sur le problème de la ségrégation du prolétariat amena l'apparition de groupes de pression partisans de la réforme des conditions de vie et des comportements populaires par l'accession à la propriété et l'habitat pavillonnaire. Entre 1889 et 1895, trois équipes de nature différente se formèrent, dont l'action convergente suscita l'élaboration d'une politique de plus en plus franchement pavillonnaire.

En 1889, un premier groupe se créa lors de la réalisation de l'enquête sur les habitations ouvrières de la Section d'Economie Sociale de l'Exposition Universelle. Point de convergence entre leplaysiens, promoteurs de l'expérience mulhousienne, industriels, observateurs sociaux et hommes politiques, spécialistes de la construction sociale, ce « groupe de l'Exposition », lui-même héritier de la tradition fondée en 1867 par Le Play, se perpétua à travers la création de deux organismes distincts destinés à promouvoir, l'un la construction de logements sociaux : la Société Française des Habitations à Bon Marché, l'autre la réflexion et l'action politique réformistes : le Musée Social.

Un troisième courant de réforme de l'habitat ouvrier naquit à cette période, dans la filiation du catholicisme social et de l'hygiénisme ; initié par l'abbé Lemire, poursuivi ensuite par l'abbé Viollet, il fédéra progressivement une série de groupes militant pour des causes résumées dans le titre de leur fédération : la Ligue du Coin de Terre et du Foyer.

A partir de la loi Strauss de 1906, premier texte « ruralisateur » de la politique de construction sociale, ces divers mouvements apparurent comme les inspirateurs et les propagandistes d'une politique de logement unifamilial avec jardin dont les objectifs sociaux multiples firent très vite apparaître une dominante intégratrice ; les thèmes de l'enracinement, de la déprolétarisation par l'accession à la petite propriété, s'affirmèrent progressivement de la loi Siegfried de 1894 à la loi Loucheur de 1928.

Le financement de cette politique interventionniste posa des problèmes idéologiques à ses promoteurs libéraux ainsi contraints à lutter contre leur propre camp, et remit à l'ordre du jour une querelle qui datait du socialisme utopique. L'opposition entre habitat collectif et unifamilial, entre location et accession à la propriété pavillonnaire, désormais placée dans le cadre concret de l'adoption de budgets financés par la collectivité, déboucha sur un débat public.

LES PROMOTEURS DE L'HABITAT PAVILLONNAIRE.

La continuité entre les courants primitifs de réflexion sur l'habitat ouvrier et les groupes qui furent à l'origine de la politique de construction de l'habitat social est évidente, du fait même de l'itinéraire des hommes qui s'y retrouvaient.

Le passage de la réflexion théorique à l'action politique fut le fait de Jules Siegfried, héritier de la tradition mulhousienne, promoteur de l'éphémère Société des Habitations Ouvrières de la Seine, conférencier porteur de l'idée des Cités Ouvrières, premier législateur du logement ouvrier, fondateur de la Société des H.B.M. et du Musée Social. Mais ce fut aussi l'œuvre d'une équipe : celle des économistes sociaux qui, réunis pour la première fois en 1867 sur le terrain concret de l'habitation ouvrière par Le Play, se retrouvèrent ensuite en 1889 pour le Jury des Habitations Ouvrières, et la constitution de la Société des H.B.M., et enfin en 1894-1895 pour la mise en œuvre du Musée Social. Le fils et biographe de Jules Siegfried en témoigna[1] à l'occasion du cinquantenaire du Musée Social en 1945 :

> « Pour bien comprendre quelle fut exactement la pensée de notre fondateur, il faut remonter jusqu'à l'Exposition Universelle de 1867 où Frédéric Le Play avait organisé pour la première fois une Section d'Economie Sociale. »

LE JURY DES HABITATIONS OUVRIÈRES DE 1889.

Jules Simon[2] fut chargé d'organiser, dans le cadre de la Section d'Economie Sociale créée pour l'Exposition de 1867 et maintenue pour celle de 1889 qui avait à nouveau lieu à Paris, une enquête sur les réalisations en matière de logement ouvrier. Un Jury devait les examiner et couronner les meilleures. Le rapport final fut confié à Georges Picot[3], l'étude financière à Léon Say[4], avec pour principaux collaborateurs de l'enquête Jules Siegfried[5] et Emile Cheysson[6].

---

[1]SIEGFRIED (A.), « Discours pour le cinquantenaire du Musée Social », *op.cit.* Voir sa notice biographique Chapitre 2, note 48.

[2] Voir ses notices biographiques : Introduction, note 5, Chapitre 2, note 43.

[3] Voir sa notice biographique Chapitre 1, note 18.

[4].Léon Say (1826-1896), né dans une famille d'économistes et hommes politiques, commença sa carrière comme journaliste aux *Débats* ; acteur du mouvement coopératif, puis député opposant à l'Empire, Préfet de la Seine en 1871, il détint à plusieurs reprises le portefeuille des Finances (1872-73, 1875-79, 1882, fut ambassadeur à Londres (1880), sénateur (1876-89) puis député de Pau jusqu'à sa mort. Il fut élu à l'Académie des Sciences Morales et Politiques en 1876 et à l'Académie Française en 1886.

[5] Voir sa notice biographique Chapitre 2, note 25.

[6] Voir sa notice biographique Chapitre 2, note 10.

Le « groupe de l'Exposition » et son Rapport.

La qualité éminente de l'équipe, Jules Simon ayant été ministre et Président du Conseil bien que restant pour tous l'auteur de *l'Ouvrière*, et Léon Say ministre des Finances, l'appel équilibré aux leplaysiens (Picot, Cheysson) et aux artisans de la promotion ouvrière laïque mais humaniste (Simon, Siegfried) indiquait qu'il s'agissait bien d'un regroupement volontariste des forces philanthropiques les plus actives et les plus prestigieuses de l'époque.

Nous avons vu que Jules Simon avait déjà patronné une initiative de Jules Siegfried, celle du Cercle Franklin au Havre. Picot et Cheysson collaboraient à *La Réforme Sociale* fondée par Le Play, Picot, Say, Simon faisaient partie de l'Académie des Sciences Morales et Politiques.

Ce monde de l'économie sociale se connaissait, se retrouvait dans les Sociétés savantes, et les divergences d'idéologie et d'intérêts ne constituaient finalement pour eux que les bases d'une fructueuse complémentarité. Le témoin irremplaçable qu'était André Siegfried retranscrivit l'état d'esprit de ce groupe hétérogène mais soudé par une collaboration qui se poursuivit à travers la Société Française des H.B.M. et le Musée Social :

> « Je les ai bien connus, car j'entendais souvent leurs conversations. C'étaient des hommes de leur temps, des libéraux, mais c'étaient en même temps des esprits sociaux. Ils croyaient certes aux vertus du libéralisme, mais ils pensaient qu'il fallait atténuer ce que ses conséquences avaient parfois de cruel pour les individus par l'intervention de l'autorité publique. Ils n'entendaient pas contrarier le libre jeu de l'initiative privée mais ils ne la considéraient pas comme inconciliable avec une certaine immixtion de l'Etat lorsque cette immixtion était justifiée par l'intérêt général[7] ».

Avant d'examiner de plus près les composantes du groupe, nous noterons les principaux éléments de ses conclusions en tant que jury.

Le rapport du Jury des Habitations Ouvrières rédigé par Georges Picot est l'une des rares sources détaillées que l'on ait sur l'habitat ouvrier de l'époque, avec l'enquête dirigée par Foville sur les maisons-type et l'enquête de 1906 sur le logement. Nous en avons fait de larges citations, et signalerons ici seulement ses conclusions générales.

Passant en revue les différentes réalisations en matière d'Habitations Ouvrières, le Jury trancha en faveur du pavillonnaire, affirmant que le logement collectif était un

---

[7] SIEGFRIED (A.), « Discours pour le cinquantenaire du Musée Social », *op.cit*

pis-aller que seule l'élévation du prix des terrains en zone urbanisée autorisait à perpétuer.

Les défauts trouvés au collectif provenaient en premier lieu des constatations faites par les hygiénistes et les observateurs sociaux sur l'insalubrité et la morbidité qui régnaient dans les casernes ouvrières ; une défiance concernant le principe même de la concentration des occupants dans ces cités s'y ajoutait, sous la forme d'une critique des méfaits de la promiscuité, cause d'une plus rapide propagation des épidémies, mais aussi des mauvaises influences et des mauvais exemples. Les parties communes de ces immeubles n'apparaissaient pas au Jury comme des occasions de resserrement des liens sociaux, mais de querelles ; de plus, le manque de soin général des occupants y culminant, elles se transformaient en dépotoirs ou en égouts.

Quant à l'accession à la propriété pavillonnaire, lorsque les circonstances, notamment le logement patronal, l'avaient facilitée, elle se retrouvait trop souvent confisquée aux débiteurs par les créanciers faute d'une prudence éducative de la part des philanthropes ; à Anzin, où le passage du coron-prison aux corons pavillonnaires fut trop brutal,

> « le cabaretier remplaça partout l'ouvrier économe ».

Le Jury avait tenu à marquer sa haute estime à l'ouvrage de Muller et Cacheux sur les Habitations Ouvrières[8] en le couronnant hors concours, bien que ce livre datât déjà de quelques années, que l'objet de sa distinction fût une réédition de 1889 et que Cacheux eût déjà reçu pour ses travaux sur les habitations ouvrières la médaille d'or de l'Exposition d'Hygiène de Londres et celle de l'Exposition de 1878 à Paris. Ce nouvel honneur était sans doute destiné à remercier les concepteurs de la construction économique, et plus particulièrement les architectes qui avaient travaillé sur l'expérience mulhousienne et œuvré pour le développement d'un système nouveau d'habitation ouvrière. La conformité de vues entre les auteurs et les membres du Jury était également consacrée par l'hommage rendu par les seconds aux premiers.

La double convergence du rapport du Jury et des thèses couronnées par lui sur la condamnation du collectif et l'éloge du pavillonnaire reflétait celle inscrite dans la composition même du groupe de l'Exposition. Les conclusions théoriques du rapport, qui contiennent un éloge de l'exemple patriotique mulhousien déjà cité, fusionnent les thèses hygiénistes et intégratrices de la Société Industrielle alsacienne, et les analyses plus normatives de Le Play :

> « La maison ne contenant qu'une famille, ayant auprès d'elle un champ cultivé, verger ou jardin, est la forme naturelle de l'habitation. Toutes les autres sont

[8] MULLER (E.), CACHEUX (E.).- *L'habitation ouvrière en tous pays, op.cit.*

plus ou moins artificielles, dues à des circonstances spéciales, et n'assurent pas à l'homme le complet développement de ses forces. ;L'indépendance de la famille y est plus sûre, les enfants y grandissent en meilleur air, le jardin leur permet de s'ébattre ; le père, rentrant de son travail, s'intéresse à la culture, il y consacre ses loisirs. »

Les hommes, les idées, les courants de pensée.

Les itinéraires des membres du Jury étaient fort différents.

Jules Simon, d'origine très modeste, avait pourtant réussi un brillant parcours politique, et une carrière d'universitaire, d'observateur social, d'homme de presse qui lui valaient une renommée plus étendue que celle de Léon Say, héritier d'une dynastie d'universitaires et d'hommes politiques dont la réputation était davantage restreinte au milieu de l'économie et des finances. Le premier souhaitait essentiellement favoriser les possibilités d'ascension sociale latentes individuelles au sein des couches populaires, à son exemple ; le second s'était préoccupé d'organiser la coopération mutualiste.

Jules Simon et Georges Picot étaient tous deux des observateurs sociaux. Le premier avait été conduit dans cette voie par une sympathie naturelle pour les pauvres dont il avait fait partie, le second, par son expérience de magistrat, juge au tribunal de la Seine et Directeur des Affaires Criminelles au ministère de la Justice. Picot fut frappé par les conséquences du mauvais logement ouvrier sur la moralité et notamment l'alcoolisme des ouvriers, au point de se découvrir une vocation politique réformiste, qu'il ne réussit pas en 1885 à exercer au Parlement et reporta du domaine de l'action législative à celui de la propagande philanthropique ; sa fonction de secrétaire perpétuel de l'Académie des Sciences Morales et Politiques consacra cette vocation, tout en lui donnant des moyens de pression accrus. Picot se situait beaucoup plus à droite que Simon ; son *Histoire des Etats Généraux*[9] l'avait rendu familier des difficultés et des échecs communs aux tentatives de révolte contre l'ordre établi, et il se livra de plus en plus activement au combat antisocialiste[10], faisant cause commune avec les leplaysiens par ses activités à *La Réforme Sociale* et les fonctions qu'il assuma à la tête des Unions de la Paix Sociale du Nord, puis avec les libéraux antisocialistes de l'Ecole Libre des Sciences Politiques qu'il rejoignit pour fonder le Comité de Défense et de Progrès Social, créé en 1895 pour lutter contre le socialisme et le syndicalisme révolutionnaire. Toutefois, en tant qu'observateur social, il éprouvait autant de compassion et d'indignation que

[9] PICOT (G.).- *Histoire des Etats Généraux*, Paris, 4 volumes en deux livraisons : 1873 et 1874. L'Académie Française couronna les deux livraisons.

[10] PICOT (G.), « Les Institutions patronales en France et la lutte contre le socialisme », Discours devant l'Assemblée des Unions de la Paix Sociale, Lyon, 27 avril 1890, *La Réforme Sociale*, 1er juin 1890, édité en brochure par la Société d'Economie Sociale ; PICOT (G.).- *Socialisme et devoir social*, Paris, Picard, 1890.

l'auteur de *l'Ouvrière* devant les spectacles lamentables qu'offrait l'ouvrier dans son taudis, son meublé ou dormant tout courbé sur la table d'un café des Halles ; il publia un appel à l'intervention protectrice des classes dirigeantes dans un livre témoignage intitulé : *Les logements d'ouvriers, un devoir social*[11]. En bon leplaysien, Picot attendait du patronage l'amélioration de la condition ouvrière, et tenta de réveiller la philanthropie étouffée par les préoccupations religieuses et constitutionnelles, ou le libéralisme patronal. Il fut de toutes les réalisations de la Société Philanthropique[12].

Les deux industriels de ce noyau dur de la politique réformatrice de l'habitat ouvrier n'étaient pas moins dissemblables. Jules Siegfried était issu d'une dynastie industrielle du textile, Emile Cheysson accéda à la Direction des usines du Creusot du fait de sa formation d'ingénieur des Mines et de statisticien. Le premier incarnait la tradition paternaliste mulhousienne, le second cherchait à appliquer l'enseignement de Le Play dont il était le disciple. Leur alliance symbolisa celle des deux courants réformateurs nés au milieu du XIX° siècle, mais aussi deux orientations différentes de la stratégie pavillonnaire. Pour Cheysson, l'objectif majeur d'une politique du logement était le rétablissement de la prospérité familiale et la revitalisation de la cellule de base de la société, dont dépendent la productivité économique, la moralité ouvrière, et le dynamisme démographique du pays. Comparatiste, il s'inquiéta du déclin de la natalité française[13], et du retard pris par la France en matière de politique du logement social[14]. Observateur des problèmes sociaux et administratifs en général, sachant, par l'histoire même de la ville usine qu'il avait eue à gérer, que les problèmes du logement ouvrier ne sont pas l'apanage des grandes villes, que les bassins industriels miniers établis dans les campagnes causaient des difficultés aux communes rurales environnantes quant à leur organisation sociale[15], historien leplaysien[16] de la famille-souche, il mêla une connaissance fine et concrète des réalités à la hauteur de vues du statisticien dans son activité militante pour une rénovation générale des conditions de vie par la réforme de l'habitat. Siegfried fut davantage, à l'américaine, préoccupé par « la poursuite du bonheur » dont il voulait assurer la possibilité aux couches populaires défavorisées. Cet objectif inattendu chez un libéral souleva parfois l'ironie de ses

---

[11] PICOT (G.).- *Les logements d'ouvriers, un devoir social*, Paris, 1885.

[12] Il fit notamment des discours d'inauguration pour l'ouverture de la Fondation Marjolin (hôtel meublé pour dames et jeunes filles), et de la Fondation Armand et Michel Heine (habitations économiques), patronnées par la Société Philanthropique dans les années 1880.

[13] CHEYSSON (E.).- *La question de la population en France et à l'étranger*, Paris, 1885.

[14] CHEYSSON (E.).- *La question des habitations ouvrières en France et à l'étranger*, Paris, 1886.

[15] CHEYSSON (E).- *L'assistance rurale et le groupement des communes*, Paris, 1886.

[16] CHEYSSON (E.), « La famille-souche du Lavedan », annexe à LE PLAY (F.), *L'Organisation de la famille*, Paris, 1871.

pairs ; dans son éloge funèbre, le Président de la Commission de Surveillance de la Caisse des Dépôts et Consignations, le sénateur Ratier dit en effet de lui[17] :

> « Il s'était fait notamment le défenseur de la grande cause des H.B.M., et c'est avec *une grande fraîcheur de sentiment* qu'il accomplissait ce qu'il considérait comme une mission ».

L'idée du bonheur domina en effet chez Siegfried, par rapport à celle de l'ascension sociale, et ce dès ses premières conférences :

> « Nous savons que la famille et la propriété donnent les plus douces joies de la vie. Efforçons-nous de les faciliter au plus grand nombre, et rappelons aux ouvriers que la base du bonheur, c'est le travail, car le travail conduit à la propriété, à la cité ouvrière, à l'indépendance, à toutes les joies de la famille[18] ».

C'était moins le spectacle de la misère existante qui le motivait que celui du bien-être possible, probablement parce qu'il avait pu, dans son enfance, le constater chez les ouvriers mulhousiens :

> « Voyez cet ouvrier qui par son travail, sa bonne conduite et son économie a pu s'acheter une modeste propriété. Avec quelle joie il y accourt après sa journée de travail et quelle attraction a pour lui cette petite maison ou ce petit jardin ! Le soir, il se sent si bien chez lui, entouré de sa femme et de ses enfants, qu'il ne veut plus en sortir et que l'argent qu'il aurait dépensé au cabaret est consacré à l'achat d'un meuble, ou à l'embellissement de la maison. Le dimanche, il cultive son jardin, il s'occupe de ses enfants, jouit de sa propriété : c'est un homme heureux. »

Le Play parlait de même, à propos des ouvriers agricoles russes ou des salariés misérables du Hartz : le bon usage de la propriété permet le bonheur au milieu des conditions économiques les plus défavorables.

Aussi l'accent principal de l'action de Siegfried porta-t-il sur l'accession à la propriété ; c'est sur elle, comme nous l'avons signalé précédemment, que misaient les idéologues pavillonnaires pour contrer le socialisme :

> « La propriété est donc pour chacun de nous une grande satisfaction et elle nous donne en même temps le goût du travail et de l'économie. Nous comprenons que

---

[17] RATIER (M.), Eloge funèbre de Jules Siegfried cité in DEROY (H), Directeur de la Caisse des Dépôts et Consignations, « Les débuts des HBM », conférence à la Section d'Etudes Sociales du Musée Social, 3 février 1944, *Le Musée Social,* mars 1943 – février 1944.

[18] SIEGFRIED (J.).- *Les Cités Ouvrières, op.cit.*

dans notre pays, où les excitations sont si faciles, le meilleur moyen d'empêcher les révolutions qui ne profitent à personne, c'est que ceux qui possèdent tendent une main franche et loyale à ceux qui ne possèdent pas. Nous voulons dissiper les préjugés et montrer à ceux pour lesquels la vie est plus difficile qu'il ne doit pas y avoir lutte entre la pauvreté et la richesse. Nous savons que ces sentiments n'existent que trop souvent et nous voudrions les voir disparaître. Un des meilleurs moyens de le faire, c'est de faciliter à chacun, dans les campagnes comme dans les villes, la possibilité de devenir propriétaire ».

Sans aller jusqu'à l'*enrichissez-vous* de Guizot, Siegfried reprenait sur le mode économique le thème de l'ascension sociale individuelle que Simon envisageait plutôt, en bon universitaire, par le cursus scolaire : l'homme économe et méritant embellit sa vie en même temps que sa propriété. Il reprenait aussi le thème du patronage leplaysien, mais sur un mode égalitaire : contrat franc et loyal et non protection clientéliste ou caritative. C'est sans doute la marque du protestantisme républicain, qui le séparait d'un Picot, paternaliste orthodoxe.

Ce fut aussi le clivage fondamental qui l'opposa aux catholiques néotraditionalistes. Le Secrétaire de la Société des Propriétaires Chrétiens dont nous avons évoqué plus haut les positions, précisait ce que, pour ces derniers, signifiait le patronage :

« La propriété privée constitue des hiérarchies naturelles, des rapports de commandement et d'obéissance, d'influence et de clientèle (...) Se faire aimer et respecter de ses subordonnés et de son entourage, exercer franchement son autorité quoiqu'elle ne soit pas reconnue par le Code, la substituer peu à peu à celle du maire, du juge de paix, de l'instituteur athée, voilà le rôle du propriétaire rural, le rôle du propriétaire d'usine, le rôle du propriétaire de maison [19]».

La dominante du caractère de Siegfried fut son pragmatisme : son sens des réalités le poussa ainsi vers des voies qu'il n'aurait pas dû emprunter théoriquement ; de cela encore, André Siegfried témoigna :

« Mon père, dont je connaissais bien la pensée, avait une conception magnifique du rôle de l'individu. Il attachait le plus grand prix à l'initiative privée. Mais il n'était pas prisonnier des doctrines ; ce qu'il désirait avant tout, c'était aboutir. Il faisait passer les réalisations avant les formules. »

---

[19] YVERT (Comte).- *L'autorité et la propriété, op.cit.*,

LES FONDATEURS DE LA SOCIETE FRANÇAISE DES H.B.M. ET DU MUSEE SOCIAL.

C'est ainsi ce petit groupe hétérogène et complémentaire, creuset idéologique des courants philanthropiques français qui, s'élargissant de proche en proche, fut à l'origine de la création de la première Société de construction sociale au niveau national, puis du premier groupe de recherche et de documentation permanent sur les problèmes sociaux, le Musée Social.

La Société Française des H.B.M.

Six mois après la réunion du jury des habitations ouvrières, les membres du groupe de l'Exposition, toujours sous le patronage de Jules Simon, s'adjoignant un constructeur social influent, le président de la Société des Habitations de Passy-Auteuil (membre comme Cheysson de la Commission du logement du Conseil Municipal de Paris), Dietz-Monnin, se réunirent pour fonder, en décembre 1889, la Société Française d'Habitations à Bon Marché.

Les objectifs de cette société tendaient à faire rattraper à la France son retard en matière de construction sociale, en usant de tous les dispositifs possibles : tentative de relance de la coopération ouvrière, politique d'accession à la propriété, demande de réglementation et de subvention étatiques. C'était un concentré des expériences étrangères.

La construction mutualiste existait dès le milieu du XIXe siècle en Grande Bretagne (Building, Bowkett, Birbeck societies) et au Danemark (épargne loterie, instituée en 1864). Les Sociétés de propriétaires étaient florissantes en Belgique, en Allemagne, aux Etats-Unis, en Suède, au Danemark, en Hongrie, en Grande Bretagne. Des organismes de construction sociale et de réglementation sanitaire existaient en Belgique (Bureau permanent des Sociétés d'Habitations Ouvrières), comme aux Etats-Unis (Architectural Record).

L'originalité de la Société Française résidait dans le fait qu'issue d'un mouvement de construction philanthropique d'origine principalement patronale, elle tenta de pallier la carence de la construction mutualiste spontanée ouvrière.

De plus, elle fit office de groupe de pression des constructeurs sociaux auprès du gouvernement pour obtenir une réglementation et une subvention qui leur permît de poursuivre, en l'accentuant, leur politique d'accession à la petite propriété et de construction qualitativement orientée, pour ne pas dire pavillonnaire.

Le Musée Social.

Jules Siegfried, maire du Havre, fut élu député de la Seine Inférieure en 1885 ; en 1892, Ribot[20] lui confia le ministère du Commerce et de l'Industrie tuteur des affaires sociales, qu'il détint de décembre 1892 à mars 1893. Cinq mois avant cette nomination, il avait demandé, et obtenu, la prise en considération d'une proposition de loi sur les habitations ouvrières. Une fois ministre, il tenta, cette fois sans succès, de faire adopter un projet de loi portant création d'un « Musée Social », Société de recherche et d'étude sur les problèmes sociaux héritière de la Société d'Economie Sociale de Le Play. Cet organisme ne vit le jour qu'en 1895, en tant que fondation privée, grâce au financement assuré par le comte de Chambrun.

De ses contacts politiques, de son action sociale, Siegfried avait retiré un prestige personnel et des amitiés intellectuelles qui lui permirent de regrouper un certain nombre de personnalités de tous horizons, mais ayant en commun un goût pour l'observation sociale et le souci de l'amélioration du logement ouvrier.

Le noyau dur de cette équipe fut le groupe de philanthropes qui avait dirigé le Jury des Habitations Ouvrières de l'Exposition Universelle de 1889, et qui, élargi, avait fondé la Société française des H.B.M.

Les nouveaux arrivants furent loin de faire basculer à gauche le « groupe de l'Exposition ». André Siegfried dit du reste du Conseil du Musée Social qu'il comprenait :

> « des hommes politiques, des hommes d'affaires, des juristes, des hommes appartenant à l'élite de la société parisienne, des hauts fonctionnaires (...) Les hommes politiques étaient choisis dans un milieu qui nous paraît aujourd'hui singulièrement modéré, mais qui était très préoccupé de progrès social. »

Par rapport au « groupe de l'Exposition » destiné à rassembler les courants de philanthropie liés à l'habitat ouvrier, le « groupe du Musée » reflète plutôt cette double politique de la main tendue évoquée plus tôt : Ralliement et Esprit nouveau.

A côté des leplaysiens entrèrent en effet dans le Comité des personnages qui avaient incarné le catholicisme social ultramontain et monarchiste le plus virulent, comme le

[20] Alexandre Ribot (1842-1923), juriste dont la carrière commença comme substitut du Procureur de la République de la Seine en 1870, devint Directeur des Affaires Criminelles du ministère de la Justice en 1875, puis Conseiller d'Etat. En 1877, il démissionna pour se présenter aux élections dans sa ville natale et fut élu député de Saint Omer de 1878 à 1885, et de 1887 à 1909, puis sénateur du Pas de Calais de 1909 à sa mort. Devenu très vite le chef des républicains modérés, il reçut le portefeuille des Affaires Etrangères (mars 1890 à janvier 1893), et celui des Finances (janvier-octobre 1895, août 1914-mars 1917, septembre-octobre 1917). Il fut cinq fois Président du Conseil (décembre 1892-janvier 1893, janvier-octobre 1895, juin 1914, mai-septembre 1917). Bien que protestant, il s'opposa constamment à la politique anticléricale aux côtés des catholiques. Il devint membre de l'Académie des Sciences Morales et Politiques en 1903 et de l'Académie Française en 1906.

comte d'Haussonville[21], qui n'en était pas moins un enquêteur social actif et compétent, dont nous avons cité les enquêtes sur le logement ouvrier. De plus, issu comme Siegfried des « alsaciens et lorrains restés français » après le rattachement à l'Allemagne des deux provinces, il l'avait sans doute côtoyé dans le cadre de l'Association de Protection de ces exilés volontaires, que présidait son père.

Les hommes politiques étaient relativement nombreux, mais ce n'était pas seulement le prestige de leur fonction qui leur avait valu d'être invités au Conseil du Musée Social. Les spécialités de chacun, leur champ d'action personnel, avaient sûrement joué un rôle important, en fonction des tâches futures de l'institution.

Orléaniste rallié, Jean Casimir-Perier[22] apportait le prestige d'un ancien Président du Conseil, devenu Président de la République -poste où il fut élu et dont il se démit précisément pendant la période de gestation du Musée Social-, le poids économique du propriétaire des mines d'Anzin, et tout un passé familial qui en faisait, comme ses homologues du Musée Social Paul Deschanel ou Alexandre Ribot, un défenseur de l'extension de la petite propriété. Raymond Poincaré, malgré sa jeunesse[23], avait été, et était ministre de l'Instruction Publique. René Bérenger apportait sa double compétence de spécialiste de l'organisation judiciaire et de la morale publique, Jules Méline se posait en protecteur de la production nationale et réfléchissait sur la ruralisation des classes dangereuses citadines, problème sur lequel il publia ultérieurement deux essais importants[24].

---

[21] Le comte Othenin d'Haussonville (1843-1924) était le fils d'un parlementaire et intellectuel issu d'une très vieille noblesse lorraine qui présida la Société de Protection des Alsaciens et Lorrains restés français. Dès sa jeunesse, il s'intéressa aux problèmes sociaux, et d'abord à celui de l'enfance et du système pénitentiaire sur lesquels il fit des enquêtes dans les années 1870. Il élargit ensuite ses préoccupations en traitant du paupérisme : *Misère et remèdes*, 1886, de la nécessité de la philanthropie comme antidote au collectivisme : *Socialisme et charité*, 1896, *Assistance publique et bienfaisance privée*, 1901, et fit de nombreuses enquêtes hygiénistes sur le logement ouvrier. Allié aux Broglie par son mariage, Haussonville fut l'un des défenseurs les plus violents de la restauration monarchique; ultramontain, il lutta également pour la rechristianisation du prolétariat et contre la politique anticléricale. Il fut élu en 1888 à l'Académie Française -qu'il dirigea-, et à l'Académie des Sciences Morales et Politiques en 1904.

[22] Voir sa notice biographique : Chapitre 4, note 35.

[23] Raymond Poincaré (1860-1934) fut député de la Meuse (1887-1903), puis sénateur (1903-1913, 1920), ministre de l'Instruction Publique (1893, 1895), des Finances (1894-1895, 1906), Président du Conseil (1912-1913, 1926), Président de la République (1913-1920).

[24] Jules Méline (1838-1925), député opportuniste (1872-1903), puis sénateur de la gauche démocratique (1903-1925). Sous-secrétaire d'Etat à la Justice (1876-1877), il avait été ensuite l'un des pères des tarifs douaniers de 1881, puis de ceux de 1892. Ministre de l'Agriculture (1883-1885, 1915-1916), Président du Conseil en 1896, promoteur des lois de 1898 sur les accidents du travail et les sociétés de secours mutuels, il fut aussi l'artisan de la politique d'apaisement en matière d'anticléricalisme. Il publia *Le retour à la terre* (1905) et *Le salut par la terre* (1919).

Parmi les intellectuels, c'était aussi sans doute un « plus » de leur biographie qui avait orienté les choix. Ce n'était pas l'archéologue et numismate Waddington qui avait été choisi, mais le fondateur de l'Ecole des Hautes Etudes (1868) et le fils d'industriel primé pour ses habitations ouvrières, de même que ce n'était pas seulement le Paul Leroy-Beaulieu fondateur de *l'Economiste Français*, le professeur d'économie politique au Collège de France, le héraut du libéralisme que l'on avait convié, mais aussi le défenseur de la proposition de loi Cacheux-Turquet de 1866[25]. Avec Alfred de Foville[26], c'était certainement l'ancien membre du cabinet de Léon Say, le collaborateur de *l'Economiste Français*, l'enseignant aux Arts et Métiers et aux Sciences Politiques que l'on coopta, plus que le haut fonctionnaire ; c'était aussi l'auteur de réflexions « pavillonnaires » sur le morcellement foncier, et le maître d'œuvre de l'enquête, alors en cours, sur les conditions de l'habitat en France.

Tout ce que l'on sait, ou que l'on a pu lire de ce groupe fondateur confirme qu'il avait été réuni pour le projet, non pas unique, mais permanent, de diffuser l'idée pavillonnaire et d'en permettre l'application. C'est du reste ce qui se produisit jusqu'au lendemain de la seconde guerre mondiale.

JARDIN PAVILLONNAIRE ET JARDIN OUVRIER.

A l'époque où se construisait autour de Jules Siegfried le réseau des promoteurs de l'accession à la propriété pavillonnaire, une autre confédération d'efforts divers pour l'amélioration des conditions de vie prolétariennes se mettait en place. Partant de prémisses différentes, les deux organisations, comme jadis les philanthropes leplaysiens et les paternaliste mulhousiens, menèrent un combat commun pour imposer une protection du foyer populaire et l'accession de la famille ouvrière à la jouissance d'un jardin destiné à lui fournir une alimentation et des loisirs sains. Les promoteurs de la Ligue du Coin de Terre et du Foyer se démarquaient de ceux de la politique pavillonnaire par le fait qu'ils s'étaient lancés dans l'aventure d'une action politique sans théorisation préalable, comme l'aboutissement naturel d'expériences philanthropiques et hygiénistes qui avaient réussi sur le terrain.

Le « foyer » et le « coin de terre » n'étaient pas l'équivalent du pavillon avec jardin, mais, malgré les différences, une convergence s'établit qui imposa le développement de la législation réformatrice de l'habitat ouvrier.

---

[25] Voir Chapitre 2, « La Société des Habitations Ouvrières de la Seine ». Paul Leroy-Beaulieu (1843-1916) brillant économiste libéral, fonda *l'Economiste Français* en 1873, publia un traité de finances qui lui valut d'entrer à l'Académie des Sciences Morales et Politiques en 1878.Professeur à l'Ecole Libre des Sciences Politiques, il succéda à son beau-père Michel Chevalier dans la chaire d'économie politique du Collège de France en 1880. Son intérêt pour les problèmes de société fut marqué par la publication de livres sur *Le collectivisme* (1884) et *La question de la population* (1913).

[26] Voir sa notice biographique Chapitre 4, note 29.

LA LIGUE DU COIN DE TERRE ET DU FOYER.

Au lendemain de l'Encyclique *Rerum Novarum*,[27] les catholiques de gauche, réduits au silence depuis la révolution de 1848, puis paralysés par l'anathème hautain que le *Syllabus* avait jeté sur la société moderne, se sentirent enfin autorisés à s'occuper des problèmes de leur temps. De nombreuses initiatives attestèrent la résurgence du catholicisme social démocratique, à côté des anciens cadres contre-révolutionnaires, qui eux-mêmes se transformaient sous l'impulsion papale. La différence entre catholique de droite et catholique de gauche se marquait en ce que le premier parlait surtout de charité et de bienfaisance, le second, de *justice sociale*, comme en témoigna le titre du journal démocrate chrétien de l'abbé Naudet, une des figures de proue du mouvement.

Dans le Nord et le Pas de Calais, où le problème ouvrier était particulièrement prégnant, les prêtres saisirent plus rapidement qu'ailleurs l'occasion de soulager autrement que par la charité et la consolation religieuse la misère qu'ils constataient dans leurs paroisses. Deux grandes figures dominèrent ce renouveau : celle de l'abbé Six, fondateur d'un mouvement syndicaliste chrétien de gauche arrêté au début du XX°siècle par les semonces du successeur de Léon XIII à l'égard de l'extrême gauche comme de l'extrême droite des mouvements catholiques, et celle de l'abbé Lemire, animateur et législateur de la réforme de l'habitat ouvrier.

L'abbé Lemire, promoteur du bien de famille insaisissable et des jardins ouvriers.

L'abbé Jules Lemire[28] incarna ce qu'il appelait lui-même le « socialisme chrétien ».

S'adressant directement au mouvement ouvrier, puisqu'il participa comme orateur invité aux Congrès ouvriers de 1893 et 1896, il fut un député siégeant à gauche, votant contre l'ensemble des députés catholiques conservateurs la Séparation des Eglises et de l'Etat. Son continuateur, l'abbé Viollet, pratiqua la même distanciation à l'égard de l'Eglise, refusant de privilégier les candidats catholiques et n'hésitant pas à travailler avec les municipalités socialistes.

---

[27] Voir Chapitre 4 la note 1 sur Léon XIII et ses Encycliques ; dans « la déchristianisation » la relance de l'encadrement ouvrier catholique suscité par l'Encyclique *Rerum Novarum ;* dans « la revitalisation de l'instinct de propriété » les commentaires intégrateurs de l'Encyclique.

[28] Jules Lemire (1853-1928) fut ordonné prêtre en 1878, et exerça tout d'abord un enseignement dans un collège catholique, avant de décider, répondant parmi les premiers aux Encycliques de Léon XIII, rallié à la République et à l'action sociale, d'entamer une carrière politique de « socialiste chrétien ». Député d'Hazebrouck à partir de 1893, il en devint maire en 1914. Siégeant à gauche, il vota en faveur de la Séparation des Eglises et de l'Etat, participa aux congrès ouvriers de Reims (1893) et Lyon (1896). Il fut l'auteur de la loi sur le bien de famille insaisissable (1909), et le défenseur actif des lois sur le financement du logement ouvrier, l'interdiction du travail des enfants dans les usines à feu continu, l'assistance des femmes en couches, la simplification des formalités du mariage. Il fonda en 1897 la Ligue du Coin de Terre et du Foyer, et en 1903 le Congrès des Jardins Ouvriers.

Porté par le soutien indéfectible de la petite ville du Nord industriel où il avait commencé sa carrière, il constitua la réplique à gauche de Jules Siegfried, en se battant lui aussi pour ce qu'il considérait comme une mission : améliorer la vie de l'ouvrier en améliorant son environnement privé.

A la différence de Siegfried, cette idée ne lui fut pas léguée dès le berceau. Il exerça au départ le métier de professeur de collège à Hazebrouck, ne se différenciant de ses collègues qu'à partir des années 1890, par la rapidité avec laquelle il s'engagea dans les voies nouvelles ouvertes aux catholiques par Léon XIII. Rallié à la République, puis à l'action sociale, il se tint dès lors au courant des événements sociaux et commença à se faire connaître par des publications et des enquêtes.

C'est ainsi qu'il se plaça au cœur d'expérimentations philanthropiques qu'il coordonna et fit aboutir sur le plan philanthropique et sur le plan législatif.

Le docteur Lancry et le bien de famille insaisissable.

La première expérience fut celle du Terrianisme.

Un jeune hygiéniste, le docteur Lancry, faisant des recherches sur la population de Fort Mardick en vue de la rédaction d'un ouvrage scientifique, redécouvrit, car il n'avait pas lu Le Play, le rôle de la famille-souche. Constatant sur le terrain l'existence d'une forte natalité n'entraînant pas la déchéance économique des familles nombreuses, il comprit que leur facteur de survie était la possession d'un bien foncier cultivable. Il en conclut[29] que

> « la propriété agricole permet la prospérité d'une famille, si nombreuse soit-elle ».

On sait que les hygiénistes se préoccupaient de plus en plus de ce que l'on considérait comme la dénatalité française. La redécouverte de Lancry allait dans le sens des préoccupations d'hommes politiques plus à gauche que les théoriciens pavillonnaires, comme Paul Strauss qui souhaita « stimuler la fécondité nuptiale par la distribution de lopins de terre à défricher, à cultiver[30] », ce qui en fit l'auteur de la loi pavillonnaire de 1906.

Lancry proposait d'assurer aux familles à faible revenu une petite propriété, comprenant un terrain cultivable ; pour que ce bien, péniblement acquis ou fourni par la bienfaisance, ne risquât pas d'être hypothéqué et soustrait à l'acquéreur qui se trouverait ainsi sans ressources, une garantie juridique devrait garantir la pérennité de sa jouissance : il fallait donc créer pour les plus défavorisés, un « *bien de famille*

[29] LANCRY (Dr.) *La population de Fort Mardick*, Dunkerque, 1891.

[30] STRAUSS (P.).- *Le Foyer populaire, op.cit.*

insaisissable ». Enthousiasmé par les perspectives d'amélioration de la situation des familles prolétariennes qu'ouvrait ce projet, il crut même possible d'opposer à la revendication cégétiste qui soulevait des conflits souvent meurtriers entre patrons et ouvriers, celle de la journée de huit heures, une revendication qui, lésant moins les intérêts patronaux, serait ainsi susceptible de réalisation immédiate.

Lancry lança un appel en faveur du bien de famille insaisissable le 4 septembre 1892, et fonda une revue de propagande et d'information, *La Terre de France*. L'abbé Naudet s'intéressa à l'initiative, et y consacra une chronique dans sa revue *La Justice Sociale*, où elle trouva un nom : le Terrianisme[31].

Madame Hervieu et les jardins ouvriers.

Un an plus tard, une autre expérience aboutit, à Sedan, à des conclusions voisines. Le point de départ n'en était pas une recherche démographique, mais le résultat d'un acte de philanthropie privée.

Une dame d'œuvres de Sedan, Madame Félicie Hervieu, tentait depuis des années de secourir une famille ouvrière de dix personnes sans pouvoir obtenir une amélioration sensible de sa situation. Ayant eu l'idée d'offrir à ses protégés un lopin de terre à la périphérie de la ville, elle constata que leur état de santé s'améliorait rapidement sous l'effet de l'activité physique et de la nourriture saine. De plus, au bout de quelques temps, la récolte dépassant les besoins, les cultivateurs du dimanche purent en revendre le surplus au marché, se constituant un revenu marginal appréciable.

Madame Hervieu décida alors de passer de la charité individuelle à la philanthropie organisée. Elle fonda l'Oeuvre de la Reconstitution de la Famille.

A la fin de 1893, elle rencontra l'abbé Lemire qui fut très intéressé et qui décida de mettre en relation deux expériences aussi complémentaires que celles du Dr Lancry et de Mme Hervieu. Lemire envoya une documentation au Dr Lancry sur l'Oeuvre sedanaise, en la définissant d'une formule qui resta : les « jardins ouvriers ».

---

[31] ROLLET (H).- *Sur le chantier social*, Lyon, Chroniques sociales de France, 1955.

La création de la Ligue du Coin de Terre et du Foyer.

Dès ses premiers contacts avec Lancry, l'abbé Lemire avait compris qu'il serait nécessaire d'agir directement sur les pouvoirs publics pour faire mettre en œuvre sa réforme ; il se résolut à entamer une carrière politique avec pour plate-forme électorale ce slogan[32] :

> « Ce que je veux, c'est, pour tout ouvrier, que la maison de famille et le jardin qu'il a acquis soient insaisissables, exempts d'impôts et de droits de succession ».

L'abbé Lemire se présenta avec succès aux élections législatives de 1893, et commença à Paris une propagande pour le bien de famille insaisissable et les jardins ouvriers. En février 1894, invité par les intellectuels catholiques du Cercle du Luxembourg, il qualifia les jardins ouvriers de première étape vers la constitution du bien de famille insaisissable. Il prépara dans le même temps une proposition de loi, dont le contenu montrait qu'il s'agissait de venir en aide seulement aux plus démunis. La valeur du bien rendu insaisissable devait être faible, et le niveau de ressources au-dessus duquel on ne pouvait plus y prétendre, fort bas. On était en présence d'une forme foncière du futur salaire minimum garanti.

Cette année 1894 marqua ainsi la conjonction parlementaire de la Ligue et de la Société des H.B.M, puisque ce fut également l'année où se vota la loi Siegfried.

Le mouvement « terrianiste » s'étendit rapidement. En 1894, il gagna le Pas-de-Calais sous l'impulsion de l'abbé Fouray, promoteur des jardins ouvriers de Montreuil-sur-mer, puis à diverses villes où la philanthropie catholique se mobilisa : Saint Etienne, Besançon, Boulogne-sur-Mer. En 1895, le père jésuite Volpette y entraîna, sous la réserve que les ouvriers ne cultiveraient pas leur terrain le dimanche, la très catholique administration des Houillères de Saint Etienne.

L'abbé Lemire confédéra ces initiatives éparses. Le 21 octobre 1896, le Terrianisme et l'Oeuvre de la Reconstitution de la Famille fusionnèrent à Hazebrouck, pour créer la Ligue du Coin de Terre et du Foyer.

Une filiale étrangère se constitua en Belgique, grâce à un prêtre français, l'abbé Gruel.

En octobre 1903, le premier Congrès International des Jardins Ouvriers vint affirmer la prospérité du mouvement.

---

[32] Profession de foi de l'abbé Jules Lemire aux élections législatives de 1893 à Hazebrouck.

LA NOTION DE JARDIN CHEZ LES PAVILLONNAIRES ET LES TERRIANISTES.

A partir de 1894, deux projets distincts d'habitat ouvrier furent ainsi proposés au législateur, tous deux fondant une grande partie de leurs espoirs d'amélioration de la condition ouvrière sur la mise à disposition des familles ouvrières d'un jardin.

Le rôle de ce jardin dans chacun des projets n'était pas le même ; cette différence fut très nettement ressentie par les hommes politiques de l'époque, et joua dans le débat politique sur le financement public de l'habitat ouvrier, même si, pour un « pavillonnaire de gauche » comme Paul Strauss[33], il y avait convergence réformatrice :

> « Dans la pensée de MM. l'abbé Lemire et Jules Siegfried, collaborateurs et frères d'armes en hygiène sociale, le jardin de famille et la maison à bon marché se tiennent, se suivent et se rejoignent. Ce sont deux étapes sur le chemin de la reconstruction du foyer populaire et domestique ».

Le jardin pavillonnaire.

Les idées originelles de Le Play étaient plus proches de celles des terrianistes que de celles de ses propres successeurs. Il envisageait[34] la possibilité d'avoir à la fois un jardin attenant à la maison, et un lopin de terre séparé pour des cultures nécessitant un terrain étendu :

> « Une maison d'ouvrier, dans la majeure partie de l'Europe, a pour dépendance nécessaire un jardin ou un verger dont la surface, comprise dans la plupart des cas entre 2 et 3 ares, atteint rarement 8 ares. L'ouvrier, dans ses moments de loisir, et plus ordinairement la femme avec le concours des enfants et des vieux parents y cultivent les légumes et les fruits consommés par le ménage. Les pommes de terre et les cucurbitacées, qui exigent un vaste emplacement, ne se récoltent guère dans le jardin proprement dit. Lorsque la famille entreprend cette culture, elle a recours à un terrain spécial ».

Dans la pensée de Siegfried, des architectes Muller et Cacheux, des observateurs sociaux du logement de l'Académie des Sciences Morales et Politiques comme Picot, Foville, Baudrillart, le jardin ne pouvait être qu'attenant à la maison.

---

[33] STRAUSS (P.).- *Le Foyer populaire, op.cit.*

[34] LE PLAY (F.).- *La méthode sociale, op.cit.*, p 329.

Il y avait à cela trois raisons :
-le jardin était le garant de la salubrité et du confort du logement ouvrier ;
-il devait être le cadre de loisirs quotidiens ;
-il devait renforcer l'autonomie morale autant qu'économique de la famille vivant dans la maison.

Les architectes et les hygiénistes pavillonnaires, et en premier lieu Muller et Cacheux, voyaient dans le jardin attenant à la maison l'exact contrepoids aux nuisances de la caserne ouvrière, notamment l'hygiène et la promiscuité. Le jardin était la garantie de l'aération et de l'ensoleillement du logement ouvrier, garantie qu'il était impossible d'avoir dans l'habitation collective

> « parce que les lois de la rentabilité empêchent un bon espacement[35] ».

Il permettait aussi d'éviter de souffrir du sans gêne des voisins dont, dans le collectif, on ne peut fuir la fréquentation et les bruits, en isolant la maison des autres maisons :

> « Dans quelques maisons, on écarte par une bonne construction le bruit provenant des étages supérieurs et inférieurs, mais on n'intercepte pas celui qui vient des logements situés sur le même palier. Il en résulte que les ouvriers travaillant la nuit et voulant se reposer le jour en sont empêchés ».

Le jardin pavillonnaire joue donc le rôle de substitut à l'isolation phonique défectueuse de la construction à bon marché, tant il est vrai que l'on supporte mieux ses bruits familiaux que ceux des voisins :

> « Tout le monde ne s'accommode pas de la vie commune des maisons à étage. On s'y trouve moins chez soi, la vie de famille y est plus gênée, ce n'est pas une des moindres objections ».

Le rapport de la Société Industrielle de Mulhouse, celui du Jury des Habitations Ouvrières de 1889, concluaient également que la maison avec jardin assurait seule l'indépendance des familles.

En second lieu, le jardin devait constituer un espace protégé de loisir familial, accessible à tout moment pour faire jouer l'enfant sous l'œil des parents, ce qui n'est pas facile dans un espace collectif :

> « On présente la cour comme un lieu d'amusement pour les enfants, mais combien de querelles y prennent naissance et augmentent la difficulté de maintenir le bon accord, chez les femmes surtout. »

---

[35] MULLER, CACHEUX, *L'habitation ouvrière*, op.cit.

L'enfant ne serait pas le seul à y jouer : le père aussi « jouerait » au jardinier, ce qui l'amuserait assez pour l'empêcher de stationner au cabaret avant de rentrer chez lui :

> « Quelle attraction a pour lui ce petit jardin (..) l'argent qu'il aurait dépensé au cabaret est consacré à l'achat d'un meuble (...) »[36]

Le loisir sain et familial, préoccupation majeure des moralistes qui voulaient lutter contre l'alcoolisme et les mauvaises fréquentations (souvent politiques, au cabaret), était un atout majeur offert par le jardin attenant.

Picot le rappelait[37] :

> « Le père, rentrant de son travail, s'intéresse à la culture, il y consacre ses loisirs. »

Baudrillart le développait[38] :

> « On a célébré les vertus du jardin attenant à la maison. On n'en dira jamais assez de bien. En s'attachant à ce jardinet devenu leur récréation et le charme des heures de loisir, en remuant ce petit fonds avec amour, (les ouvriers) y ont trouvé la santé pour le corps, un peu de rafraîchissement pour l'âme, et cette assurance que la vie chez soi n'est pas sans douceur et sans quelques plaisirs. Qui a fait cela ? La propriété individuelle, nul moraliste ne s'en étonnera ».

La troisième vertu du jardin attenant figure dans cette dernière phrase : le jardin devait restaurer l'indépendance, le bien-être des occupants de la maison, et le bénéficiaire de ce changement, sachant qu'il lui venait de son droit de propriété, deviendrait un défenseur de la propriété.

Pour les pavillonnaires, recherchant avant tout l'intégration (heureuse) du prolétariat dans la société, le jardin ne pouvait se concevoir que lié non seulement à la maison, mais aussi et surtout au statut juridique de propriétaire. Appendice de la maison, il était à leurs yeux moins important qu'elle. C'est pourquoi, malgré les discours qu'il tenait et la présence à ses côtés de leplaysiens fervents, en dépit de son alliance stratégique avec l'abbé Lemire, Jules Siegfried centra uniquement son projet de loi sur le logement ouvrier et l'accession à la propriété.

---

[36] SIEGFRIED (J.).- *Les cités ouvrières, op.cit.* (fragment d'une citation faite Chapitre 5, « Les hommes, les idées, les courants de pensée).

[37] PICOT (G).- *Rapport du jury des habitations ouvrières, op.cit.*, pp.10-25

[38] BAUDRILLART (H.).- *L'amélioration des logements d'ouvriers, op.cit.*

Le jardin ouvrier.

Pour les terrianistes, ce n'était pas la propriété, mais la sécurité de la jouissance du bien qui importait, le jardin ouvrier étant essentiellement un outil d'hygiène alimentaire et physique dont l'efficacité avait été démontrée par les expériences du docteur Lancry et de Madame Hervieu. Leur objectif était de soulager la misère des familles nombreuses, et, par la même occasion, de développer l'hygiène et le dynamisme démographique de la population française. Il leur valut l'estime et le soutien des hygiénistes, qui constataient l'efficacité de leur remède.

En effet, l'extension des jardins ouvriers donnait des résultats sanitaires excellents, selon un certain nombre d'autorités médicales, notamment les docteurs Robin, Letuelle, Calmette, Savoire. En octobre 1903, au Congrès International de Paris, le Dr Calmette formula le vœu de voir transformer les terrains militaires des villes fortifiées en jardins ouvriers. Le Dr Robin appuya ce vœu au nom de la lutte antituberculeuse.

On constatait de plus la réalité du lien entre fécondité et possession d'un jardin ouvrier : à Bordeaux-Bastide, dix familles possédant des jardins comptaient un impressionnant total de 53 enfants.

On s'apercevait, à Lyon, que les rapports de voisinage s'amélioraient grâce à l'adjonction du jardin.

L'appui de la science, le souci de l'apaisement des tensions locales, les exigences du patriotisme nataliste ne firent cependant pas aboutir immédiatement le vote de la loi sur le bien de famille insaisissable, qui n'intervint qu'en 1909.

L'absence, chez les terrianistes, de théorisation autre que de fournir un revenu minimum à la population séduisait la gauche, mais leur absence de projet intégrateur décevait les philanthropes conservateurs qui trouvaient dans la propriété pavillonnaire l'avantage hygiéniste du jardin ouvrier plus -et ce plus comptait beaucoup-, la possibilité de créer une classe moyenne anticollectiviste. Les hommes de la gauche modérée qui souhaitaient essentiellement l'amélioration du sort des familles ouvrières cherchaient à créer une majorité commune aux deux projets, à les « marier » idéologiquement. L'artisan majeur de cette stratégie, celui qui unit les deux démarches dans la législation fut le sénateur Paul Strauss.

Paul Strauss, républicain ardent qui avait été banni par le gouvernement de Broglie, avait géré la politique sociale du Conseil Municipal de Paris dans les années 1880, puis entama une carrière de sénateur de la Seine à partir de 1897 jusqu'à sa mort, fut l'auteur de la loi pavillonnaire de 1906 avant de devenir ministre de l'Hygiène en 1919. Il affirmait haut et fort ne pas voir de différence entre les projets de Siegfried et de Lemire, qu'il qualifiait de « frères d'armes en hygiène sociale ».

Logement et jardin paraissaient complémentaires, et la pratique montrait que la possession d'un jardin ouvrier pouvait inciter les ouvriers à construire leur maison :

> « Ce jardinet peut être dépendant ou distinct de la maisonnette, il en est en tous cas le vestibule, comme le prélude et l'avant-garde. Les mineurs de Saint Etienne ont édifié, spontanément d'abord, méthodiquement ensuite, des maisons d'habitation sur les parcelles de terrain qui leur avaient été concédées.[39] »

Les débats parlementaires autour de la loi Siegfried montrèrent que, en 1894, on ne souhaitait pas attendre que des maisons fussent spontanément bâties sur les jardins ouvriers, que l'aide aux plus démunis était de l'assistance alors que le logement social relevait de la politique, la comparaison entre les textes de Siegfried et de Lemire provoquant une réflexion théorique sur les rôles respectifs de l'Etat et de la philanthropie privée.

En fait, les deux projets créant une intervention financière des pouvoirs publics dans le cadre, non plus de l'incitation ou de la subvention au cas par cas comme sous le Second Empire, mais d'une législation officielle, l'ampleur nouvelle de l'intervention de l'Etat-Providence en matière d'habitat ouvrier réactualisa deux vieux thèmes de débats politiques : la conception régalienne ou élargie du rôle de l'Etat, la conception individualiste ou collective du mode d'habitat. .

LE DEBAT SUR L'INTERVENTION DE L'ETAT.

Confrontés à la nécessité d'engager l'Etat dans une politique de subvention à long terme concernant un problème social majeur, les parlementaires qui examinaient à la fois les textes de Siegfried et de Lemire se posèrent deux questions à leurs yeux essentielles :-quelle est la légitimité de la dépense de fonds publics, et quelle est la légitimité de l'intervention du législateur dans un domaine jusque là réservé à la philanthropie ou laissé aux lois du marché.

Ce débat, initié en 1894 mais poursuivi lors du vote des lois Strauss en 1906, Ribot en 1908, Lemire en 1909, Bonnevay-Strauss en 1912, a rebondi de loi en loi sans trouver de conclusion satisfaisante car la nouveauté de l'intervention officielle de l'Etat, tant pour le financement du logement social que pour la conception urbanistique qu'elle sous-tendait de la part des législateurs, n'a permis aux parlementaires non encore engagés dans le combat sur l'habitat de découvrir que progressivement l'implication de leurs choix, les diverses tentatives de développement de la politique du logement précisant les enjeux et les lignes de partage, sans cependant atteindre avant 1914 la violence des oppositions politiques qui se firent jour lors de la dernière loi « pavillonnaire », la loi Loucheur de 1928.

---

[39] STRAUSS (P.).- *Le Foyer populaire, op.cit.*

LE CHOIX DES BENEFICIAIRES DE L'ETAT-PROVIDENCE.

Mettre en branle la solidarité nationale pour loger une catégorie de population et relancer la construction sociale privée parut déontologiquement inacceptable pour certains critiques parlementaires. Sans doute ce scrupule était-il étayé par le désir de défendre d'autres projets ou d'autres catégories, mais le reproche eut l'avantage de faire évoluer les textes de loi d'une manière favorable à un plus grand nombre de bénéficiaires, car chaque débat permit d'élargir le domaine de leur application, en fonction des préoccupations dominantes du temps.

De l'habitation ouvrière à l'habitation à bon marché.

Le texte initial de Siegfried portait sur les habitations ouvrières. Il était destiné à traiter le problème de la ségrégation qualitative des petits salariés des villes, et à leur permettre une lente accession à la propriété grâce à un système de location-vente. Le premier débat ne porta pas sur l'idée de l'accession à la propriété pour le prolétariat, la critique idéologique de l'embourgeoisement ou de l'enracinement, comme ce serait le cas lors de la loi Loucheur, mais sur la nécessité d'ouvrir le bénéfice de cet enracinement à ceux-là mêmes qui en étaient le symbole, les paysans français.

C'est en effet du Sénat que vint une longue obstruction au projet Siegfried, le projet Lemire y recevant un accueil chaleureux. Elus dans leur grande majorité par des régions agricoles, les sénateurs des années 1890 voyaient avec suspicion se créer, pour les populations urbaines à faible revenu, un avantage nouveau qui ne manquerait pas de rendre plus attrayant l'exode rural ; ils envisageaient par contre la possibilité, en utilisant les facilités nouvelles d'accession à la propriété, de stabiliser heureusement les paysans à la campagne, comme Siegfried souhaitait le faire pour les ouvriers dans les banlieues.

Le projet Siegfried fut ainsi attaqué au nom de la solidarité nationale, qui devrait offrir des avantages à toutes les populations à faible revenu sans distinction professionnelle; le sénateur Buffet proclama qu'il ne voulait pas de privilèges.

Il fut amendé dans le sens d'une extension de la loi à l'ensemble des individus dont les ressources ne dépasseraient pas un certain plafond de revenu net imposable, et qui ne seraient propriétaires d'aucune habitation.

C'est ainsi que la loi sur les Habitations Ouvrières de Siegfried devint la loi sur les Habitations à Bon Marché.

Le problème de la taille de la propriété.

Le propos de Siegfried était de faire accéder à la propriété, celui de Lemire de permettre la survie des familles pauvres et notamment des familles nombreuses. Dans les deux cas, , si le législateur voulait améliorer les conditions existantes la définition de la taille de la propriété permettant de bénéficier d'une aide publique était importante, car elle déterminerait l'usage qui pourrait être fait de la parcelle acquise.

Dans les logements ouvriers avec jardin existants, on pouvait, depuis l'enquête de 1889, calculer les normes en vigueur. Dans l'ensemble, les maisons se rapprochaient du type mulhousien où, pour $40m^2$ de surface bâtie, le jardin était de $120m^2$. Il y avait mieux : à Lens, le type de maison le plus défavorisé offrait une surface bâtie de 60 à $65m^2$, avec un jardin de $200m^2$. Mais en moyenne la surface non bâtie était égale aux trois quarts de la parcelle dans le logement patronal, soit une surface cultivable moyenne dépassant de peu celle que Fourier assignait à un jardin d'agrément.

Dans un premier temps, la taille du jardin fut peu évoquée, puisque seul le texte Siegfried fut voté et qu'il ne concernait que l'habitation. Dans l'attente du vote de la loi Lemire, qui n'eut lieu qu'en 1909, le sénateur Strauss proposa un nouveau texte alliant cette fois le jardin et la maison, le champ et le jardin ouvrier ; les jardins et champs de 5 à 10 ares étaient assimilés à des habitations à bon marché et profitaient des mêmes prêts et exemptions fiscales. Les sénateurs entrèrent en guerre pour obtenir l'extension de cette surface pendant la discussion de la loi Strauss, puis de la loi Ribot, indiquant cette fois clairement qu'ils se battaient pour leurs électeurs paysans. L'argument que « sur ce terrain (inférieur à un hectare), on ne peut mettre une vache » émut sans doute le ministre des Finances, pourtant avocat traditionnel de la réduction des surfaces non imposables, et l'augmentation de la parcelle votée par la Chambre lors de la loi Ribot fut portée par le Sénat, avec son accord, de 25 ares à un hectare.

La taille de l'habitation, dans le cadre de la loi Siegfried, dépendait de normes édictées par la Société et le Conseil Supérieur des H.B.M. Contrairement au projet Lemire, les textes proposés par les responsables de la gestion du logement aidé négligèrent de prendre en considération le problème des familles nombreuses. Leur préoccupation de rentabilité spatiale conduisit même Picot et Cheysson -ce dernier étant alors Président du Conseil Supérieur des H.B.M.-, à refuser l'extension de la surface habitable entrant dans le cadre de l'aide publique, et la modulation du montant de l'aide en fonction de la taille du logement proposées lors de l'élaboration de la loi Strauss de 1906. Le cas des familles nombreuses dut attendre, pour être traité, la loi Bonnevay-Strauss du 23 décembre 1912, et celle du 31 mars 1919 dont l'article 19 leur accordait des privilèges en matière de logement.

Le problème de la moralité de l'aide publique.

Le souci de rentabilité de la Société Française des H.B.M., inspiré par les échecs des Sociétés de construction philanthropiques, et le désir de pérenniser une construction sociale soumise aux lois du marché, indisposa les parlementaires catholiques qui lui préféraient le système Lemire, plus proche de la bienfaisance pure. Le texte sur le bien de famille insaisissable demandait une garantie juridique et un dégrèvement fiscal ; l'organisation elle-même, composée essentiellement de bénévoles, ne devait rémunérer que quelques employés. Elle s'écartait des lois du marché, et répondait aux critères traditionnels des œuvres philanthropiques. De plus, son objectif, la survie des familles démunies par l'octroi d'un minimum vital qu'elles contribuaient à constituer par leur travail sur le jardin ouvrier, paraissait d'une nécessité plus urgente que l'accession à la propriété à des catholiques qui, à l'époque, pensaient encore majoritairement que l'intégration ouvrière passait par la religion et le patronage.

Le caractère commercial de l'activité de la Société Française des H.B.M.fut donc critiqué par les catholiques. Le sénateur Buffet[40] en profita pour plaider pour les Congrégations hospitalières, disant que « ceux qui soignent gratuitement des malheureux et de infirmes sont beaucoup plus dignes d'intérêt que des gens qui se font construire des habitations pour en tirer profit ». Quant à Jacques Piou, chef des républicains démocrates[41], dans un réflexe anticapitaliste propre aux catholiques romains, il posa le problème du financement de sociétés mercantiles par l'argent de la collectivité. Choqué par le fait que les Sociétés constructrices admises à bénéficier d'aides publiques puissent être aussi financées par le marché boursier, il demanda de retirer de leur liste celles dont la dénomination comporterait le mot « action ».

La légitimité morale de l'intervention de l'Etat, la nécessité du contrôle de l'utilisation des fonds publics étaient posées en fonction de préoccupations prégnantes pour les hommes de l'époque, qui laissaient ouvert un débat portant sur des points théoriques et financiers centraux encore non résolus.

LE FINANCEMENT DE LA POLITIQUE DU LOGEMENT SOCIAL.

La nécessité d'un soutien financier constant à la construction sociale s'était imposée du fait de la carence de la construction coopérative et philanthropique et à l'absence d'esprit social de sociétés privées soucieuses de rentabilité. Toutefois, l'idée d'affecter des crédits publics à un secteur ne relevant pas de la politique régalienne classique posait un double problème : celui de l'endettement du Trésor Public, et celui du principe de l'intervention financière.

---

[40] Débats Parlementaires Sénat, 16 février 1894.

[41] Les républicains « ralliés » de l'Action Libérale, puis Action Libérale Populaire.

L'endettement public.

Le principe libéral de l'équilibre des finances publiques avait conduit les parlementaires à restreindre les occasions de subvention directe, ce que Siegfried avait appris à ses dépens ; il avait, en 1892, antérieurement au dépôt de son texte sur le logement, soumis au Parlement une proposition tendant, selon les termes mêmes du rapporteur, à « permettre des prêts directs aux communes par la Caisse des Dépôts et Consignations » en vue de rétablir leurs finances éprouvées par les réquisitions allemandes et le nombre d'aménagements nécessaires. Il s'en était suivi un débat[42] où Léon Say avait manifesté son opposition à une opération risquant d'affaiblir le crédit public. Pelletan, rapporteur, avait défendu le principe du prêt, et s'était gaussé de la timidité des libéraux, leur rappelant qu'ils étaient fils de ces Gaulois qui n'avaient peur que d'une chose : que le ciel leur tombât sur la tête. Clemenceau avait renchéri, rappelant que même dans ce cas ils disaient qu'ils soutiendraient le ciel avec leurs piques. Ces bons mots n'avaient pas eu raison de l'orthodoxie libérale.

Aussi, dans le texte que les députés prirent en considération le 28 mai 1894, le dispositif essentiel du financement de la construction sociale ne devait pas faire l'objet d'une sortie de capitaux publics, mais simplement d'une absence de rentrée de contributions fiscales. La Société constructrice de logements ouvriers devait être exemptée de taxes diverses, et l'immeuble social construit devait être exempté pendant cinq ans de l'impôt foncier et de la contribution sur les portes et fenêtres. Enfin, par dérogation au Code Civil, l'immeuble acquis par location vente devait rester dans la famille après le décès de l'acquéreur, sans faire l'objet d'un partage ou d'une vente, mais aussi sans droits de succession. Les prêts que les Sociétés constructrices pourraient demander à la Caisse des Dépôts n'apparaissaient plus comme l'essentiel de la subvention. Les sénateurs[43] ne se laissèrent pas prendre à cette ruse financière, précisant que :

> « la question des habitations ouvrières ne pourrait passer dans la pratique que si on la subventionnait ».

Le sénateur Buffet reprit, avec le sénateur Boulanger, l'antienne de l'orthodoxie libérale. Faisant part de l'inquiétude de la Commission de Surveillance de la Caisse des Dépôts et Consignations ; ils demandèrent, appuyés par le marquis de Carné, comment, en cas de grande crise, la Caisse pourrait rembourser les dépôts immobilisés du fait des prêts consentis aux Sociétés constructrices. Là encore, c'est la gauche qui vint au secours de Siegfried. Gouin rétorqua :

---

[42] Débats Parlementaires Chambre, 28 mai 1892.

[43] Débats parlementaires, Sénat, 19 juin 1894.

« Lorsqu'il s'agira de réaliser les quatre ou cinq millions que nous aurons placés en maisons ouvrières, si nous éprouvons une perte de 100 000 francs, ce sera bien peu de chose dans ce cataclysme auquel M. Buffet faisait allusion ».

Le débat reprit en 1906, lorsque le sénateur Strauss demanda, dans son texte sur l'acquisition de jardins, un dégrèvement fiscal pour les acquéreurs. Ce fut alors le ministre des Finances qui intervint pour limiter le manque à gagner du Trésor, en demandant une réduction de la taille des jardins ouvriers pouvant bénéficier de la loi. Strauss[44] défendit sa proposition en avançant un argument qui montrait la progression de l'idée d'Etat-Providence : les fonds publics doivent aussi servir à mettre en œuvre la solidarité nationale :

« (L'encouragement à l'acquisition de jardins ouvriers est) une victoire qui ne fut pas remportée sans combat sur ce que M. Eugène Rostand a appelé d'un mot un peu vif le fiscalisme excessif de l'administration française. On ne peut savoir mauvais gré au ministre des Finances d'avoir l'esprit, ou, pour employer l'expression de M. Raymond Poincaré, le courage fiscal. Toutefois cette résistance louable a des limites ; elle dépasse la mesure lorsqu'elle ne tient pas compte des répercussions d'ordre social d'une mesure de dégrèvement ou d'exemption d'impôts ».

Cette attitude se répéta en 1908, mais cette fois le ministre se laissa convaincre et porta le plafond de 25 ares, surface acceptée par la Chambre mais trouvée insuffisante par le Sénat agricole, à un hectare. Ribot déclara d'ailleurs en 1909 :

« Cela ne coûte pas bien cher à l'Etat, car, l'année dernière ces exemptions temporaires se sont élevées à 226 000 francs, et dans un budget comme celui de la France, s'il ne manque que 226 000 francs pour l'équilibrer, on trouve facilement le moyen de combler le déficit ».

Les esprits s'habituaient ainsi peu à peu à l'intervention financière, mais au refus de l'intervention se substituait la parcimonie des prévisions ou de l'application de la loi.

---

[44] Intervention reprise par Strauss dans son livre *Le Foyer populaire, op.cit.*

Financement public et contrôle public.

Ce n'est pas de gaieté de cœur que Jules Siegfried s'était résigné à demander l'aide financière de l'Etat. Toutefois, il essaya de maintenir la plus large autonomie possible aux initiatives privées. André Siegfried indique cette préoccupation de son père[45] :

> « C'est ainsi que, dans les questions d'habitations ouvrières et d'hygiène notamment, il avait compris que si les solutions individuelles pouvaient amener à des progrès fragmentaires, il fallait, pour faire quelque chose de vraiment efficace, faire appel à l'intervention de l'Etat. C'est dans cet esprit qu'il fut le promoteurs des premières lois sur les H.B.M. et l'assistance publique, lois qui, tout en faisant appel au concours de l'Etat, n'en laissaient pas moins un rôle essentiel à l'intervention privée et à la responsabilité de l'individu. »

De ce fait, le système prévu pour l'application de la loi était confié à des organismes privés : la Société Française des HBM et le Conseil Supérieur des H.B.M. Si la gauche modérée n'y voyait pas d'obstacle majeur, il n'en allait pas de même pour les socialistes. Martin Nadaud, Caillaux, Bonnevay soulignaient que les fonds publics devaient rester dans le secteur public. Ils proposèrent que la construction de logements sociaux soit du ressort des collectivités locales.

La thèse d'une mainmise de l'Etat sur un secteur jusque là entièrement libéral, la possibilité d'une intervention directe et d'un contrôle direct des pouvoirs publics paraissait inacceptable à beaucoup de hauts responsables de la Société Française des H.B.M. et des Comités de patronage de la construction sociale. Cheysson, Picot, Rostand, étaient résolument anti-interventionnistes.

Une fois le système mis en place en France, des contacts internationaux durent être pris, et les exemples étrangers s'imposèrent à l'esprit des Français, emportés dans un mouvement international qui finit par leur imposer ses normes. Au Congrès International des H.B.M. de 1900, Rostand dut retirer sa motion hostile à l'intervention directe de l'Etat.

Toutefois, les socialistes français n'étaient pas favorables non plus à un service national du logement. Les principes qu'ils défendaient, que l'on retrouve dans toute une littérature consacrée au logement avant 1914 et dans les discours de Jaurès, étaient de maintenir dans un parc immobilier collectif les immeubles construits avec l'aide de l'Etat, d'y laisser une grande liberté de circulation aux occupants en privilégiant la location par rapport à l'accession à la propriété, et de tendre à la gratuité pour les plus démunis. La convergence est évidente avec les conseils d'Engels sur la nécessité du nomadisme prolétarien, et sur le danger d'embourgeoiser le prolétariat. Il s'agit d'une fourniture sociale de logement, qui

---

[45] SIEGFRIED (A.).- *Jules Siegfried, op.cit.*

doit répondre correctement à un besoin vital, et ne pas chercher à créer l'illusion sociale d'une promotion ou d'un bonheur qui détournerait le peuple de sa seule chance d'y accéder réellement, la revendication révolutionnaire.

Le changement de donne des forces parlementaires fit que cette thèse prévalut finalement sur le projet libéral primitif. Le socialisme municipal imposa en 1912 le vote de la loi Bonnevay-Strauss créant les Offices Publics d'H.B.M.

La bureaucratisation de la construction sociale infléchissait le sens de l'action de l'Etat : l'assistance allait-elle prévaloir sur l'incitation à l'effort personnel, l'habitat locatif sur l'accession à la propriété, le collectif sur l'individuel ?

La politique pavillonnaire survécut à ce tournant, et reprit au contraire un second souffle plus puissant que le premier après la Première Guerre Mondiale.

Chapitre sixième

Diffusion du modèle et naissance d'une tradition

La confrontation entre partisans de l'unifamilial et du collectif amorcée au début de la politique pavillonnaire s'accrut en fonction du développement de la politique de logement social. Elle s'étendit au domaine de la théorie urbanistique ; la résurgence de projets mêlant les considérations politiques aux considérations techniques inciteraient à dire qu'au socialisme utopique du collectif, le phalanstère de Fourier, a succédé l'urbanisme utopique du social, la Cité Radieuse de Le Corbusier.

Avant la première guerre mondiale, l'idéologie pavillonnaire s'exprima fortement, à la suite des trois principaux législateurs qui la favorisèrent, Siegfried, Strauss et Ribot, bien que Strauss ait eu des mobiles plus hygiénistes qu'intégrateurs.

Toutefois, la parcimonie avec laquelle les financeurs libéraux de la construction sociale s'acquittèrent de leur tâche, la répugnance des contrôleurs libéraux de la construction sociale à réprimer la soif de rentabilité des promoteurs et lotisseurs ont trop souvent abouti à encourager la construction sauvage et la promotion immobilière sans infrastructures appelée entre les deux guerres « lotissements défectueux ».

La période de l'entre deux guerres fut ainsi dominée par la nécessité de rattraper les dégâts causés par le laisser-faire libéral -notamment avec la loi Sarraut-, et le désir de relancer la politique pavillonnaire -avec la loi Loucheur-, pour contrer le système socialiste de cités-jardins et un « péril rouge » accru par le mécontentement des mal lotis, notamment en banlieue parisienne.

Les encouragements dispensés par les pouvoirs publics, les Sociétés de construction et les lotisseurs firent renaître en France le mythe de la maison déjà populaire sous la Restauration, en l'implantant cette fois dans des couches inférieures de la population. Le pavillon banlieusard témoigna d'une volonté d'affirmer l'accession au statut de classe moyenne ou d'y prétendre, créant un type architectural d'alliance entre ville et campagne se rattachant à la « folie » ou à la gentilhommière des aristocrates, à la villa ou « campagne »des bourgeois aisés, représentatif par ses proportions et son type d'ornementation de couches plus ou moins élevées et formées à l'esthétique des classes populaires déprolétarisées.

La faveur dont jouit l'idéologie pavillonnaire sous le régime de Vichy l'a naturellement rendue plus suspecte encore à la gauche, et, après la Libération, l'a discréditée auprès de reconstructeurs technocratiques, du reste pressés par l'urgence et l'ampleur de la crise du logement de l'après-guerre. L'appel aux architectes novateurs pour la reconstruction parfois presque *ex nihilo* des villes détruites, puis la construction en masse de logements nouveaux pour répondre aux besoins de l'élan démographique et de l'immigration dans les zones urbaines en expansion économique a parachevé au milieu du XX°siècle une victoire du collectif sur laquelle, à la fin des années 1960, il semblerait que l'on ait souhaité revenir.

L'ÉVOLUTION PAVILLONNAIRE AVANT 1914.

Les difficultés de financement et de contrôle de la construction sociale initiée par la loi Siegfried entraînèrent des réformes successives. Le coup de fouet donné par cette législation permit aux Sociétés philanthropiques et à la coopération ouvrière de prendre un essor nouveau. Cependant, les logements sociaux restèrent l'apanage d'une élite populaire, ce que les législateurs regrettaient tout en restant de fermes partisans de l'accession à la propriété.

L'ÉVOLUTION DE LA POLITIQUE DU LOGEMENT.

A partir de la loi Siegfried, la politique du logement suivit une ligne de plus en plus favorable à l'habitat pavillonnaire, jusqu'à la constitution d'une opposition présentant non plus seulement des critiques, mais une contre-proposition globale comprenant à la fois un principe de gestion collective de la construction sociale et un principe urbanistique de réforme de l'habitat populaire réconciliant ville et campagne : le socialisme municipal et les cités-jardins.

Du contrôle libéral au contrôle public.

Le contrôle des Sociétés bénéficiaires de l'aide publique au logement sous la loi Siegfried se faisait en deux temps : lors de leur demande d'agrément pour être habilitées à construire avec l'aide publique, elles devaient se soumettre aux règles d'attribution sociale des logements prévues par le législateur (vérification du revenu net imposable des candidats et du fait qu'ils n'étaient propriétaires d'aucune habitation), et obtenir le feu vert de la Société Française des H.B.M. et du Conseil Supérieur des H.B.M. ; ce dernier organisme était chargé du contrôle de leur activité et faisait un rapport annuel sur le fonctionnement général du système adressé au Président de la République.

La loi Strauss chercha à renforcer ce contrôle en le décentralisant. Les comités régionaux de patronage des H.B.M., qui avaient été conçus lors de la loi précédente comme des organismes de propagande en faveur du logement social, furent chargés en outre de contrôler la salubrité des logements sociaux construits ; les Sociétés constructrices ne pouvaient bénéficier de l'aide publique qu'en obtenant un certificat de salubrité délivré par ces organismes qui prirent le nom de Comités de patronage des H.B.M. et de la Prévoyance Sociale.

Les maxima de valeur locative des logements devaient être fixés et contrôlés par une commission spécialisée dans chaque région. Une directive globale était donnée : le prix de revient élevé de la construction de maisons individuelles rendait admissible un décrochement de leur valeur locative par rapport à celle des logements en immeubles collectifs, la plus-value ne pouvant toutefois dépasser un cinquième. Pour éviter le surpeuplement, toute sous-location était interdite.

Ribot refusa d'entendre les reproches de Caillaux et des socialistes partisans de la théorie du dépérissement progressif du loyer après amortissement des frais de construction[1], critiques à l'égard des bénéfices selon eux illicites des Sociétés constructrices[2] qui, pensaient-ils, dérogeaient à leur vocation philanthropique. Il justifia l'action de ces Sociétés, montrant que réduire leurs bénéfices pourrait freiner la construction sociale en démotivant la construction privée :

> « S'il est très désirable que chaque ménage ait sa maison, son *home*, il est évident que dans une grande ville comme Paris, cela est absolument impossible. Ces maisons, on ne peut les vendre à ceux qui les occupent[3] ; il faut faire de grandes maisons, le plus économiquement et de la façon la plus salubre, et quand on s'ingénie à trouver des combinaisons pour réduire les loyers et qu'on se voit retirer les faibles avantages sur lesquels on comptait, il y a là quelque chose d'un peu décourageant[4] ».

Il renvoya leurs critiques aux radicaux et aux radicaux-socialistes, faisant allusion à la possibilité fournie par la loi Strauss de faire financer le logement social par les collectivités locales, leur demandant pourquoi ils n'avaient pas, en tant qu'édiles, favorisé un mode d'organisation de la construction sociale qui aurait pourtant dû les séduire par ses principes, le caractère « girondin » et « fédéraliste » d'une initiative communale décentralisée, et l'égalitarisme méritocratique d'un avènement de travailleurs-propriétaires.

> « Alors même que les municipalités françaises ont à leur tête des hommes qu'on appelle des radicaux, voire des radicaux-socialistes, jusqu'à présent les communes n'ont pas fait d'effort pour développer en France les constructions nouvelles de logement ouvrier et surtout pour rendre l'ouvrier propriétaire ».

L'objectif de l'accession à la propriété pouvait sourire à la gauche radicale, certainement pas aux socialistes.

---

[1] Voir CHARMAY (M.), « Le logement gratuit », *La Revue Socialiste*, février 1892

[2] Voir les interventions de Jaurès sur la loi Strauss, Débats Parlementaires Chambre, 12-14 juin 1906, et DESLINIERES (M.).- *L'organisation collectiviste*, Paris, 1904, TUROT (M.), BELLAMY (H).- *Le surpeuplement et les H.B.M.*, Paris, 1907.

[3] On voit ici combien le système de la copropriété paraissait étranger aux esprits de l'époque ; il ne se développa du reste qu'avec lenteur après le statut établi en 1938, et prit son essor dans la seconde moitié du XX° siècle.

[4] RIBOT (A).- *L'utilité des Caisses de Crédit Immobilier pour favoriser l'accession à la propriété des ouvriers*, Amiens, 1908

Le développement du socialisme municipal répondit au défi de Ribot, sans doute plus vite et plus fort qu'il ne l'aurait souhaité. Le transfert vers le secteur public du système se concrétisa effectivement en 1912, avec la loi créant les Offices publics d'H.B.M.

La création du Crédit Immobilier.

La loi Siegfried de 1894, précisée en 1896, finançait comme on l'a vu les Sociétés constructrices à l'aide d'un système complexe d'exonérations fiscales et de prêts accordés par la Caisse des Dépôts et Consignations et divers organismes de bienfaisance.

L'investissement public dans le secteur de la construction sociale avait, du fait des réticences des libéraux, été limité au cinquième des fonds patrimoniaux ou de réserve des établissements financeurs. En 1906, la Caisse des Dépôts et Consignations était restée très en deçà de cette possibilité et n'avait souscrit que 6,5 millions de francs d'obligations émises par les Sociétés constructrices de logements sociaux. Jules Siegfried, nommé membre de son Conseil de Surveillance où de 1902 à sa mort, il tenta de pousser ses collègues réticents à une plus grande générosité sociale, dut très rapidement s'avouer que la majorité des libéraux étaient peu accessibles à l'esprit social.

C'est dans ce contexte que le sénateur Strauss décida, au vu de l'aggravation qualitative et quantitative de la crise du logement, car la Propriété Bâtie se refusait toujours à respecter les règles sanitaires et à entrer dans le circuit de la construction sociale, de rendre plus incitatives les conditions de son financement.

Sa loi, votée en 1906, offrait de nouveaux avantages aux Sociétés constructrices. Elles étaient exemptées d'impôt, et la durée du dégrèvement fiscal de l'immeuble social construit était portée de cinq à douze ans. Les collectivités territoriales étaient appelées à contribuer à leur financement : les départements et communes pouvaient attribuer aux Sociétés des subventions en espèces ou en nature. Les Sociétés constructrices étaient de plus autorisées à demander aux départements et aux communes de garantir le service à leurs actionnaires d'un minimum de dividendes de 3 % pour une période de dix ans.

On mesure, aux efforts ainsi faits pour séduire les constructeurs privés, la répugnance qu'ils éprouvaient à investir dans le logement social.

L'effort ne fut cependant pas suffisant.

C'est la raison pour laquelle Alexandre Ribot[5] résolut de créer un système moins dépendant du Trésor Public et des collectivités locales, notamment en offrant aux

[5] Voir sa notice biographique Chapitre 5, note 20.

candidats individuels à la petite propriété immobilière une aide personnalisée. Sa loi, votée en 1908, affectait une partie des fonds captifs de la Caisse Nationale des Retraites pour la Vieillesse au financement d'une autre cause nationale, celle du logement social. Pour ce faire, un type nouveau d'organisation financière était institué : les Sociétés de Crédit Immobilier. Ces Sociétés recevaient de l'Etat un crédit de cent millions de francs (or), l'Etat prenant à sa charge une partie des intérêts demandés par la C.N.R.V. qui passaient ainsi de 3,5% à 2% du montant du prêt accordé ; elles pouvaient indifféremment prêter aux Sociétés constructrices ou aux particuliers, en se garantissant par des cautions hypothécaires.

Désormais, les petits salariés pouvaient se lancer individuellement dans l'aventure de l'accession à la propriété. La demande changea alors de nature, les sociétés privées développant leur publicité pour séduire les candidats à la propriété, qui se multiplièrent.

De l'accession à la propriété à l'incitation au « retour à la terre ».

Par le jeu successif de ces trois lois, la politique de logement social favorisa de plus en plus l'acquisition de la maison avec jardin, ou pavillon, par l'ensemble des Français peu fortunés.

La loi Siegfried cherchait essentiellement à susciter la construction de bons logements pour les petits salariés urbains et à leur faciliter l'accession à la propriété.

La loi Strauss spécifia que les jardins et champs de cinq à dix ares pouvaient être assimilés à des habitations à bon marché et profiter au même titre des prêts et exemptions fiscales. L'acquéreur d'une maisonnette « aidée » pouvait désormais y adjoindre un lopin de terre « aidé ». L'habitat pavillonnaire n'était plus seulement ouvrier, il devenait paysan, comme l'auteur de la loi le précisait[6] :

> « La loi du 12 avril 1906 (...) a fait un effort méritoire afin de susciter et de faciliter jusqu'au fond des campagnes la construction de petites maisons de famille, devant remplacer les masures malsaines et placer par surcroît leurs occupants dans de meilleures conditions d'existence et de salubrité. »

Bien qu'hygiéniste et peu porté au discours intégrateur, Strauss était partisan du pavillon et non des cités-jardins, qu'il qualifiait de rêve futuriste digne de figurer dans les romans d'anticipation de Wells. Il était surtout adepte du jardin cultivable

> « (qui fournit) l'éducation horticole, le retour à la terre, le point de départ de la constitution du foyer, un moyen de combat contre l'alcoolisme, le resserrement des liens de famille, bref la moisson morale la plus riche et la plus luxuriante.[7] »

---

[6] STRAUSS (P.).- *Le Foyer populaire, op.cit.*

La loi Ribot porta la superficie de ces parcelles non bâties à 25 ares dans un premier temps, lors de la discussion à la Chambre des Députés, puis, comme on l'a vu plus haut, à un hectare sous la pression des sénateurs, élus en majorité de cantons ruraux et désireux d'améliorer la situation du prolétariat agricole. Si Ribot avait bien déclaré au Sénat qu'il souhaitait enrayer l'exode rural et favoriser, selon le titre de l'ouvrage de Méline, « le retour à la terre »[8], il n'en avait pas moins spécifié aux applaudissements de la gauche sénatoriale qu'il s'agissait « surtout du coin de terre sur lequel doit s'édifier la maison de famille »., Le ministre du Travail précisa du reste aux préfets que le Crédit Immobilier s'adressait aux pavillons et non aux jardins ouvriers dans sa circulaire ministérielle définissant les conditions d'application de la loi de 1908[9], qui

> « ne s'applique que lorsque les jardins peuvent être considérés comme l'accessoire de l'habitation ; acquis à titre principal en dehors de toute maison, ces jardins ne peuvent bénéficier de la loi de 1906. »

La loi du 11 février 1914 augmenta et précisa les règles de l'attribution des prêts, qui pouvaient désormais être obtenus aussi bien pour l'achat de terrain agricole que pour celui d'une parcelle constructible. Le législateur marquait de plus en plus son désir de freiner l'exode rural par l'accession à la propriété des métayers et ouvriers agricoles, tout en développant l'habitat pavillonnaire urbain, fixant les maxima que pourraient atteindre les prêts hypothécaires consentis à mille francs pour l'achat d'une exploitation agricole et douze cent francs pour l'adjonction d'un jardin à une maison d'habitation. Ces prêts étaient susceptibles d'augmenter jusqu'au quart du prix maximum de revient de la maison, si ce quart dépassait les douze cent francs prévus.

De la petite propriété au *homestead..*

Par ailleurs, et comme avant-goût de la loi Lemire sur le bien de famille insaisissable, la loi Ribot maintint le privilège institué par la loi Siegfried et respecté par la loi Strauss, c'est-à-dire l'exemption de droits de succession sur la petite propriété aidée et la dérogation au Code Civil en matière de dévolution après décès. Tous les commentateurs juridiques soulignèrent ce fait. Ribot lui-même expliqua les objectifs de ces mesures, visiblement capitales à ses yeux :

> « Elles ont pour objet et pour résultat, suivant l'expression employée par M. Vallé dans une circulaire ministérielle, de *conserver un foyer à la famille*. Cette double préoccupation (des lois de 1894 et de 1906) de faciliter l'acquisition de la maison familiale et d'en assurer la stabilité se retrouve dans la loi Ribot, comme elle a

---

[7] *ibid.*

[8] *ibid.*, commentaire de Strauss sur la présentation du texte Ribot.

[9] Circulaire du 25 septembre 1908.

logiquement dominé l'élaboration de la loi complémentaire sur les petites exploitations agricoles (...) Les droits de la femme et des enfants sont ainsi préservés, le coin de terre demeure l'abri sûr et inviolable des familles. Le père de famille, celui qui se crée un nid ou celui qui l'a reçu de ses parents, a tout loisir de le transmettre tel quel, voire même agrandi, à ses enfants. Il n'y a pas de meilleure prime à l'esprit de famille[10]. »

Toutefois, ce n'est pas au bien de famille insaisissable de Lemire que Ribot se référait en entérinant le principe dynastique de l'accession à la propriété, mais au *homestead* britannique, dont il souhaitait importer en France le système formateur de vertus morales et patriotiques :

« La maison ne doit pas être seulement une boîte en brique (...), elle est une école pour les jeunes, un refuge pour les vieux, le lieu de formation par excellence de ce qui fait la vraie grandeur de l'homme : le caractère. C'est là que s'apprennent les vertus nationales dont l'Angleterre est si forte et si fière. »

Le modèle pavillonnaire associé aux thèses de la droite traditionaliste ou du paternalisme patronal se transformait début XX° sous les couleurs de l'Angleterre monarchique et parlementaire, antimarxiste mais trade-unioniste, l'Angleterre des cités-jardins mais surtout des *cottages*, de plus en plus admirée des réformateurs.

L'ÉVOLUTION DE LA CONSTRUCTION SOCIALE.

Les effets de la législation antérieure à la première guerre mondiale sont difficiles à préciser quantitativement ; on doit recourir au croisement de diverses sources pour en avoir une idée globale. On sait cependant que la construction philanthropique et patronale, la construction coopérative ouvrière en ont été revigorées, mais que l'acquisition d'un « pavillon » à l'époque restait le fait de couches populaires aisées.

Le développement de la construction individuelle.

La rareté des enquêtes sur le logement avant la première guerre mondiale nous oblige à chercher des évaluations en croisant diverses données qui ne recouvrent pas forcément le seul logement unifamilial pavillonnaire : nombre de maisons à un logement, nombre de maisons à un étage.

L'enquête de 1954 menée sur cent ans par l'INSEE[11] offre l'avantage d'avoir décompté les immeubles à un logement, l'inconvénient de ne pas tenir compte des

---

[10] RIBOT (A).- *L'utilité des Caisses de Crédit Immobilier pour favoriser l'accession à la propriété des ouvriers., op.cit.*

[11] INSEE, « L'évolution des conditions de logement en France depuis cent ans », *Etudes et Conjoncture*, n°10-11, oct-nov.1957.

modifications apportées par les destructions d'immeubles devenus inhabitables, et des dommages de guerre, et de porter sur des recensements n'ayant pas les mêmes critères de classement. A titre d'indication, nous avons calculé pour chaque période retenue par l'INSEE :

- d'une part le pourcentage de maisons individuelles construites à chaque période par rapport au nombre total de maisons individuelles existant dans le parc immobilier de chacune des villes en 1954, ce qui, toutes choses égales par ailleurs, permet de dater approximativement les périodes de poussée de construction individuelle ;
- d'autre part le rapport entre le nombre de maisons individuelles (I) et le nombre d'immeubles collectifs (C) construits, le rapport I/C indiquant pour la période une tendance à la construction individuelle quand il est supérieur à 1.

Sur l'ensemble des 63 villes de plus de 50 000 habitants en 1954, en négligeant la période « avant 1870 » qui est antérieure à la politique du logement, on obtient ainsi une répartition par périodes des tendances à la construction individuelle et des poussées de construction individuelle.

Pour la période 1870-1914, on constate sur le tableau 5 une poussée de construction individuelle dans 17 villes dont Paris et sept villes de sa périphérie proche. Nous verrons plus loin que ces phénomènes locaux peuvent être expliqués, dans plusieurs cas, par l'action d'organismes activés par les lois pavillonnaires. Le mouvement de construction individuelle semble avoir été accéléré de façon assez générale par l'apparition de la législation.

D'après la même enquête de l'INSEE, entre 1896 et 1911, le nombre de maisons à un étage augmenta de 500 000 unités, alors que tous les autres types de construction accusaient une baisse relative. En 1896, sur l'ensemble du parc immobilier français, 14,2% des maisons avaient plus d'un étage, 50,2% étaient des maisons de type rural à rez-de-chaussée, 34,6% des maisons à un étage. En 1911, les maisons de plus d'un étage ne représentaient plus que 11,8% du parc immobilier -soit une baisse de 2,4% en 15 ans-, les maisons à rez-de-chaussée, 48,8% -soit une baisse de 1,4%-, les maisons à un étage 39,9%, soit une augmentation de 5,3%. La plus forte baisse affectait ainsi non les types de construction ruraux (alors que les campagnes se dépeuplaient) mais les types de construction urbaines à étages, tandis que le type fin XIXe du pavillon ou de la maison de ville à un étage se répandait.

Si on compare les données de recensement sur une longue période, par rapport à l'ensemble du parc immobilier français, les maisons de plus de quatre étages en représentaient 0,7% en 1856 et 1,2% en 1891, celles à rez-de-chaussée simple passaient de 60% à 50,8%, celles à un étage de 29,5% à 34%. Avec toutes les précautions que nécessite l'hétérogénéité du matériel statistique, on peut donc penser que la politique pavillonnaire n'a pas violé l'histoire, mais s'est inscrite dans une tendance lourde de focalisation des préférences personnelles sur la maison individuelle à un étage, qui n'était du reste pas le fait des seuls Français..

TABLEAU 5

POUSSEES DE CONSTRUCTION INDIVIDUELLE ENTRE 1870 ET 1914

dans les villes de plus de 50 000 habitants en 1954.

1. Rapport individuel/collectif[12] maximum entre 1870 et 1914.

VILLES	RAPPORT INDIVIDUEL/COLLECTIF		
	1870-1914	1915-1939	1940-1954
Amiens	11	8	0,91
Boulogne-Billancourt	0,65	0,56	0,44
Lille	1	1	1
Roubaix	12	7	6
Rouen	3	3	0,93
Tourcoing	65	18	21

2. Pourcentage maximum de maisons individuelles[13] datant de 1870-1914.

VILLES	% DE MAISONS INDIVIDUELLES DATANT DE		
	1870-1914	1915-1939	1940-1954
Amiens	11,98	4,02	0,84
Angers	2,73	2,26	0,68
Asnières	1,67	1,24	0,14
Bordeaux	10,83	4,95	0,88
Boulogne Billancourt	0,61	0,42	0,04
Calais	5,01	1,63	2,02
Courbevoie	1,09	0,67	0,11
Levallois-Perret	0,17	0,04	0,01
Lille	8,50	2,80	0,63
Nancy	1,74	1,74	1,00
Neuilly sur Seine	0,40	0,36	0,04
Paris	3,52	1,73	0,14
Roubaix	15,80	2,95	0,60
Saint Maur des Fossés	5,02	3,97	0,37
Tourcoing	12,83	3,62	1,29
Tours	3,37	2,48	0,40
Vincennes	0,54	0,23	0,02

Source : INSEE, « Enquêtes sur les conditions de logement dans les villes de plus de 50 000 habitants en 1954 », *Etudes et Conjoncture*, n°10-11, oct-nov 1957, pp.1243-1369.

---

[12] Le rapport individuel/collectif a été calculé sur le volume global du parc immobilier de chaque ville de plus de 50 000 habitants en 1954, dont les immeubles avaient été répartis par type (à un logement = individuel, à plusieurs logements = collectif) et par périodes de construction (avant 1870, 1870-1914, 1915-1939, 1940-1945). Les pourcentages d'individuel et de collectif pour chaque période ont été calculés (voir le tableau récapitulatif 19 et les cartes de répartition France et Banlieue parisienne), et le rapport individuel/collectif établi en divisant le % d'immeubles individuels datant de la période par celui des immeubles collectifs datant de la période.

[13] Le pourcentage de maisons individuelles a été calculé pour chaque période à partir du volume d'immeubles à un logement datant de la période au sein du parc immobilier d'immeubles à un logement existant en 1954 dans chacune des villes ayant à cette date plus de 50 000 habitants.

La stimulation de la construction philanthropique et coopérative.

La poussée de construction individuelle que l'on peut constater dans certaines régions et certaines villes entre 1870 et 1914 d'après le tableau 5 a résulté en grande partie de l'incitation nouvelle donnée à des structures philanthropiques existantes, comme de la création ou de la renaissance de mouvements coopératifs.

Les catholiques, obéissant à l'Encyclique *Rerum Novarum,* se convertirent dans une certaine mesure à la réforme de l'habitat social. Les résultats concrets en furent surtout visible dans le Nord Pas de Calais.
Le patronat catholique des Houillères et des Forges avait déjà pratiqué ses expériences sous l'influence leplaysienne. Le Textile du Nord attendit l'incitation papale ; le syndicat mixte de Roubaix Tourcoing, animé par l'Association Catholique des Patrons du Nord, construisit en 1892 les Cités Saint Henri et Saint Louis. Alertés par le Rapport du Jury des Habitations Ouvrières de 1889, les Patrons Catholiques du Nord se gardèrent d'offrir immédiatement à leur personnel l'accession à la propriété ; rappelons que ce rapport indiquait qu'après de bons débuts, si ce système n'était pas préservé par l'action éducative de location-vente, soit les ouvriers sous-louaient jusqu'à créer un « encombrement malsain et parfois immoral », soit ils se trouvaient contraints pour régler leurs dettes à céder leur propriété, le plus souvent à des cabaretiers qui en profitaient ainsi pour pénétrer dans le périmètre des domaines de l'entreprise qui leur était souvent interdit. L'exemple d'Anzin colonisé par les cabaretiers avait de quoi faire réfléchir. La proportion considérable de locatif individuel dans le Nord Pas de Calais que l'on constatera sur les cartes récapitulatives finales[14] s'explique en partie par la réorientation de la politique du logement social patronal après le traumatisme causé par cet « effet Anzin ». La sous-location des logements aidés fut du reste interdite par la loi de 1906 ; leur vente l'avait été dès la loi Siegfried.
Léon Harmel, industriel catholique inventeur d'une forme néocorporatiste de comité d'entreprise dans ses ateliers du Val des Bois et grand organisateur de pèlerinages ouvriers, se lança également dans une politique de logement pour son personnel.

La philanthropie catholique généra quelques exemples de construction sociale : Camille Féron-Vrau, directeur de l'influent journal catholique *La Croix*, lança un programme de logements à La Madeleine, près de Lille, entre 1901 et 1904, l'abbé de Poncheville fit de même à Valenciennes en 1901.

La coopération catholique, stimulée par quelques prêtres actifs, se développa dans quelques régions.
En 1904, une coopérative artisanale catholique se créa à Orléans : la Ruche Orléanaise.

---

[14] Voir tableau et cartes 20.

Maisons de M M. Peugeot & Cie Audincourt

ÉLÉVATION à 0m,005

Plan du Rez-de-chaussée. Plan de l'Etage

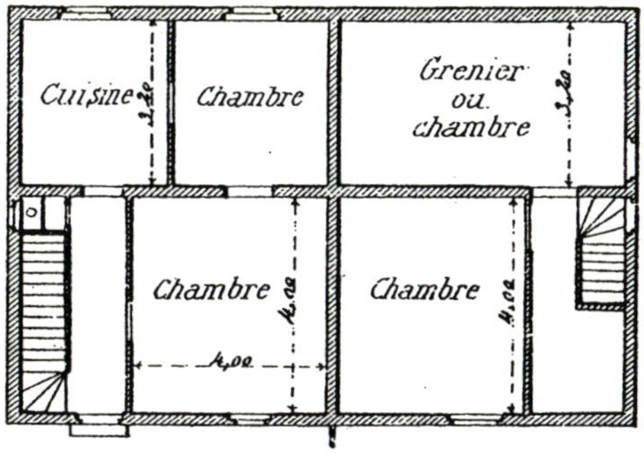

Maisons des Mines de Blanzy

ÉLÉVATION à 0m,004

Plans

Rez-de-chaussée 1er Etage

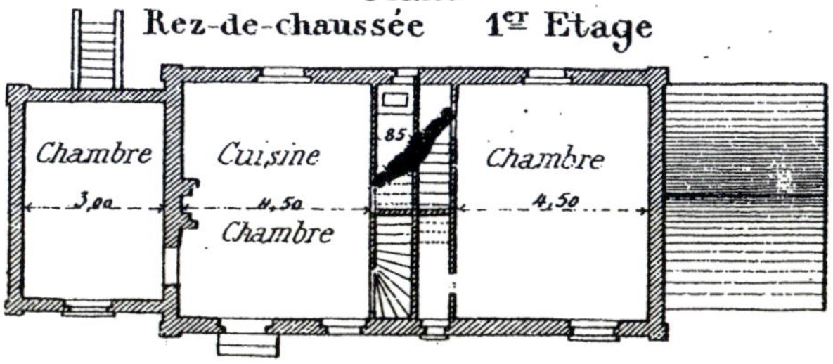

* *La Politique Pavillonnaire*.- Planche VI. maisons patronales groupées par deux : Usines Peugeot, mines de Blanzy

Source : MULLER, CACHEUX - *L'habitation ouvrière en tous pays*, Edition de 1892. Collections du Musée Social.

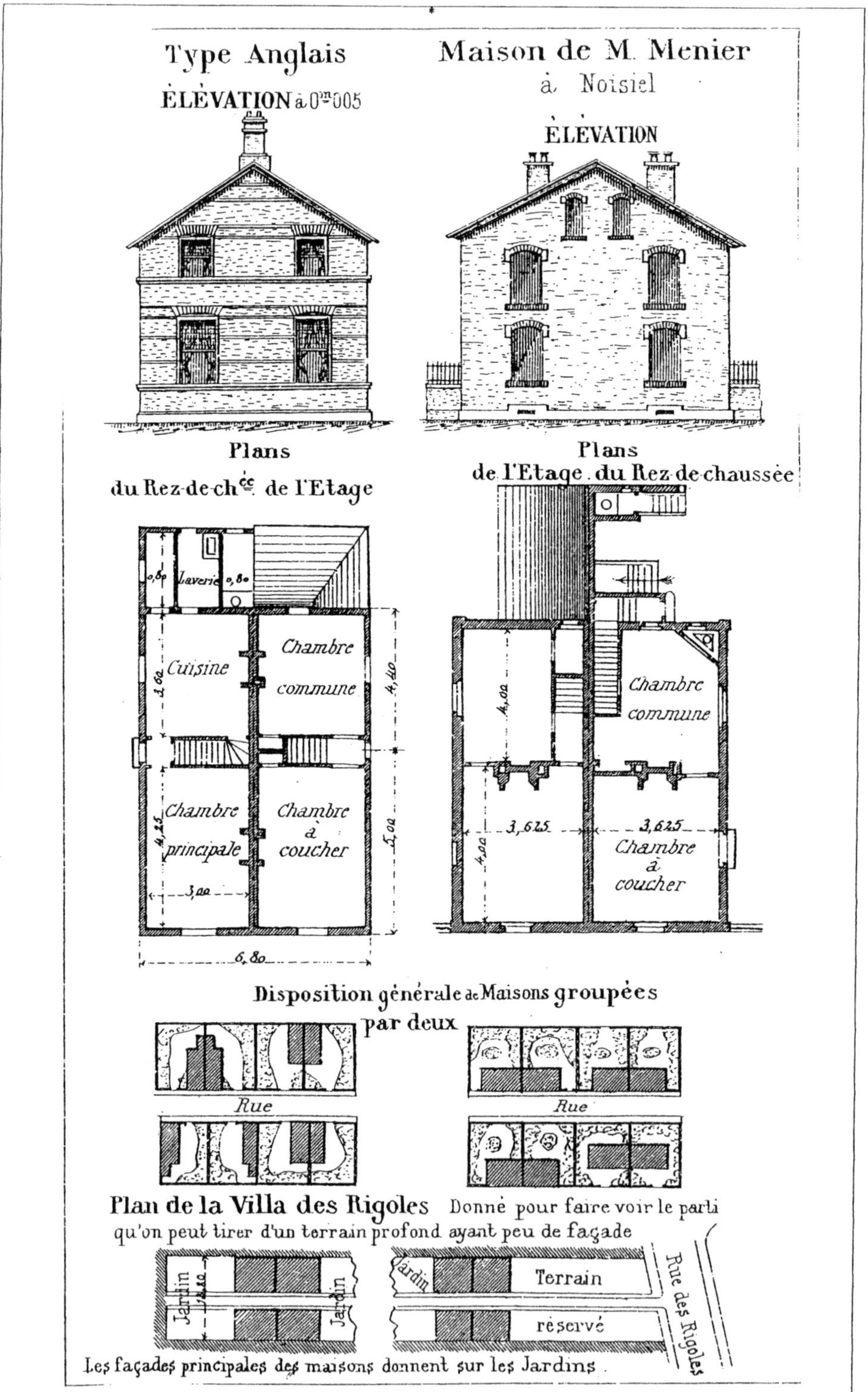

* *La Politique Pavillonnaire*.- Planche VII. maisons patronales groupées par deux ; modèle anglais, Usines Menier
Source : MULLER, CACHEUX.- *L'habitation ouvrière en tous pays*, Edition de 1892. Collections du Musée Social.

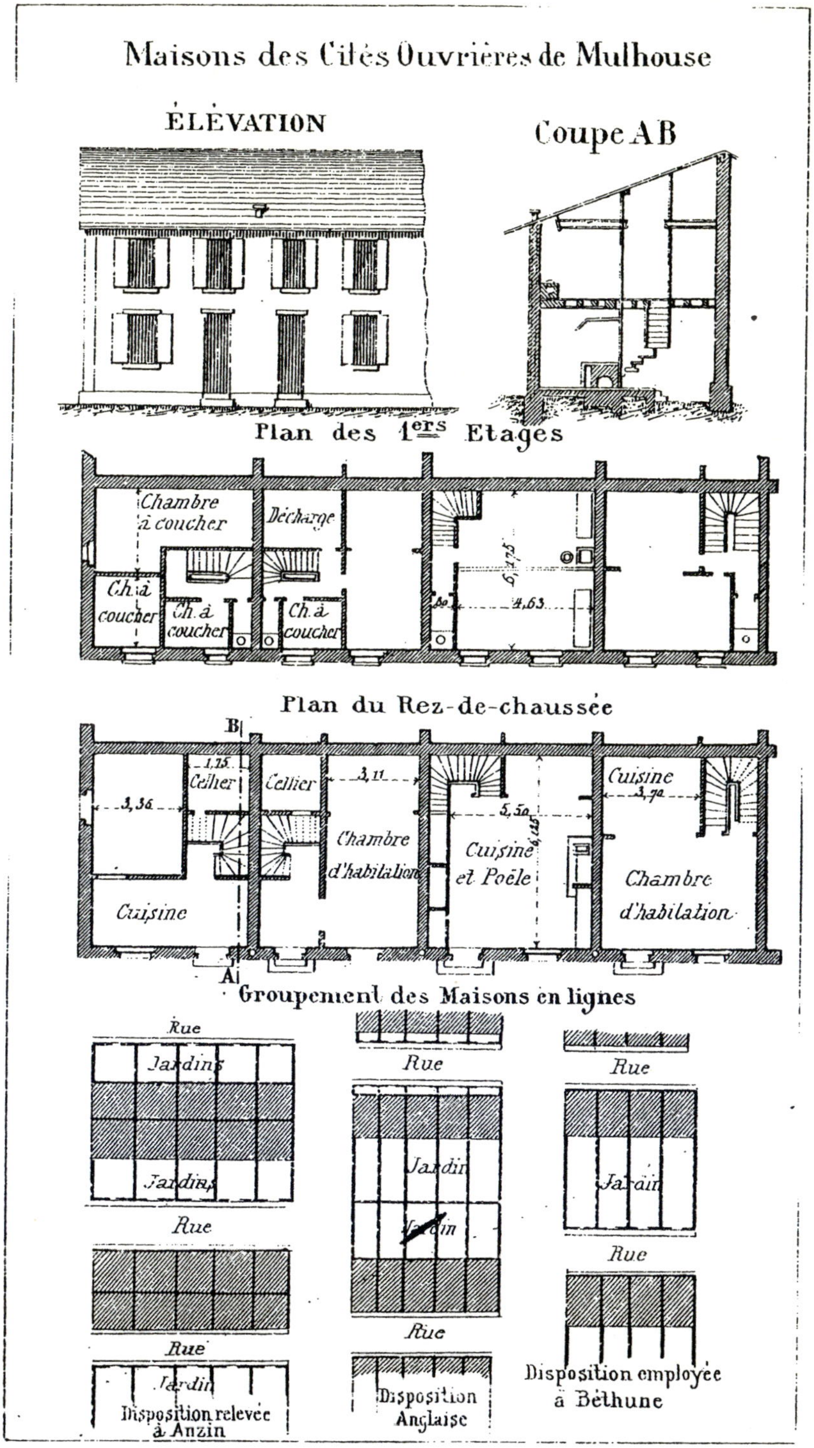

* *La Politique Pavillonnaire.*- Planche VIII. maisons patronales en ligne

Source : MULLER, CACHEUX.- *L'habitation ouvrière en tous pays*, Edition de 1892. Collections du Musée Social

En 1907, les sociétés coopératives lorraines prirent leur essor. L'abbé Thouvenin déclara à Bouxières aux Dames qu'il fallait « une maison pour chaque foyer. » Le diocèse de Nancy fut un centre actif de construction individuelle après la loi Strauss.

Sur l'ensemble du territoire, on nota des poussées localisées de construction sociale dont l'amplitude et la nature différaient notablement.

A Amiens, dotée d'une infrastructure individuelle ancienne, mais où les petites maisons de tisserands étaient étroites et resserrées, le Comité de patronage de la Somme nota de considérables progrès dus au dynamisme du Comité H.B.M. local, qui entreprit des études (enquête Carmichaël), et noua des liens avec des spécialistes anglais.

A Rouen, les premières expériences de Sociétés de construction philanthropiques permirent de tripler l'importance du logement individuel par rapport au collectif, mais leur élan ne se poursuivit pas après la première guerre mondiale.

Des sociétés de construction se fondèrent également à Bordeaux dès l'époque de la loi Siegfried. La Société Bordelaise de construction fut particulièrement prospère, et en profita pour améliorer constamment le confort de ses logements.

Dans la région parisienne, où Siegfried fit un effort personnel de propagande[15], les Sociétés se multiplièrent.

Le seul bilan d'activité dont nous avons pu disposer à l'échelle nationale pour la période est celui que le Conseil Supérieur des HMB avait élaboré pour son rapport de 1904. Nous en avons tiré un tableau indiquant l'effet de la législation sur la multiplication des Sociétés constructrices, où l'on constate que la loi Siegfried a favorisé un renouveau des coopératives de construction ouvrières.

TABLEAU 6

RÉPARTITION PAR TYPE ET PAR PÉRIODES DES SOCIÉTÉS HBM 1894-1904

TYPE DE SOCIETE	NOMBRE DE SOCIÉTÉS HBM 1894-1899	AUGMENTATION 1900-1904 SUR 1899
Sociétés coopératives	18	+63
Sociétés anonymes	32	+27
Sociétés civiles	1	+ 6

[15] Tournée de conférences, notamment à Villeneuve Saint Georges, le 13 novembre 1897, et à Asnières, le 2 juin 1898.

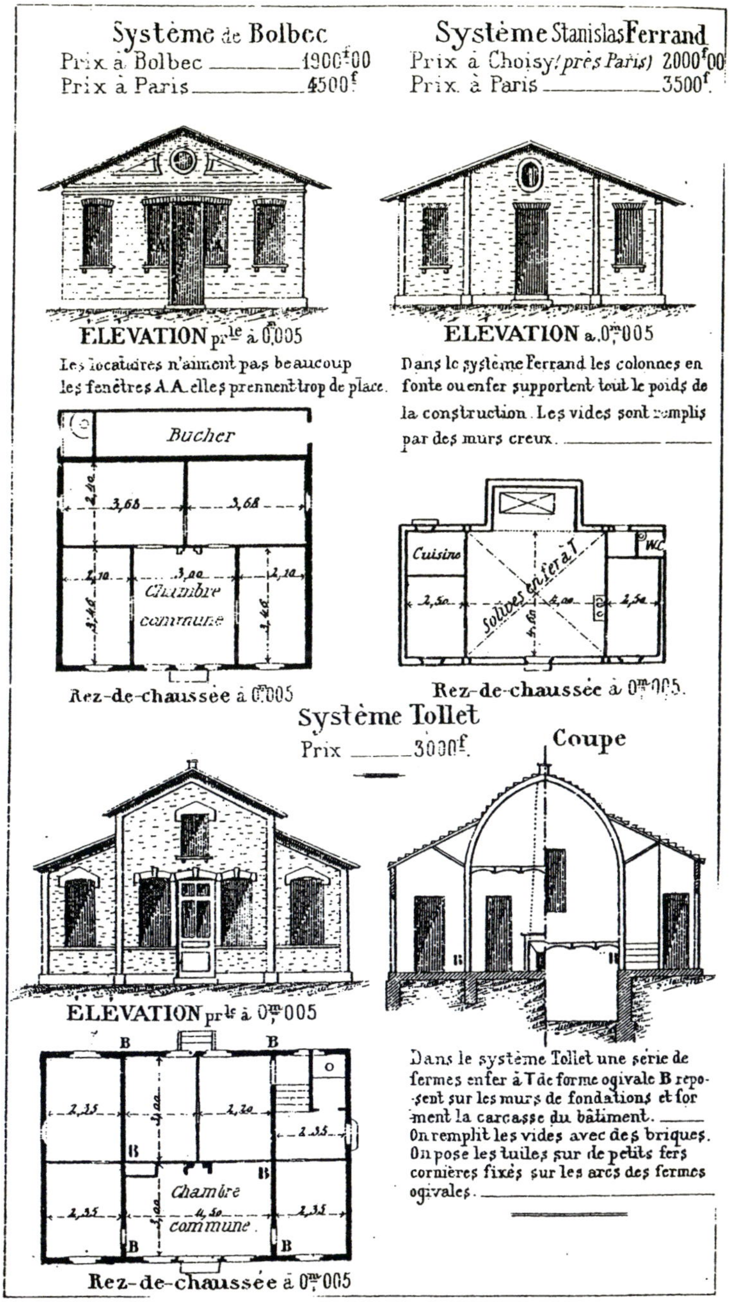

* *La Politique Pavillonnaire*.- Planche IX. Systèmes de construction économique de maisons isolées

Source : MULLER, CACHEUX.- *L'habitation ouvrière en tous pays*, Edition de 1902. Collections du Musée Social.

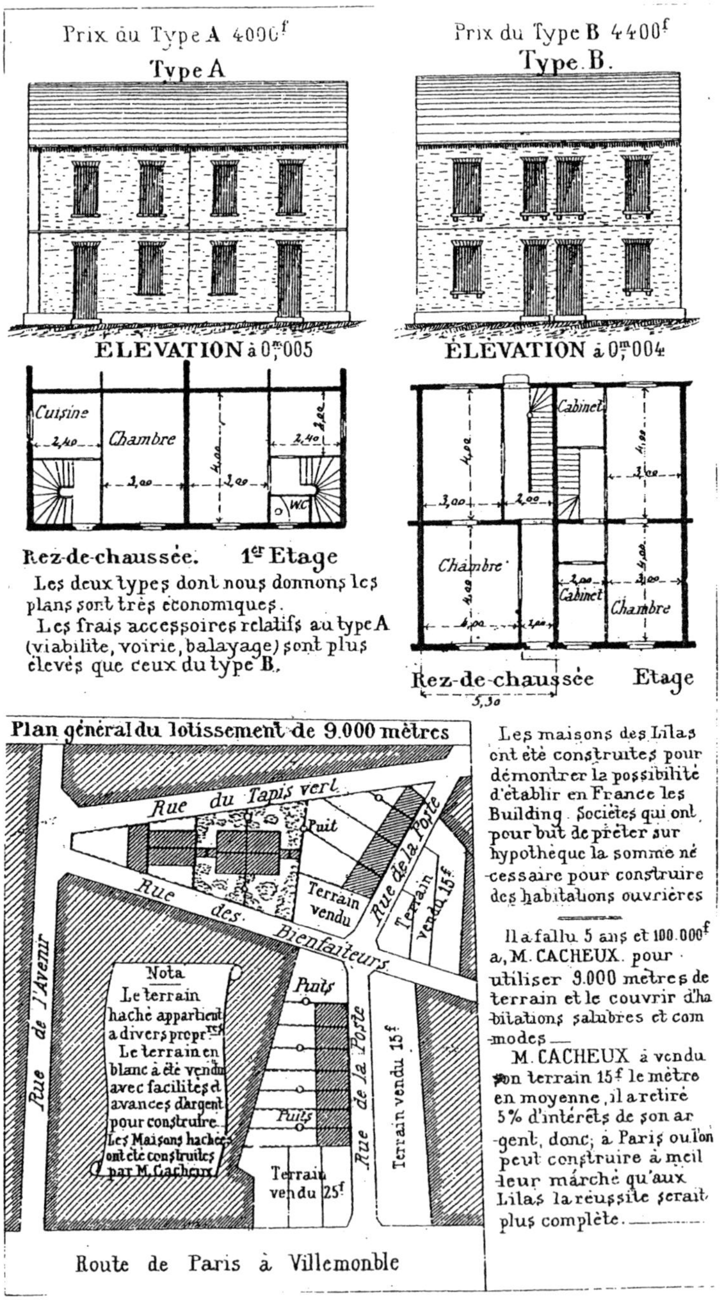

* *La Politique Pavillonnaire*.- Planche X. Expériences d'Emile CACHEUX : lotissements des Lilas en banlieue parisienne

Source : MULLER, CACHEUX.- *L'habitation ouvrière en tous pays*, Edition de 1902. Collections du Musée Social.

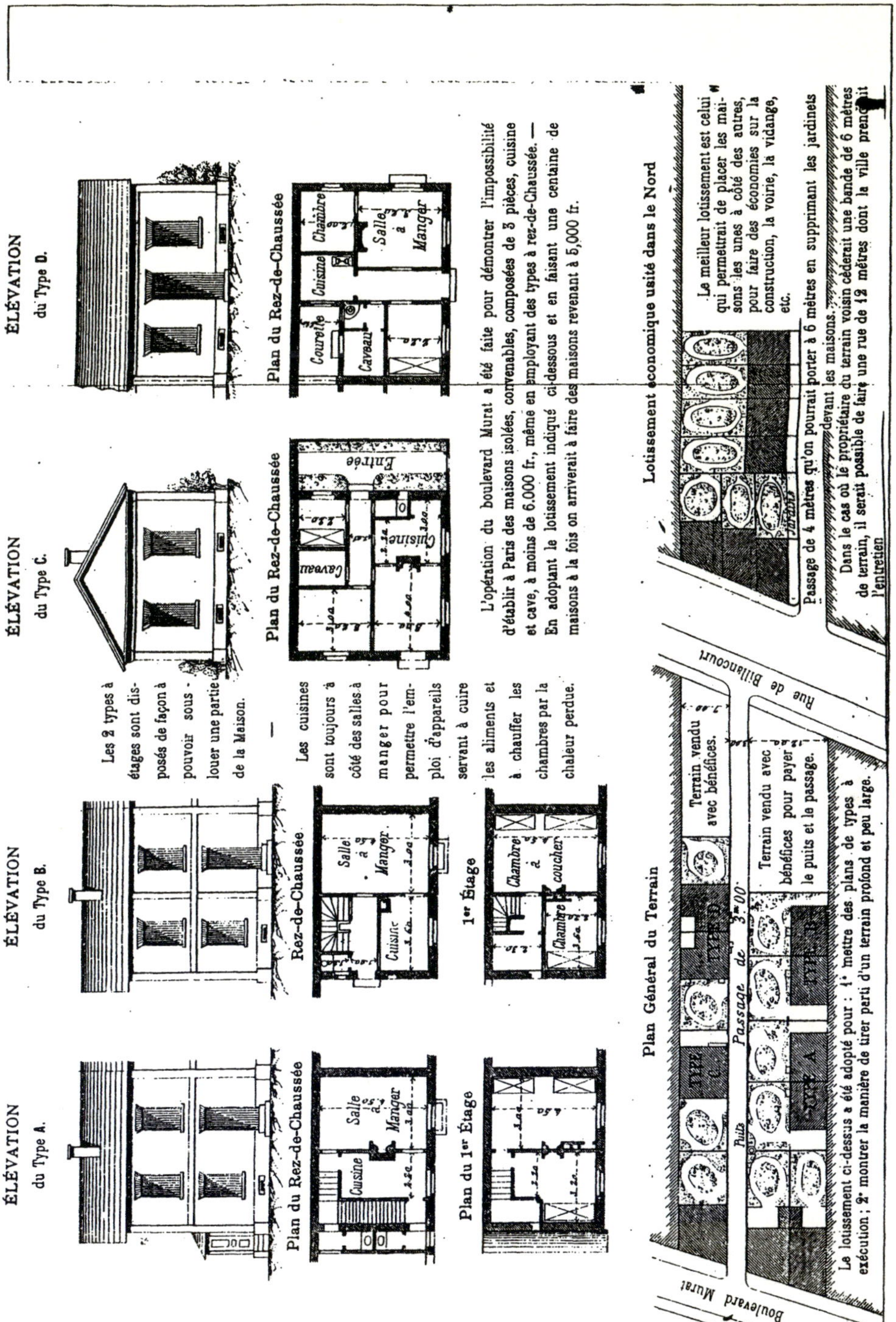

* *La Politique Pavillonnaire*.- Planche XI. Expériences d'Emile CACHEUX : lotissements du boulevard Murat à Paris
Source : MULLER, CACHEUX.- *L'habitation ouvrière en tous pays*, Edition de 1902 Collections du Musée Social.

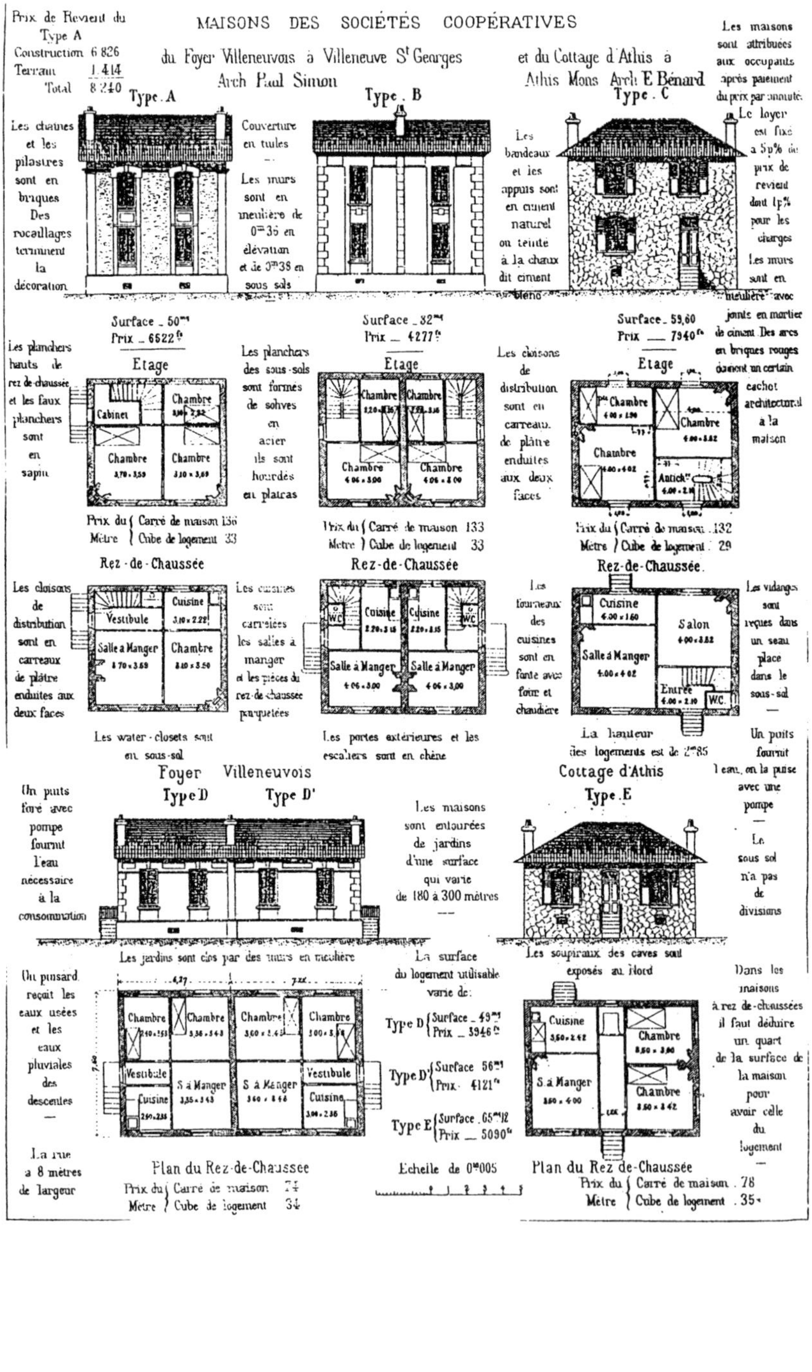

* *La Politique Pavillonnaire.*- Planche XII. maisons de sociétés coopératives de construction en région parisienne
Source : Source : MULLER, CACHEUX.- *L'habitation ouvrière en tous pays*, Edition de 1902. Collections du Musée Social.

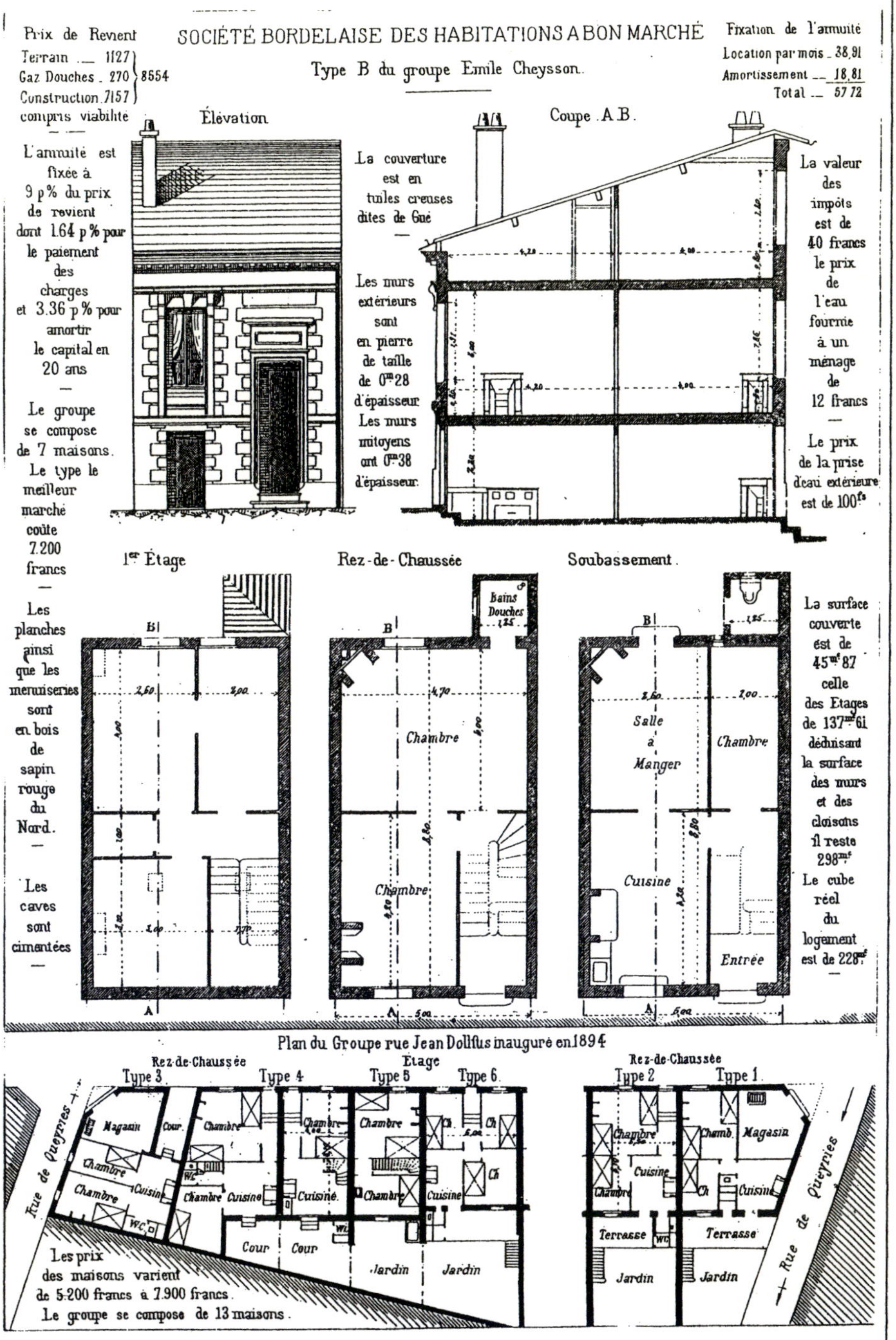

* *La Politique Pavillonnaire*.- Planche XIII. maisons de la Société Bordelaise des Habitations à Bon Marché

Source : MULLER, CACHEUX.- *L'habitation ouvrière en tous pays*, Edition de 1902 Collections du Musée Social.

Le bilan global de la construction sociale est plus difficile à cerner.

Un décompte établi dans le même rapport de 1904 par le Conseil Supérieur des H.B.M. d'après les sources fiscales des immeubles ayant bénéficié des dégrèvements prévus par la loi Siegfried nous a permis d'établir le tableau 7 ci-dessous.

TABLEAU 7

REPARTITION PAR TYPE DES LOGEMENTS SOCIAUX DEFISCALISES EN 1904

TYPE DE LOGEMENT SOCIAL	DÉTAXÉES SUR CONTRIBUTION FONCIÈRE	DÉTAXÉES SUR CONTRIBUTION PORTES ET FENÊTRES
Maisons individuelles	5 721	3 521
Maisons collectives	793	394

L'évaluation approximative du nombre de personnes logées, et du rapport entre population pavillonnaire et locataires de collectif, doit se faire par croisement de sources différentes ; en croisant sources fiscales sur les immeubles aidés et données démographiques tirées du recensement de 1901, nous nous sommes risqués à faire ce calcul pour fixer les idées.
Sachant que le nombre moyen de personnes par ménage était alors de 3,56, on peut évaluer les occupants des logements individuels détaxés au titre de la contribution foncière à 23 000 personnes, ceux détaxés au titre de la contribution sur les portes et fenêtres à 12 500 personnes. L'évaluation globale de la population de locataires d'immeubles sociaux collectifs ne peut se faire que par des calculs encore plus approximatifs ; en 1901, le nombre moyen de ménages par immeuble était à Paris de 34,36, dans les villes de plus de 100 000 habitants de 10,03, dans les villes de 50 à 100 000 de 7,7. En prenant comme base de la fourchette, d'une part 7 ménages par immeuble, de l'autre 10 ménages par immeuble, et le même nombre moyen de personnes par ménage -3,56-, il y aurait donc eu entre 1899 et 1904 dans les immeubles détaxés de l'impôt foncier entre 5 500 et 7 930 ménages, donc entre 28 et 19 000 personnes, et dans les immeubles dégrevés de taxe sur les portes et fenêtres, entre 2 500 et 3 900 ménages, donc entre 14 000 et 8 900 personnes.

La répartition géographique des poussées de construction est, en l'absence de sources statistiques globale publiées à l'époque, encore plus hasardeuse à établir par recoupements puisque nous venons de voir que les initiatives étaient locales et dissemblables en nature et en amplitude, le développement des villes en expansion démographique obéissant à des préférences régionales pour un certain type d'habitat, à des « tendances » variant d'une cité à l'autre.

Ces « tendances » peuvent cependant être étudiées grâce aux enquêtes de l'INSEE sur les origines du parc immobilier des villes de plus de 50 000 habitants en 1957. Les tableaux que nous en avons tirés[16] permettent de voir que, de 1870 à 1954, le rapport entre le nombre des constructions individuelles et celui des constructions d'immeubles collectifs est positif pour chacune des périodes de construction envisagées par l'INSEE dans certaines villes -Lille, par exemple- qui seraient donc « de tendance pavillonnaire ». Ce même rapport s'avère toujours négatif dans d'autres -Lyon, par exemple-, qui seraient « de tendance collective » ; les responsables des premières Sociétés de Construction d'Habitations Ouvrières lyonnaises avaient du reste signalé, on s'en souvient, cette « tendance collective » de la construction lyonnaise.

La seule conclusion sûre est que l'impact de la première loi fut quantitativement faible par rapport aux besoins, d'où la reprise régulière des textes pour tenter d'améliorer la crise du logement à bon marché. Mise à part la relance du mouvement coopératif, le bilan global de la régénération du système de fourniture de logements sociaux n'était pas satisfaisant, à la veille de la première guerre mondiale. La France ne comptait que 353 Sociétés de construction, contre 1 700 en Grande Bretagne, 1 000 en Allemagne, et 206 en Belgique, ce qui, au regard de la population respective des pays, plaçait la France assez loin du peloton de tête international.

La constitution d'une classe moyenne pavillonnaire.

L'effet qualitatif de la loi fut par contre important. Ne pouvant susciter un accès en masse du prolétariat à la propriété du fait de la parcimonie des subventions, elle permit toutefois aux couches les plus aisées des milieux populaires réaliser leur désir de promotion sociale. C'est ce que précisait le rapport Rostand au Congrès International des H.B.M. de Liège en 1905 :

> « Nos sociétés font merveille, mais ne s'adressent qu'à une aristocratie ouvrière relativement capable d'épargne et de stabilité. Qu'avons-nous fait jusqu'ici, non pas pour les indigents, qui relèvent exclusivement de l'assistance, mais pour ces familles nombreuses dont le salaire ne peut suffire aux charges accablantes tenant à leur effectif ? »

Dans son livre de 1913[17] le sénateur Strauss le confirma :

> « L'œuvre des H.B.M. reposant sur l'épargne populaire et sur l'association corporative a pour clients principaux des employés, ouvriers, travailleurs dont les salaires atteignent un certain niveau. C'est une élite du prolétariat qui s'achemine ainsi vers la conquête du foyer domestique. »

---

[16] Voir tableaux 5, 14, 18, 19 et les cartes du tableau 19.

[17] STRAUSS (P.).- *Le Foyer populaire, op.cit.*

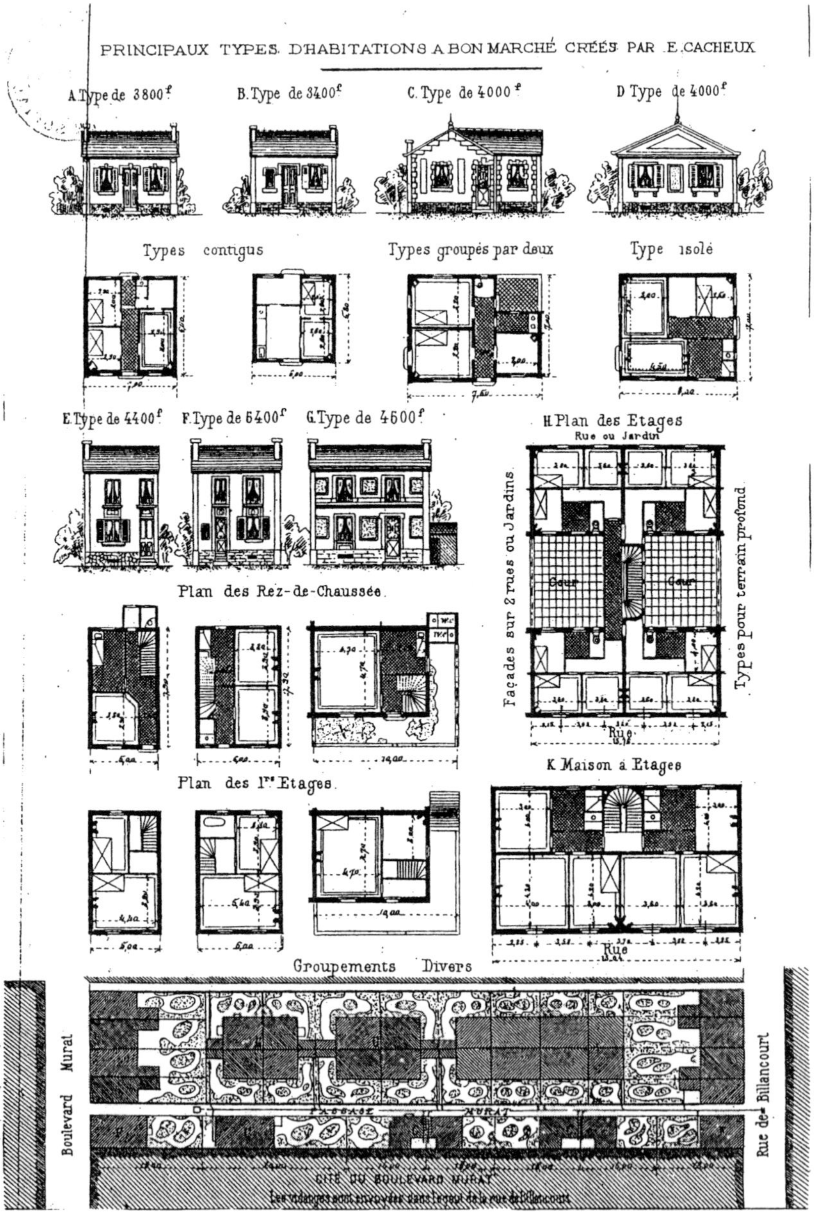

* *La Politique Pavillonnaire*.- Planche XIV. modèles d'habitations ouvrières parisiennes d'Emile CACHEUX
Source : MULLER, CACHEUX - *L'habitation ouvrière en tous pays*, Edition de 1902. Collections du Musée Social

Le sénateur constatait que l'immeuble social collectif de qualité généré par la législation, bien que semblant constituer un second choix, devenait une solution acceptable pour cette « aristocratie » populaire qui s'y retrouvait « entre soi » :

> « A défaut de l'acquisition de la maisonnette, cette clientèle sélectionnée est heureuse de s'installer à moindres frais dans des immeubles collectifs ».

Pour se faire une idée du type de public touché par les premières lois, nous avons la ressource de la vaste littérature des premiers lotisseurs et constructeurs de logements aidés.

Un de ces ouvrages[18] a le double intérêt de proposer une préface publicitaire développée et un tarif pour différents modèles de maisons et plusieurs localités de la région parisienne à la date de parution de la brochure, 1908.

Nous avons créé un tableau comparatif (tableau 8) en ajoutant à ce tarif des données concernant le revenu annuel moyen des familles d'ouvriers et petits employés dans les villes de plus de 10 000 habitants, tirées d'une recherche d'Halbwachs dont nous avons extrait les éléments relatifs à 1907, année d'observation la plus proche de celle dont datent les prix proposés par le constructeur. Le prix d'achat moyen des maisons proposées vers 1908 atteignait, comme on peut le constater sur le tableau 8, 747% du salaire moyen annuel d'une famille ouvrière, 577% de celui d'une famille de petits employés. Leur prix de location -quand elles étaient mises en location- atteignait 58% du salaire annuel moyen de la famille ouvrière, 45% de celui de la famille de petits employés. Certains modèles n'étaient visiblement pas destinés à ce type de clientèle populaire, comme par exemple la maison dont seul le coût de construction est précisé pour Enghien les Bains, ville de banlieue parisienne touristique avec son lac et son Casino.

La préface écrite pour la brochure par le patron de l'entreprise -groupe de notaires, architectes et lotisseurs de la région parisienne-, prétend s'adresser à une clientèle très diversifiée : « employés, artisans, commerçants, rentiers, ouvriers ». En revendiquant un label de qualité pour sa production, il avoue implicitement s'adresser à des catégories relativement aisées :

> « Nous ne parlons pas d'une de ces maisons soi-disant « économiques », bâties à coup de sable et de briques par certaines Sociétés dont le but est aujourd'hui connu, très connu (...) Certes, leurs prospectus sont alléchants, leur réclame est habile. Mais leur prétendue philanthropie n'est qu'un vernis qui cache un mobile beaucoup moins élevé : l'esprit de spéculation. »

---

[18] TRANCHANT (M).- *L'habitation du Parisien en banlieue*, Paris, 1908 ; préface de A.CHARLEUX (dirigeant de l'entreprise de construction), *op.cit.*.

TABLEAU 8

PRIX DES MAISONS TYPE ET REVENU DES OUVRIERS ET EMPLOYES*

REGION PARISIENNE 1907-1908

LOCALITÉS	Nombre de pièces	Prix d' Achat	% RAM OUV	% RAM EMP	Prix de Location	% RAM OUV	% RAM EMP
Alfortville – Maisons-Alfort	5	9 000	530	410	-	-	-
Antony	5	8 500	500	390	-	-	-
Arcueil Cachan	5	10 000	590	460	750	44	34
Argenteuil	6	11 680	680	530	625	37	30
Asnières	9	17 000	1 000	770	1 400	82	63
Aubervilliers	6	11 000	640	500	-	-	-
Bourg la Reine	5	10 700	620	490	-	-	-
Champigny sur Marne	5	9 800	570	450	800	47	35
Choisy le Roi	5	9 800	570	450	800	47	36
Clamart – Châtillon	6	13 000	760	590	850	50	39
Colombes – Bois Colombes	7	16 130	950	740	-	-	-
Courbevoie	6	24 000	1 400	1 090	-	-	-
Enghien les Bains (maison seule)	9	21 000	1 000	950	2 200	120	100
Ermont (Cernay, Eaubonne)	5	11 000	670	500	-	-	-
Fontenay aux Roses	7	16 384	950	750	-	-	-
Fontenay sous Bois et région	3	6 000	380	260	-	-	-
Issy les Moulineaux – Boulogne	6	25 000	1 410	1 100	-	-	-
Joinville le Pont	4	17 000	1 000	770	950	55	43
Lagny et région	4	11 381	670	518	800	47	36
Marly le Roi et région	8	16 000	950	740	-	-	-
Meaux – Esbly	4	6 500	380	310	-	-	-
Montmorency et région	7	12 500	730	568	900	53	41
Neuilly Plaisance	6	15 000	880	680	800	47	36
Nogent sur Marne	6	9 500	550	430	800	47	36
Noisy le Sec et région	3	10 480	619	489	530	31	24
Pantin et région	5	10 635	620	490	700	41	31
Le Raincy et région	8	14 200	820	630	-	-	-
MOYENNE	5,7	12 710	747	577	986	58	45

Source prix des maisons en 1908 : TRANCHANT (M.). *L'habitation du Parisien en Banlieue*, Paris, 1908.
Source R.A.M. : HALBWACHS (M.). « Le Revenu annuel moyen des familles d'ouvriers et petits employés en 1907 », *Revue d'Economie Politique*, 1921, pp.50 et sq. Il s'agit du R.A.M.des villes de plus de 10 000 habitants en 1907.

* **OUV** : revenu annuel moyen des familles ouvrières 100%= 1700 francs.
EMP : revenu annuel moyen des familles de petits employés 100%= 2201 francs.

Après le coup de patte donné aux concurrents, M.Charleux s'élève au commentaire littéraire ; faisant référence à Upton Sinclair, il englobe promoteurs privés, patronaux et philanthropes dans un même réquisitoire contre la spéculation capitaliste, dosage habile qui commence par flatter les plus cultivés et finit sur une légère touche de lutte des classes :

> « Avez-vous lu *La Jungle,* parue il y a quelques mois, qui dressait un si terrible réquisitoire contre certains « rois » de l'industrie américaine ? Eux aussi, ils se disent philanthropes. Eux aussi, ils construisent des habitations économiques, spacieuses, élégantes, et payables à tempérament. Seulement, lisez le livre jusqu'au bout, et vous verrez combien leurs combinaisons financières et « philanthropiques » font de dupes et de victimes. Palais de neige, châteaux de cartes, ce n'est pas cela qu'il faut chercher ici. »

Le réquisitoire de ce champion de la qualité n'était malheureusement que trop fondé.

Les abus des lotisseurs amenèrent un changement de politique du logement : à partir de 1912, le socialisme municipal pesa en faveur des cités-jardins, en particulier dans la région parisienne, sous l'impulsion d'édiles comme Henri Sellier.

Après la pause que la guerre de 1914-1918 imposa au développement de l'Etat-Providence, l'aggravation de la crise du logement par celle du mauvais lotissement imposa de nouvelles interventions aux libéraux sociaux trahis par le marché libéral.

L'ÉVOLUTION PAVILLONNAIRE ENTRE LES DEUX GUERRES.

Au lendemain de la première guerre mondiale, la conjonction entre l'afflux des réfugiés des zones sinistrées dans les zones préservées, les destructions dues à la guerre, environ 200 000 immeubles dont le remplacement ne pouvait se faire rapidement, et le blocage des loyers qui n'incitait les propriétaires de rapport ni à entretenir les immeubles ainsi loués ni à investir dans la construction locative, créa à nouveau une pénurie d'habitations à bon marché. Ces effets de la guerre étaient d'autant plus graves qu'ils s'exerçaient dans le cadre d'un ralentissement de la construction qui, sensible dès 1913, s'était poursuivi pendant le conflit ; de 1913 à 1918, on n'avait par exemple construit à Paris qu'environ 20 000 pièces.

Par ailleurs, la réticence à l'égard des dépenses de loyer s'accrut chez les ouvriers qui n'y consacraient plus en 1938 que 6 à 7% de leur budget, au lieu de 10% en 1914 ; les mesures d'urgence de réglementation de la hausse des loyers et de limitation du droit de congé des propriétaires les avait habitués à des conditions locatives favorables qu'ils n'étaient pas disposés à modifier du fait de la reprise normale de la vie économique.

Cette crise du logement provoqua un bond en avant de l'organisation de la construction sociale, mais aussi un développement sauvage de l'offre de lotisseurs souvent plus soucieux de la rentabilité de leurs programmes que du bien-être de leurs clients. Le problème des mal-lotis raviva la querelle entre les partisans d'un système libéral d'aide personnalisée pour l'accession à la propriété, et ceux d'une fourniture de logements massive contrôlée par la collectivité. Les débats parlementaires de la loi Loucheur, dernière loi pavillonnaire avant la seconde guerre mondiale, furent beaucoup plus passionnels que ceux des lois sur le logement social d'avant 1914.

La bataille idéologique s'était entre temps enrichie d'expériences plus ou moins heureuses, et de nouvelles conceptions urbanistiques avaient surgi. L'architecte Le Corbusier, critiquant à la fois la cité-jardin et le modèle pavillonnaire[19], proposait une modélisation de l'habitat collectif et une solution à l'opposition ville/campagne visant, comme jadis le phalanstère et la cité garantiste de Fourier, à traiter ensemble les problèmes de logement et les problèmes sociaux.

LA NOUVELLE DONNE DE LA CONSTRUCTION SOCIALE.

Dans les premières années de l'entre deux guerres, on constata une véritable explosion de la construction immobilière. Le crédit immobilier et le crédit patronal se développaient et, comme dans le même temps la propagande des lotisseurs et des Sociétés de construction privées se faisait pressante, le besoin social de « faire construire » s'étendit à des couches de plus en plus larges de la population.

Cette clientèle nouvelle, plus démunie que la bourgeoisie aisée en moyens d'information et de pression, se laissa souvent prendre aux promesses mirifiques de lotisseurs et de promoteurs immobiliers peu scrupuleux. L'extension du cas des mal-lotis les amena à se regrouper, à élire des édiles contestataires ; la politique pavillonnaire engendra alors ce qu'elle avait été censée combattre, l'esprit revendicatif et la contestation sociale de la propriété privée des moyens de production et du capitalisme, dont l'exemple le plus spectaculaire fut le développement de la « banlieue rouge » de Paris.

Le développement du crédit immobilier.

Les Sociétés de Crédit Immobilier se multiplièrent après la première guerre mondiale. Elles reçurent un encouragement puissant de la loi Loucheur de 1928, puisque, de 171 en 1927, leur nombre passa à 294 en 1939. Mais dès avant la loi, un maillage national s'était mis en place (voir tableau 10). La plupart des départements français étaient dotés en 1927 d'une ou plusieurs Sociétés, sauf les Alpes Maritimes, l'Ardèche, les Basses Alpes, la Corse, le Gers, la Loire, la Mayenne, le Morbihan, la Moselle, le Tarn, le Tarn et Garonne, la Vendée. Sur 90 départements, 77 avaient la possibilité de développer un financement privé et personnalisé ; le Nord était de loin

[19] Voir l'Introduction, note 14.

le champion en la matière, avec 10 Sociétés, le Pas de Calais n'en ayant que 6, et la Seine 5.

La demande excédait de loin l'offre de crédit ; en 1925, la cagnotte mise à la disposition des Sociétés sur fonds publics, soit 350 000 000 de francs or, était presque épuisée. La somme fut augmentée, atteignant d'abord 4 000 000 de francs, puis 5 550 000 francs, mais la demande dépassait toujours de loin les crédits. Là encore, la loi Loucheur dopa la constuction puisque, au 1er mars 1929, les demandes de prêts atteignirent 1 200 000 000 de francs or, atteignant en décembre 1929 1 400 000 000 de francs.

Si l'extension des Sociétés de Crédit Immobilier a facilité le développement de la demande populaire d'un habitat de meilleure qualité et notamment d'accession à la propriété individuelles, elle n'en a donc pas été le moteur.

L'entrée des Caisses d'Epargne locales et des Mutuelles de Prévoyance populaires dans le financement immobilier a également contribué à démocratiser l'accession à la propriété.
Les candidats au crédit immobilier, considérés avant 1914 comme une aristocratie ouvrière, semblaient offrir désormais un éventail plus large de catégories socioprofessionnelles.

TABLEAU 9

REPARTITION SOCIOPROFESSIONNELLE DES DEMANDEURS DE CREDIT IMMOBILIER 1928

CLIENTELE DE LA SOCIETE DE CREDIT IMMOBILIER DE L'ANJOU ET DES PREVOYANTS DE L'AVENIR DE CHOLET			
CADRES MOYENS petits fonctionnaires		PROFESSIONS INDEPENDANTES ARTISANS, PETITS COMMERÇANTS	
Fonctionnaires d'Etat	4	Voyageurs de commerce	9
Fonctionnaires municipaux	1	Photographes	1
Buralistes	1	Electriciens	1
Facteurs	4	Artisans	11
EMPLOYES		Tisserands	3
Gaziers	2	Mareyeur	1
Employés de Chemin de fer	4	OUVRIERS	
Comptables Employés commerciaux	6	Ouvriers du bâtiment	4
		Ouvriers en chaussure	2
Dactylo	1	Mineurs	2
DIVERS		Cantonniers	3
Camionneurs	2	CULTIVATEURS	4
Jardiniers	2		
Cuisinières	1		

Source : MANCEAU (B.).-*La vulgarisation de la propriété immobilière par le crédit*,Paris, Dalloz, 1930.

A titre d'exemple, la liste dressée (avec parfois des catégorisations un peu bizarres) par la Société de Crédit Immobilier de l'Anjou et des Prévoyants de l'Avenir de Cholet en 1928 (voir tableau 9) comprenait en premier lieu des artisans, puis des voyageurs de commerce, puis des employés supérieurs (comptables, employés de commerce), devant un ensemble hétérogène groupant à égalité fonctionnaires de l'Etat, facteurs, employés de chemin de fer, ouvriers du bâtiment, cultivateurs. La catégorie la moins aisée, celle des cantonniers, n'était pas la moins représentée.

Le total des prêts accordés par cette petite société en 1928 s'éleva à 2 400 000 francs.

Le développement des Sociétés et Offices d'H.B.M.

Les Sociétés et Offices de H.B.M. avaient en charge l'offre de logements économiques de qualité, mais le financement chichement dispensé par la Caisse des Dépôts et Consignations freinait leur action. Ainsi, entre 1909 et 1914, la Caisse avait accordé en tout 40 000 000 de prêts. Ce financement parcimonieux d'avant 1914, aggravé pendant la guerre, ne fut pas compensé dans les premières années de l'après guerre, qui furent consacrées à la reconstruction. La période de flottement financier qui s'ensuivit profita à la construction privée, souvent au détriment des candidats au logement les plus modestes obligés de se rabattre sur elle faute de programmes de construction sociale suffisants dans le secteur contrôlé. Ce phénomène fut signalé, lors des débats parlementaires de la loi Sarraut sur les lotissements défectueux, comme une des causes de leur apparition.

La loi du 26 févier 1921 modifia en conséquence le financement du secteur H.B.M. La Caisse des Dépôts et Consignations en fut écartée, et les bonifications d'intérêts relevèrent directement de l'Etat.

Le maillage national du réseau H.B.M, malgré ces difficultés financières, s'était fortement implanté. Il ne correspondait du reste pas entièrement à celui des Sociétés de Crédit Immobilier, ce qui peut nous donner des indications sur les zones où la tendance à la petite propriété était moins puissante, parfois simplement parce que le revenu moyen y était moins élevé.

En se reportant au tableau 10, qui compare ces deux réseaux par départements au 1er mai 1927, et aux cartes de répartition géographique des Sociétés de Crédit Immobilier et des Offices et Sociétés de HBM, on constate ces disparités régionales.

TABLEAU 10

ORGANISMES DE CREDIT IMMOBILIER ET DE H.B.M EN 1927

répartition par départements

DÉPARTEMENT	CREDIT	H.B.M.	DÉPARTEMENT	CREDIT	H.B.M.
Ain	2	3	Lot	1	-
Aisne	3	7	Lot et Garonne	1	3
Allier	3	5	Lozère	1	-
Basses Alpes	-	-	Maine et Loire	3	1
Hautes Alpes	2	2	Manche	2	3
Alpes Maritimes	-	4	Marne	3	3
Ardèche	-	1	Haute Marne	2	4
Ardennes	1	4	Mayenne	-	4
Ariège	1	-	Meurthe et Moselle	2	7
Aube	2	1	Meuse	1	2
Aude	3	4	Morbihan	-	4
Aveyron	2	2	Moselle	-	3
Bouches du Rhône	3	6	Nièvre	1	1
Calvados	2	5	Nord	10	36
Cantal	-	-	Oise	3	11
Charente	1	1	Orne	1	4
Charente Inférieure	2	4	Pas de Calais	6	13
Cher	3	5	Puy de Dôme	3	4
Corrèze	2	1	Basses Pyrénées	4	3
Corse	-	1	Hautes Pyrénées	1	3
Côte d'Or	3	3	Pyrénées Orientales	1	1
Côtes du Nord	2	3	Bas Rhin	1	5
Creuse	1	1	Haut Rhin	3	13
Dordogne	1	3	Rhône	2	7
Doubs	2	4	Haute Saône	-	7
Drôme	2	3	Saône et Loire	1	4
Eure	1	1	Sarthe	2	7
Eure et Loir	3	7	Savoie	1	4
Finistère	2	5	Haute Savoie	1	2
Gard	1	5	Deux Sèvres	2	6
Haute Garonne	2	2	Seine	5	97
Gers	-	-	Seine Inférieure	4	30
Gironde	3	6	Seine et Marne	3	2
Hérault	2	7	Seine et Oise	2	11
Ille et Vilaine	2	4	Deux Sèvres	2	6
Indre	1	1	Somme	2	4
Indre et Loire	3	3	Tarn	-	2
Isère	3	9	Tarn et Garonne	-	1
Jura	1	6	Var	1	2
Landes	1	2	Vaucluse	3	2
Loir et Cher	1	1	Vendée	-	-
Loire	-	14	Haute Vienne	2	2
Haute Loire	4	1	Vosges	2	9
Loire Inférieure	3	9	Yonne	3	-
Loiret	5	5	Territoire de Belfort	1	1

Source : CABIROL (M.). Les Lois Ribot-Loucheur, Paris, Etienne, 1930.

CARTES DU TABLEAU 10

ORGANISMES DE CRÉDIT IMMOBILIER ET DE H.B.M. EN 1927.

1.Répartition par départements des Sociétés de Crédit Immobilier.

2. Répartition par départements des Sociétés et Offices Publics de H.B.M.

Source : CABIROL (M.). *Les lois Ribot-Loucheur,* Paris, Etienne, 1930.

Certains départements étaient dépourvus à la fois de crédit immobilier et d'organismes H.B.M. : les Basses Alpes, le Cantal, le Gers, la Vendée.
Rares étaient les départements où le secteur contrôlé n'existait pas bien qu'il y eût un pôle de crédit immobilier : l'Ariège, le Lot, la Lozère, l'Yonne.
Plus nombreux, certains départements faisaient balance égale :

- à un partout : la Charente, la Creuse, l'Eure, l'Indre, le Loir et Cher, la Nièvre, les Pyrénées Orientales, le Territoire de Belfort ;
- à deux partout : les Hautes Alpes, la Haute Garonne, la Haute Vienne ;
- à trois partout : la Côte d'Or, l'Indre et Loire, la Marne ;
- à cinq partout : le Loiret.

En province, le Nord était encore largement en tête des créateurs de logement à bon marché comme il l'était pour les Sociétés de Crédit Immobilier, avec 36 organisations, suivi par le fief de Siegfried, la Seine Inférieure : 30, la Loire : 14, le Pas de Calais et le Haut Rhin : 13. La tradition paternaliste s'affirmait dans ce palmarès, avec, pour les départements du Nord, la tradition coopérative ouvrière.

A elle seule, la région parisienne comptait 110 organismes H.B.M. : 97 dans la Seine, 11 dans la Seine et Oise, 2 dans la Seine et Marne. Ces chiffres spectaculaires montrent la forte attraction exercée par l'Ile de France, et l'ampleur de la colonisation immobilière qui s'y installa à l'époque ; pouvait-on en contrôler sérieusement l'action ? Connaissant le désastre des mauvais lotissements de la région, nous ne pouvons répondre par l'affirmative.

Quant aux départements où seule l'organisation H.B.M. était présente, certains écarts spectaculaires comme celui de la Loire (0 Société de Crédit pour 14 organismes H.B.M.) ou de la Haute Saône (0 à 7) semblent ne pouvoir s'expliquer que par l'hostilité d'une grande partie de la population, révélée à l'occasion des grands conflits qui eurent lieu fin XIX° et début XX° dans la région, au système de logement patronal paternaliste des Comités des Forges et des Houillères. Le fait que les syndicalistes briguaient souvent les mairies des communes avoisinant les grands bastions patronaux explique le choix massif des structures HBM : il est normal que ces édiles locaux aient cherché à faire échapper leurs administrés à la tutelle de l'employeur, omniprésente dans ces régions, en lui substituant celle de l'Etat. D'autre part, le patronat lui-même créait ses Sociétés H.B.M., d'autant plus nombreuses que la région était fortement industrialisée, mais sans recourir non plus aux Sociétés de Crédit, finançant son logement ouvrier sur fonds propres, ou, comme on le verra plus loin, en faisant appel à des Caisses créées par les organisations professionnelles patronales. Le logement ou les prêts pour accession à la propriété offerts par les directions d'entreprise satisfaisaient la plupart de ceux de leurs ouvriers, employés et cadres qui y aspiraient et qui n'avaient donc pas de raison de faire appel à une Société de Crédit.

La création d'un système de financement patronal du logement social.

En 1919, l'UIMM (Union des Industries Métallurgiques, Minières, Electriques, et Mécaniques)[20] créa la Caisse Foncière du Crédit pour l'Amélioration du Logement dans l'Industrie, dont le but était de fournir aux chefs d'entreprises les capitaux nécessaires pour réaliser leurs projets de construction ou de crédit immobilier sans avoir à faire appel à leur trésorerie ou au concours de l'Etat.

La politique sociale des entreprises en fut grandement facilitée, et leur personnel reçut des prêts d'un volume croissant. Le montant global de l'aide financière patronale fut toutefois sans commune mesure avec celle de l'Etat ; d'après l'enquête du Ministère du Travail effectuée en 1930 auprès des entreprises employant plus de 500 ouvriers et rééditée en 1932 auprès des établissements employant de 200 à 500 ouvriers, toutes catégories de politique sociale confondues, seules 805 grandes et moyennes entreprises avaient organisé une politique de logement, et les prêts accordés à leur personnel pour accéder à la propriété en cumulant les chiffres de 1930 et ceux de 1932 n'atteignaient que 209 847 000 francs. Il est vrai que 533 entreprises ajoutaient à cette politique d'accession à la propriété une politique de logement patronal.

TABLEAU 11

LA POLITIQUE PATRONALE DU LOGEMENT 1930-1932

ENTREPRISES EMPLOYANT PLUS DE 200 SALARIES			
NE LOGEANT PAS MAIS AIDANT FINANCIÈREMENT		LOGEANT ET AIDANT FINANCIEREMENT	
Nombre	Montant de l'aide en francs	Nombre	Montant de l'aide en francs
272	50 529 044	533	159 328 270

Source : MINISTÈRE DU TRAVAIL.- « Enquête sur le contribution des employeurs au logement », *Bulletin du Ministère du Travail*. Enquête de 1930 : Entreprises employant plus de 500 ouvriers. Enquête de 1932 : Entreprises employant de 200 à 500 ouvriers.

La répartition régionale de l'aide patronale en douze secteurs , toutes entreprises confondues, fut établie par les enquêteurs du Ministère du Travail en fonction du montant global de l'aide des entreprises depuis son début. Ce classement avait le mérite de mettre en évidence les bastions de la politique paternaliste. La place éminente du Puy de Dôme, premier avec une aide globale de 92 753 377 francs, s'expliquait essentiellement par la présence des Etablissements Michelin. La Meurthe et Moselle avec 43 849 340 francs, le Nord, avec 25 576 172 francs affichaient sans surprise le paternalisme ancien de grandes entreprises de main d'œuvre rattachées au Comité des Forges et au Comité des Houillères, et des patrons catholiques du textile. La Loire Inférieure venait ensuite avec 22 364 711 francs, puis les zones du

[20] L'U.I.M.M., organisation fondée en 1901 par la réunion du Comité des Forges et du Comité des Houillères, a absorbé les industries de technologie plus récente au fur et à mesure de leur apparition, et a joué pour l'ensemble du patronat français le rôle d'organe de réflexion en matière de gestion sociale.

paternalisme protestant : Haut Rhin, cinquième avec 12 404 768 francs, Moselle, sixième avec 8 935 869 francs, Doubs, huitième avec 5 899 827 francs. La région parisienne arrivait dans les dernières, la Seine et Oise étant onzième avec 4 936 897 francs, et la Marne, douzième avec 3 112 639 francs.

La disparité entre régions et tailles d'établissement de l'aide patronale au logement fit du reste réfléchir le législateur à la nécessité de lui donner un cadre et des règles, ce qui n'interviendra qu'après la deuxième guerre mondiale.

LA LOI LOUCHEUR ET LE DEBAT PAVILLONNAIRE / COLLECTIF.

L'hétérogénéité du système de construction sociale mis en place par les lois pavillonnaires venait de la nature même de ses promoteurs : ayant fait violence à leurs principes libéraux pour créer une incitation à l'accession à la propriété de logements économiques, ils n'avaient pu se résoudre à en organiser la planification, ou du moins l'encadrement. Les abus commis aux dépens des acquéreurs mal informés par les lotisseurs malhonnêtes faisant surgir la contestation des mal lotis, et, au-delà des situations locales, celle de la propriété en général comme de la propriété pavillonnaire en particulier, une double réaction législative tenta d'enrayer la dérive et de relancer la politique pavillonnaire sur des bases plus saines.

L'encadrement de la loi Sarraut, la poussée de la loi Loucheur donnèrent en effet un élan jamais atteint à l'accession à la propriété pavillonnaire. Toutefois, la contestation sociale implantée localement du fait des mauvais lotissements avait également propulsé sur la scène politique les partisans du tout collectif / locatif. Concrétisée aux origines par le socialisme utopique, leur réponse aux partisans de la petite propriété qui, dans les années précédant immédiatement la première guerre mondiale s'était incarnée dans le mouvement du socialisme municipal et la promotion des cités jardins, se radicalisa dans l'entre deux guerres en refus du pavillonnaire, en raison de la diffusion du marxisme et des théories urbanistiques de type corbuséen.

Les débats parlementaires des lois d'avant la première guerre mondiale avaient été plutôt calmes -Siegfried parlait même d'indifférence- et, soumis à la procédure d'urgence, n'avaient pas donné lieu à un décompte précis des votes. Ce ne fut pas le cas des lois de l'entre deux guerres, qui permirent d'analyser précisément à la fois la situation effective des bénéficiaires heureux ou malheureux de l'intervention de l'Etat, et l'accentuation du débat politique autour de ses principes.

Les mal lotis et la naissance de la banlieue rouge parisienne.

L'origine du problème des mal lotis ne fut pas, aussi paradoxal que cela paraisse, la législation sur l'accession à la petite propriété immobilière.
Strauss, le plus à gauche des législateurs pavillonnaires, emporté par le désir de créer des jardins ouvriers et sous-estimant le besoin populaire de logements sains, n'avait

pas compris que l'acquisition des parcelles agricoles qu'il facilitait serait en premier lieu mise à profit pour y bâtir ; il avait cru suffisamment dissuasive l'existence des servitudes *non aedificandi* sur les terrains destinés à la culture mais impropres à la construction. Ribot, faisant préciser dans la circulaire d'application de sa loi que le jardin acquis sans projet immobilier agréé ne pouvait bénéficier de la loi Strauss, avait pensé canaliser la construction sauvage. Il n'avait fait que donner un argument de plus aux lotisseurs, qui mieux que ces législateurs connaissaient l'ignorance juridique des candidats au logement. Dès 1910, les promoteurs honnêtes s'alarmèrent des transgressions de plus en plus nombreuses que l'on faisait subir à la loi ; un lotisseur de Charleville[21] écrivait alors:

> « Il serait nécessaire de frapper terrains et constructions de servitudes rigoureuses pour empêcher les acquéreurs de transformer les pavillons et jardins en immeubles, ce qu'ils font en raison de la montée du prix des terrains. »

Le coût élevé de la construction contrôlée, à peine diminué par les bonifications d'intérêts et les exonérations fiscales, en restreignait l'accès, comme on l'a vu, à une élite prolétarienne. Aussi, ce furent les plus pauvres qui tentèrent leur chance en achetant des parcelles inconstructibles ou vendues sans infrastructures, bernés par la publicité qui leur promettait, s'ils voulaient quitter leur ancien logement et bâtir sur la parcelle *non aedificandi,* qu'on ne pourrait les expulser ; les enquêteurs parlementaires rendirent publics ces raisonnements mensongers[22] :

> « Interdiction vous est faite individuellement, mais quand vous serez nombreux sur le terrain, vous n'aurez qu'à vous relever réciproquement de cette interdiction, et vous construirez. »

Si les terrains ainsi proposés avaient été correctement viabilisés, et qu'une aide à la construction immobilière suffisante ou une construction économique correcte ait permis d'y installer un logement sain, les lotis auraient obtenu une propriété plus importante que celle concédée dans le cadre du logement patronal. En effet, les dimensions de la parcelle n'excédaient guère en moyenne 150 m^2 dans ce second cas, alors que les rapporteurs de la loi Sarraut situaient la surface moyenne des lots entre 200 et 300 m^2.

L'échec d'une première tentative de réglementation en 1919 ne fit qu'aggraver le développement des lotissements défectueux.

Les radicaux-socialistes, à la fois par souci du bien-être public, et par crainte du basculement progressif des cantons où ils étaient majoritaires vers l'extrême gauche,

---

[21] ERNEST (G).- *Expériences faites par l'initiative privée pour donner dans les villes augmentant de population du terrain à bon marché et permettre l'application de la loi de 1906*, Charleville, 1910.

[22] Loi Sarraut, Débats Parlementaires Sénat, 9 mars 1928, intervention AURAY..

furent à l'origine de l'initiative de l'encadrement législatif des lotissements défectueux.
En effet, l'action syndicale entreprise par les mal lotis fut très vite prise en mains par l'extrême gauche politique, dont les législatives de 1924 attestèrent les succès, notamment à la périphérie lointaine de Paris. En voici un exemple curieux : Longjumeau, commune champêtre dont la fonction d'ancien relais de la poste à cheval avait assuré la célébrité dans une chanson, *le postillon de Longjumeau*, une fois envahie par les lotissements, se transforma assez brusquement en fief du parti communiste, dont un des militants (un postier, ironie du sort !) remplaça d'un coup en 1924 le baron de Courcel comme député, et le sénateur Bonnefille comme conseiller général[23].

Les dégâts urbanistiques causés par la prolifération anarchique d'une banlieue qui n'était ni ville ni campagne, trouée de jardins ouvriers, semée de hangars ou de bicoques branlantes, furent qualifiés d'*humiliation pour l'amour-propre national* par le sénateur Chastenet, et l'Académie des Sciences Morales et Politiques, par les interventions de M. Chardon, fit chorus avec le Sénat pour condamner cette colonisation sauvage de la périphérie des villes, et surtout de la banlieue parisienne. Le sénateur Sarraut paya de sa personne lors de l'enquête accompagnant sa réforme des lotissements défectueux et, pour pouvoir visiter ceux d'Athis Mons, dut faire poser des planches sur les chemins inondés de boue.

Le rapporteur de la Commission de la Construction et de l'Urbanisme du Sénat, M. Merlin, dans ses commentaires sur l'utilité de la loi Sarraut[24], fit une longue digression sur le processus qui avait conduit à ce désastre. Il cerna tout d'abord l'identité sociologique des mal-lotis :

> « Ce sont tous ou presque tous des gens de petite condition, parfois indigents, las de vivre à Paris, dans une mansarde ou un logement exigu où ils étouffaient avec leurs enfants, (qui voulurent) trouver à côté de la ville de l'air et du soleil. Ils ont acheté quelques mètres de terrain à bas prix, (...) évadés du taudis pour s'enliser dans la boue de la banlieue. »

Puis, évaluant la masse des migrants vers la périphérie de Paris, il regretta l'absence de planification de sa croissance urbaine :

> « Ils étaient plus de 120 000 en Seine et Oise, 150 000 dans la Seine, plus de 11 000 en Seine et Marne (...). Quelle tristesse que cette colonisation lamentable et désordonnée, qui risque de compromettre gravement, sinon même d'entraver l'aménagement méthodique et rationnel de l'agglomération parisienne. »

---

[23] Voir sur la constitution de la banlieue rouge de Paris l'analyse du géographe J.BASTIE.- *La Croissance de la banlieue parisienne, op.cit.*, p. 277.

[24] Débats parlementaires, Sénat, 8 mars 1928.

Il décrivit le processus de cette extension anarchique :

> « Il y a là une évolution intéressante à suivre, depuis le terrain de culture primitif, acheté à bas prix par le lotisseur, jusqu'à l'habitation qui s'y édifie en passant par la phase intermédiaire du jardinet familial cultivé le dimanche et sur lequel une première cabane surgit du sol. Un délai de quelques mois suffit le plus souvent à cette transformation. Ces lotissements à bon marché, habilement présentés au public par des vendeurs spécialisés dans ce genre d'affaires, sont trop souvent faits sur des emplacements mal choisis, loin des agglomérations déjà existantes et des moyens de transport. Il en est même qui, par la nature du sol, sont impropres à l'habitation. D'autres sont inondables une partie de l'année. »

Ces choix n'étaient mauvais que pour l'acquéreur final, l'intermédiaire lotisseur sachant par contre parfaitement bien que l'éloignement des zones urbaines, des moyens de transport, le caractère inconstructible des terrains lui garantissaient un prix d'achat particulièrement bas et une marge de bénéfice particulièrement élevée.
Les acquéreurs, forts des promesses faites et non tenues, se retrouvaient par la suite sans ressources pour l'équipement et la construction :

> « Sur ces terrains, vendus à tempérament par petits lots de 200 à 300 mètres, les acquéreurs ont hâte d'avoir leur maison. Mais ils ne disposent que de ressources modiques et les matériaux coûtent cher. Sans se rebuter, ils construisent par leurs propres moyens des habitations des plus sommaires avec des matériaux de fortune. »

Le futur bidonville se mettait en place, et les problèmes d'infrastructure se révélaient :

> « Les ordures ménagères, dont l'enlèvement n'est pas effectué, restent accumulées au hasard. Pour l'eau potable, on va à la borne fontaine, au puits sans maçonnerie, avec le risque d'infiltrations des fosses d'aisances. Aucune organisation collective, aucune obligation commune ne lient entre eux les acquéreurs, -les clauses que peuvent contenir à cet égard certains cahiers des charges de vente n'ont que la valeur de précautions de style-, il est aisé de concevoir que l'entretien des voies du lotissement n'est même pas tenté, la population pauvre assurant à grand peine celui de ses maisons et de ses jardinets. »

Ainsi, une politique qui s'efforçait d'effacer la ségrégation urbaine entre riches et pauvres en avait créé une autre, d'autant plus dommageable pour les hommes au pouvoir qu'elle induisait, trop près de la capitale, des comportements collectifs contestataires prudemment qualifiés par le sénateur du terme de « péril », terme auquel ceux de ses collègues qui ne comptaient pas parmi les animateurs socialistes et communistes du mouvement des mal lotis ajoutaient sans doute, instinctivement, l'épithète de « rouge »:

> « C'est en pleine paix, au cœur du pays, que le mal s'est installé comme une plaie hideuse. C'est un mal qu'il faut abolir sans délai, d'autant que, du seuil de leur cloaque, (ceux qui en sont victimes) peuvent apercevoir la silhouette d'une des villes les plus somptueuses du monde. Il y a là un contraste anti-social, un sujet d'amère méditation, d'autres pourraient peut-être dire un péril. »

Sarraut lui-même prit moins de gants avec le groupe communiste, auquel il adressa directement le reproche de se complaire dans la misère du prolétariat pour en tirer des bénéfices politiques[25] :

> « Les mal lotis sont les victimes de l'exploitation politique du Parti Communiste qui les décourage pour continuer à entretenir un abcès empoisonné, dans les purulences duquel vous irez puiser le virus de haine et de révolte que vous répandrez ensuite dans le prolétariat. »

Le porte-parole communiste des mal lotis de Bobigny, Clamamus[26], connaissait la position de Sarraut à qui il avait par avance opposé l'argument que son rafistolage des lotissements n'était qu'un outil de lutte anti-communiste :

> « Je pense que vous lisez vos journaux : *le Petit Parisien, le Matin, la Parole* même. C'est bien une véritable passion politique qui s'est manifestée autour de la question des lotissements. Vous avez été le premier à nous dire ici que nous ne pourrions plus exploiter la misère des pauvres gens. La presse à laquelle je fais allusion a nettement déclaré que ce projet est entre vos mains une arme puissante de lutte contre le communisme. C'est toujours à la veille des consultations électorales que ces projets sont venus en discussion à la Chambre. C'est une coïncidence bizarre. »

Les solutions collectives de rechange à la politique pavillonnaire.

Face au système libéral qui s'était ainsi dégradé faute de contrôles suffisants, un autre type d'urbanisation sociale avait été mis en place, essentiellement aussi dans la région parisienne, dès avant la première guerre mondiale. Comme on l'a vu précédemment, de multiples systèmes de rechange avaient été évoqués : service national du logement et offre gratuite de logements collectifs chez les collectivistes, offre et contrôle de logements économiques par les collectivités locales chez les adeptes du socialisme municipal, ces derniers, en particulier dans la région parisienne, tentant de promouvoir des solutions urbanistiques comme la cité jardin, dont la gestion

---

[25] Intervention SARRAUT, Débats parlementaires Chambre, 7 février 1928.

[26] Intervention CLAMAMUS, Débats parlementaires Chambre, 2 février 1928.

collective locale de la construction sociale mise en place par la loi de décembre 1912 leur permit de faire l'essai. Les constructeurs sociaux français se plaçaient dans la lignée des urbanistes d'Outre-Manche, préférant toutefois le modèle de la cité-jardin illustré par Howard à Letchworth au modèle pavillonnaire des banlieues britanniques. Leur refus des « cottages » de construction économique accolés les uns aux autres pouvait s'expliquer par un désir de novation urbanistique et une préférence pour le collectif ; peut-être aussi pensaient-ils comme naguère Zola dans son exil anglais[27] que « cette formation par essaims, par juxtapositions de cellules toutes semblables » rappellerait trop les maisonnettes patronales et répugnerait au peuple français :

> « Autour de Paris, ce serait une révolte générale, nos ouvriers crieraient qu'on les emprisonne, qu'on les encaserne. Cette uniformité leur semble une réglementation, un joug qui leur interdit toute fantaisie, toute individualité. Ils préfèrent être plus mal logés et ne pas être logés comme le voisin. »

La construction sociale catholique, issue du mouvement de la Ligue du Coin de Terre et du Foyer, ne reprit pas davantage le modèle pavillonnaire britannique ; l'Œuvre du Moulin-Vert de l'abbé Viollet se fixa essentiellement pour but la reconstitution mutualiste de foyers familiaux, sans projet architectural défini.

Quant aux marxistes, leur dessein était surtout quantitatif : ils voulaient répondre aux besoins en logement sans entraver la mobilité ouvrière, donc produire du collectif/locatif à bon marché, un urbanisme de masse. L'embourgeoisement symbolique, pour eux paralysie politique, que le bonheur pavillonnaire dans un système d'accession à la propriété correctement contrôlé aurait pu diffuser, restait comme au temps de la critique d'Engels le type même de la stratégie à combattre.
Lors des débats de la loi Loucheur, des contre-propositions socialistes et communistes furent présentées[28] pour promouvoir un habitat de masse bien construit, entouré d'espaces verts et pourvu de commodités et de services annexes, tel que leurs municipalités les concevaient.

Une vision urbanistique nouvelle[29] leur fut opportunément offerte par des architectes eux aussi ennemis de l'*engourdissement* pavillonnaire. Lors des débats de la loi Loucheur, au duel politique collectiviste/pavillonnaire ou antibolchevik -nouvelle dénomination due à la Révolution russe, à l'avènement de l'Internationale communiste et à la constitution du Parti Communiste Français-, se superposa un duel entre « ville verte » et mitage pavillonnaire. Des députés de gauche citèrent les noms

---

[27] ZOLA (E.).- *Chroniques et polémiques-Pages d'exil*, 1890.

[28] Interventions ANTONELLI (S.F.I.O.) et BEAUGRAND (P.C.), Débats parlementaires Chambre, 3 juillet 1928.

[29] Ces principes furent ultérieurement publiés dans une brochure par le Congrès des Ingénieurs et Architectes Modernes de 1933, devenue mondialement célèbre sous le nom de *Charte d'Athènes*.

de Le Corbusier et de Sauvage,[30] et précisèrent à leur suite qu'il fallait *repenser la citadinité*. Refusant un aménagement boiteux qui substituerait à l'enfer de la ville moderne une illusion campagnarde, ils en soulignèrent le coût social : alourdissement du temps contraint du travailleur par l'allongement de ses temps de trajet domicile travail, accroissement éventuel du temps de travail productif par tête d'habitant au niveau national pour compenser l'élévation des coûts d'une politique de logement social « horizontale ».

Selon Le Corbusier, sa répercussion sur les temps contraints rendrait en effet la vie du banlieusard si harassante qu'il ne pourrait profiter des activités compensatrices du jardinage qu'au prix d'un effort supplémentaire et, en fait, de son développement physique et intellectuel. La solution corbuséenne de la ville verte,[31] accusant l'opposition ville-campagne au lieu de la masquer par le mariage maison jardin, permettrait au citadin de participer pleinement à sa vie de citadin :

- suppression des problèmes de circulation, allégement du temps de travail et du travail productif par le rapprochement des zones de travail et de résidence ;
- suppression du coût économique de la banlieue horizontale, accès direct à la vie campagnarde avec des équipements sportifs et des zones de nature au pied des maisons grâce à la multiplicité des parcs ;
- proximité de la campagne *stricto sensu* grâce à la suppression des zones intermédiaires interminables de la banlieue horizontale.

La relance de la politique pavillonnaire par la loi Loucheur.

Les élections de 1928 avaient donné la victoire à une coalition anticommuniste suffisamment décrite par son titre de « Bloc National ». Cette majorité décida assez logiquement de reprendre un projet d'encouragement à la petite propriété, voté par la Chambre en 1921 et resté en souffrance au Sénat. Pour éviter un nouvel étouffement, Louis Loucheur[32], ministre du Travail et de la Prévoyance Sociale, prépara l'adoption de la nouvelle mouture du projet dans un secret dénoncé par la gauche.

Un député socialiste de la Seine, syndicaliste C.G.T. à l'origine, décrivit le processus avec ironie[33] :

---

[30] Intervention FABRY, deuxième séance du 3 juillet 1928.

[31] LE CORBUSIER (Ed.JEANNERET-GRIS, dit).- *Quand les cathédrales étaient blanches, op.cit.*

[32] Louis Loucheur (1872-1931), auteur de la loi du 13 juillet 1928, était un polytechnicien qui avait « pantouflé » en acceptant un poste d'inspecteur de la Compagnie des Chemins de Fer du Nord, qu'il avait quittée pour devenir industriel. Officier d'artillerie lors de la première guerre mondiale, il avait été recruté par Millerand pour organiser la fabrication du matériel de guerre. Sous secrétaire d'Etat chargé de cette mission dans le Cabinet Briand en 1916, il opta pour la carrière politique. Elu député du Nord en 1919, il devint rapidement titulaire de ministères requérant ses qualités d'organisateur : armement, reconstitution nationale, régions libérées (1921), Finances (Briand 1925), Commerce (Herriot 1926), Travail (1926-1930, Poincaré-Briand-Tardieu..)

« Voyez où va la confiance : nous n'avons pu lire le rapport de M. Thoumyre qu'au *Journal Officiel*, nous n'avons pas eu celui de la commission des Finances, mais nous avons entendu les réserves importantes faites par M. Landry, et malgré tout, la Chambre votera votre projet. Nous n'avons même pas le texte sur lequel la Commission d'Assurance et de Prévoyance Sociales a délibéré hier et j'apprends qu'on a accepté certains amendements et qu'on en a rejeté d'autres. Sur quel texte allons-nous discuter ? Nous l'ignorons. Ainsi la Chambre a une telle confiance dans le Gouvernement qu'elle délibère dans la nuit. Elle est contente, elle votera. »

Le débat lui-même constitua un affrontement violent et clair entre le camp pavillonnaire constitué par les partis du Bloc National, les démocrates chrétiens, le centre gauche non marxiste, et le camp collectiviste.

Loucheur avait déjà pris ses marques lors du débat sur la loi Sarraut[34], où il avait clos la discussion avant le vote par cette condamnation de la « politique du pire » des révolutionnaires :

« (On dit aux mal lotis) : le législateur vous promet une amélioration de votre sort, mais d'abord cette loi ne sera jamais votée, ou pas appliquée. Vous serez toujours les malheureux, les mal lotis (...). Je demande que l'on soit juste envers un gouvernement républicain et non bolchevik. »

Le but de la loi n'apparaissait même plus, dans les commentaires qui lui étaient favorables, comme une réforme sociale au sens strict du terme : on ne discutait plus de politique de logement populaire, mais de politique contre-révolutionnaire, de politique intégratrice. Ses partisans, quelle que fût leur étiquette, en indiquèrent la nature proudhonienne : il s'agissait de créer une classe moyenne de travailleurs-propriétaires. La séance du 3 juillet 1928 à la Chambre fournit des interventions particulièrement intéressantes sur ce thème ; aux citations ci-dessous, il conviendra d'ajouter l'éloquente défense du bonheur pavillonnaire de Paul Reynaud[35], faite le même jour et placée en introduction de cet ouvrage.

M. Thoumyre (rapporteur de la Commission de la Prévoyance Sociale), U.R.D. :

« Pour enrayer les doctrines révolutionnaires, ayez le courage d'agir, et rappelez-vous ce que disait récemment notre collègue, Monsieur Fiancette : *L'homme qui est dans la rue n'a pas besoin d'y descendre*. »

---

[33] Intervention UHRY, Débats parlementaires Chambre, 3 juillet 1928.

[34] Intervention LOUCHEUR, Loi Sarraut, Débats parlementaires Chambre 2e séance du 9 mars 1928.

[35] Voir l'Introduction, note 1.

M. Tremitin (Démocrates populaires) :

« Nous ne croyons pas que la démocratie puisse sortir d'une sorte de mystique et descendre, comme de l'Empyrée, toute armée. Nous ne voulons pas non plus qu'elle naisse d'un soir de révolution. Nous estimons qu'elle se forge, en quelque sorte, jour par jour et pièce par pièce. Aujourd'hui, nous voyons dans ce projet une des pièces maîtresses de ce monument, c'est pourquoi nous déclarons qu'il répond à nos préoccupations. »

M. Brunet (Républicains socialistes et socialistes) :

« Je dois noter qu'une des préoccupations du gouvernement a été de constituer une catégorie de propriétaires intermédiaires entre le prolétariat le plus misérable et les classes moyennes. C'est une préoccupation de conservation sociale qui ne nous déplaît pas. Nous ne sommes pas, en effet, de ceux qui croient que le progrès social ne doit s'accomplir qu'à la faveur des convulsions créatrices des révolutions ; nous pensons, au contraire, que le progrès social doit être poursuivi avec méthode et qu'à la base de toute évolution humaine doit se trouver la cellule familiale. »

Lors de cette même séance du 3 juillet 1928, le Parti Communiste adopta une stratégie faite pour démentir l'accusation de Loucheur ; sans fermer les yeux sur le caractère intégrateur néfaste de la loi, il décidait d'accepter le progrès matériel qu'elle pouvait apporter.

M. Piquemal (explication de vote du groupe communiste) :

« Nous avons toujours demandé qu'on construise des maisons. N'en construirait-on qu'une seule, le groupe communiste votera le projet pour ne pas vous gêner. La solution que vous apportez est une solution détestable. Nous voterons néanmoins votre projet en indiquant que nous n'avons aucune confiance dans la façon dont vous allez le réaliser parce que ce n'est pas la sollicitude pour les locataires qui vous guide, mais votre sollicitude pour ceux qui vont bénéficier de cette loi, pour la propriété immobilière, qui va profiter de votre projet pour exiger l'augmentation des loyers, et votre sollicitude envers ceux qui sont à l'affût d'affaires fructueuses. Aujourd'hui, nous vous disons notre sentiment. Demain, nous serons là pour contrôler ce que vous aurez fait. »

La loi Loucheur fut ainsi votée à l'unanimité en première lecture. En seconde lecture, les communistes se ravisèrent ; mais la majorité pavillonnaire n'avait effectivement pas besoin de leur soutien contre nature pour imposer sa loi.

La construction individuelle à la veille de la deuxième guerre mondiale.

L'impact de la loi Loucheur sur le développement de la petite propriété pavillonnaire a été considérable. Instrument de différenciation de la classe moyenne, voulue comme une incitation qualitative, elle a en fait créé une fièvre pavillonnaire dans des couches de plus en plus larges de la société.

La conception qualitative de la loi Loucheur.

La loi Loucheur avait été conçue plus comme la réorientation de la politique du logement que comme son amplification.

Le montant de l'aide financière prévu par le projet de 1921 fut réduit dans celui de 1928, le nombre de logements à construire passant de 500 000 à 200 000, à la grande indignation du parti communiste ; M.Beaugrand souligna qu'il aurait au contraire fallu, en raison de l'aggravation de la crise du logement, en construire un million.
Les crédits étaient inégalement répartis entre les organisme HBM-HLM -qui avaient plutôt vocation à construire du collectif locatif, et les Sociétés de Crédit Immobilier qui devaient favoriser l'extension de la construction individuelle et de la propriété chez les particuliers autant qu'aider au financement des H.B.M.et H.L.M.

TABLEAU 12

DOTATION PUBLIQUE DES ORGANISMES DE CREDIT IMMOBILIER ET DE HBM 1922-1933

Période	Montant de la dotation publique en francs	
	Offices, Fondations, Sociétés HBM/HLM	Sociétés de Crédit Immobilier
1922-1927	862 506 600	802 244 950
Loi Loucheur (1929-1933)	1 142 506 600	1 222 244 950
	+ 280 000 000	+ 420 000 000

La loi du 30 mars 1929 vint renforcer cette inégalité de traitement. Elle spécifia que les crédits non utilisés par les organismes H.B.M./H.L.M. et les Sociétés de Crédit seraient répartis de la façon suivante : les organismes de construction récupèreraient 1 392 506 600 francs sur leurs propres crédits, les Sociétés de Crédit recevant 1 472 244 950 francs dont une partie venait de crédits H.B.M. qui leur étaient réaffectés. De plus, l'augmentation annuelle prévue pour la période postérieure à 1930 était de 140 000 000 francs pour les premiers, de 210 000 000 francs pour les secondes. Enfin, une bonification d'intérêt était accordée par l'Etat, à partir d'un certain seuil, aux Sociétés de H.B.M. pour les opérations d'accession à la petite propriété : si les emprunts faits dans ce cas auprès de particuliers ou de collectivités engageaient les Sociétés à payer un intérêt dépassant 2%, l'Etat prenait en charge la différence.

L'application de la loi ne fut pas uniforme. Les crédits fournis par la Caisse des Dépôts et Consignations, après une période d'extension de 1929 à 1933 où ils dépassèrent 8,2 milliards de francs, accusèrent une chute brutale de 1934 à 1939 en tombant à 1,8 milliard de francs. L'explication de ces variations tenait à la diminution conjoncturelle de la collecte publique qui alimentait la Caisse, les clients des Caisses d'Epargne ayant alors effectué des retraits plus nombreux que les dépôts. Du reste, la Caisse des Dépôts n'avait été astreinte à aucun plan de financement de la construction sociale ; en 1945, son Directeur précisa[36] :

> « En ce qui concerne la loi Loucheur, il n'y avait pas eu, malgré les apparences, de véritable programme de construction de logements établi pour une longue durée, avec des prévisions faites d'une manière ferme. »

Loi à nouveau trop libérale, comme les précédentes lois pavillonnaires, la législation de 1928 avait négligé de planifier son action.

La réorientation qu'elle donnait au logement social venait, en ce qui concerne le parc locatif, de la création des H.L.M., Habitations à Loyer Modéré destinées à un public peu argenté mais fort différent du prolétariat manuel : enseignants, écrivains, artistes etc., qui se regroupaient de plus en plus en organisations de défense et se qualifiaient « travailleurs intellectuels », entrant ainsi davantage dans les préoccupations sociales des députés[37]. Le législateur encourageait ainsi une ségrégation qualitative entre le prolétariat logé en H.B.M. et une classe moyenne peu aisée logée en H.L.M.

L'objectif essentiel de la loi, de l'aveu même de son auteur[38], était cependant d'encourager le prolétariat lui-même à devenir propriétaire:

> « Nous voulons créer 100 000 petits propriétaires nouveaux, 100 000 nouveaux propriétaires pris parmi les Français dont les revenus sont si bas que jamais, sans la loi nouvelle, ils n'auraient pu espérer posséder un jour une maison à eux. »

Les avantages nouveaux accordés aux candidats propriétaires étaient en effet considérables. La période de dégrèvement fiscal des maisons concernées par la loi, qui était passée de 5 ans sous la loi Siegfried à 12 ans sous la loi Strauss, était portée à 25 ans. Les subventions destinées à l'accession à la propriété étaient augmentées. Entre 1909 et 1943, elles atteignirent un total de 11 300 000 000 de francs or; si

---

[36] DEROY (H.), « Le rôle de la Caisse des Dépôts et Consignations », *Le Musée Social*, n°2, 1945.

[37] Intervention LANDRY, Débats parlementaires Chambre, 3 juillet 1928.

[38] Intervention LOUCHEUR, Débats parlementaires Chambre, 30 juin 1928.

considérable que paraisse la somme, elle était nettement inférieure à celles dépensées pour la construction sociale dans les pays voisins, notamment en Angleterre.

Les Sociétés de crédit immobilier se multiplièrent après la loi de juillet 1928, mais leur prolifération créant une concurrence trop forte, elles finirent par végéter après 1933. La loi Loucheur avait donné une impulsion dont elle n'avait pas su organiser la croissance.

La création d'une demande pavillonnaire prolétarienne.

En dépit des ratés du système de lancement de la loi Loucheur, il semble qu'un changement de comportement populaire ait effectivement eu lieu à l'égard de l'accession à la propriété pavillonnaire.

Une importante étude statistique menée sur la situation immobilière de la France en 1929, puis en 1934[39], fut en partie consacrée aux comportements à l'égard du logement pavillonnaire qui, selon l'auteur, subirent une évolution visible et différenciée sous le choc de la crise de 1929.

La comparaison entre l'évolution du marché du pavillon modeste dans les banlieues des grandes villes et des villes moyennes et celle du marché de la villa bourgeoise l'amena à penser que la crise de 1929 avait servi de révélateur à un désir croissant de propriété pavillonnaire chez les demandeurs de « petits logements ».

Sur l'ensemble de la période 1924-1934, les petites maisons avec jardin[40] avaient eu une valeur vénale constamment supérieure à celle de la propriété immobilière en général dans la banlieue des grandes villes. Le tracé correspondant à l'évolution de leur valeur vénale suivait très exactement la courbe des prix, ce qui signifie que la demande était constante pour ce type de logement ; la crise provoqua une brutale augmentation de cette demande : les minima augmentèrent et les maxima firent un bond fin 1929.
Dans la banlieue des villes moyennes la valeur minimale des petites maisons avec jardin serait tombée légèrement au-dessous de la moyenne des prix de l'immobilier fin 1929 pour remonter ensuite ; cette remontée serait due à la dépréciation de l'immeuble collectif, dont la rentabilité locative diminua au moment de la crise.

---

[39] MICHEL (Ed.), *Journal de la Société de Statistique de Paris,* 1930, « La situation immobilière de la France en 1929 », p.133 ; 1935, « La situation immobilière de la France en 1934 », p.95. Voir tableau 13 et ses graphiques.

[40] Voir tableau 13 et graphiques 2 et 3.

TABLEAU 13

PRIX DE L'IMMOBILIER PAR TYPE D'IMMEUBLE ET PRIX DE GROS ET DE DETAIL 1924-1934

1. Prix de l'immobilier par type d'immeuble.

TYPE D'IMMEUBLE	Evolution des prix à partir d'une base 100 : prix de 1914			
	FIN 1924	1927 - 1928	FIN 1929	1934
BANLIEUES DES GRANDES VILLES – STATIONS THERMALES, CLIMATIQUES, BALNÉAIRES				
Petites villas ou pavillons	350 à 400	400 à 500	425 à 450	350 à 300
Maisons de grandeur moyenne	300	300 à 375	400 à 425	275 à 300
Grandes maisons	200	250 à 275	275 à 325	200 à 225
IMMEUBLES DE LOGEMENT COLLECTIF BOURGEOIS (PARIS)				
Maisons de rapport bourgeoises	200 à 250	278 à 350	300 à 350	300
IMMEUBLES DE LOGEMENT COLLECTIF BOURGEOIS (AUTRES GRANDES VILLES)				
Maisons de rapport bourgeoises	225 à 275	250 à 350	325 à 400	325
MAISONS DE RAPPORT POUR CLIENTELE MOINS AISEE (FRANCE ENTIERE)				
à loyer moyen	200 à 225	250 à 300	275 à 375	300 à 350
à petits logements	150 à 200	200 à 250	275 à 375	250 à 300
PETITES MAISONS AVEC JARDIN POUR EMPLOYÉS ET OUVRIERS				
Banlieues des grandes villes	250 à 300	375 à 450	400 à 500	325 à 350
Banlieues des villes moyennes	175 à 200	250 à 300	350 à 425	275 à 325
MAISONS DE VILLE (FRANCE ENTIERE)				
Importance moyenne pour la localité	200 à 225	250 à 275	275 à 350	275 à 300
Importantes dans grandes villes	200	250	275 à 350	250 à 275
Importantes dans petites villes	175	200	250 à 275	200
MOYENNE	**200 à 225**	**275 à 300**	**320 à 240**	**280 à 300**

2. Prix de gros et de détail.

PRIX*	FIN 1924	1927 - 1928	FIN 1929	1934
Prix de gros	499	630	623	366
Prix de détail	380	557	611	481
MOYENNE	**429,5**	**596,5**	**617**	**426,5**

Source : MICHEL (Ed.).*Journal de la Société de Statistique de Paris*
1930 p. 133 : « La situation immobilière de la France en 1929 »
1935 p. 95 : « La situation immobilière de la France en 1934 »

* L'évolution des prix part d'une base 100 en 1914. La moyenne a été calculée par nous.

GRAPHIQUES DU TABLEAU 13

PRIX DE L'IMMOBILIER PAR TYPE D'IMMEUBLE ET PRIX DE GROS ET DE DÉTAIL 1924-1934.

1. Pavillons bourgeois (banlieues des grandes villes, stations balnéaires et thermales).

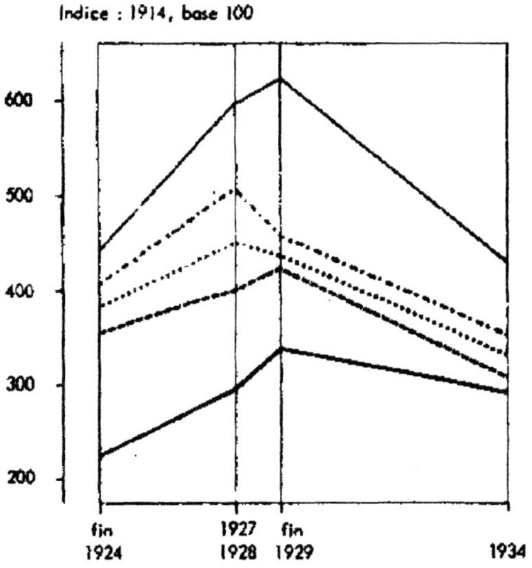

LÉGENDE

m : moyenne des prix de gros et de détail

M : moyenne de la valeur vénale des propriétés immobilières

V_{max} : valeur maximale du type de pavillon

V_{moy} : valeur moyenne du type de pavillon

V_{min} : valeur minimale du type de pavillon

2. Pavillons d'ouvriers et de petits employés (banlieues de grandes villes).

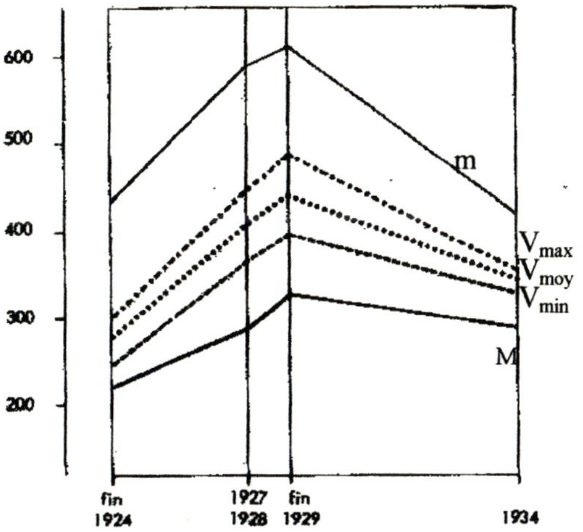

3. Pavillons d'ouvriers et de petits employés (banlieues de villes moyennes).

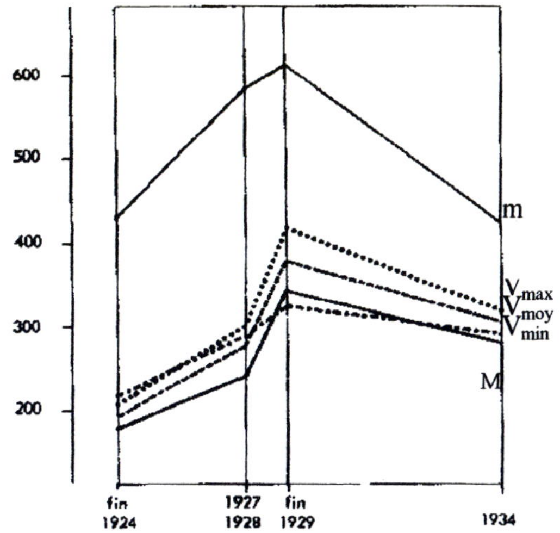

Source: MICHEL(Ed.) *Journal de la Société Statistique de Paris*

1930 p.133: "La situation immobilière de la France en 1929"

1935 p. 95: "La situation immobilière de la France en 1934"

L'auteur de l'enquête souligne que, dans ce type de banlieue, la crise causa un retournement de tendance à l'égard du pavillonnaire. La congestion urbaine plus faible des villes moyennes où existait généralement une forme traditionnelle d'habitat unifamilial n'y avait pas créé de demande forte pour son modèle économique, et la valeur vénale des pavillons était faible. Fin 1929, on constata une progression spectaculaire de cette valeur vénale, qui reflétait le fort développement de la demande pour le pavillon. Le report sur l'habitat aidé d'achats qui se seraient portés sans la crise sur l'habitat traditionnel peut en partie expliquer le phénomène, non son ampleur et son maintien après la crise.

Par contre, la courbe de la valeur vénale des pavillons bourgeois[42] marqua alors une chute brutale, et la fourchette des prix se resserra : les propriétaires vendaient pour profiter de la hausse des prix de l'immobilier fin 1929, ce qui entraîna une chute des cours ; ce comportement « spéculatif », comme le faisait remarquer l'auteur de l'enquête, s'opposait à celui des habitants de pavillons. La villa de plaisance, la résidence secondaire, apparaissaient ainsi selon lui comme des biens dont on peut se séparer pour prendre les bénéfices d'une hausse de l'immobilier ; le petit pavillon (que l'on ne revend pas parce qu'on l'habite, ou que l'on cherche à acquérir pour s'abriter de la crise), lui paraissait susciter des comportements différents qu'il interpréta comme la transformation du pavillon en valeur-refuge pour les investisseurs modestes.

A l'appui de cette hypothèse, il retenait que l'arrêt des crédits d'aide à l'accession à la propriété en 1933 n'avait provoqué qu'un léger resserrement de la fourchette des valeurs vénales du pavillon, qui suivaient cependant fidèlement le courbe générale des prix : la demande demeurait alors même que l'incitation financière avait disparu.

Ces conclusions semblent indiquer qu'à cette époque une large fraction des petits salariés aurait intériorisé l'idée que la pierre est un investissement essentiel ; l'attitude du prolétariat urbain de l'entre-deux-guerres aurait donc considérablement évolué par rapport à celui de la seconde moitié du XIX°siècle, décrit comme peu soucieux d'épargner et indifférent à son mode de logement. En cent ans, le désir de maison avec jardin aurait donc effectivement fait son chemin.

Pour mieux comprendre le phénomène, on peut rapprocher le résultat de ces constatations statistiques de la morale d'une histoire contée vingt ans auparavant par Ribot[43] sur les origines de sa loi.

---

[42] Voir tableau 13 et graphique 1.

[43] RIBOT (A.).- *L'utilité des Caisses de Crédit Immobilier pour favoriser l'accession de la propriété aux ouvriers, op.cit.*.

« On discutait dans notre Société d'agriculture de Saint Omer sur la question des retraites ouvrières. J'ai été frappé des observations qui m'ont été faites. On me disait : « La retraite, c'est très beau, mais il y a quelque chose qui serait mieux : ce serait de donner aux ouvriers agricoles, aux soldats qui reviennent du régiment une maisonnette et un coin de terre ».

La « maisonnette et son coin de terre » apparaissaient ainsi déjà en 1908 comme une valeur refuge garantissant plus sûrement qu'une rente d'Etat un niveau de vie minimum au prolétaire qui, grâce à ce petit bien, n'en était plus un. Ce réflexe paysan se serait étendu après la loi Loucheur, et en partie grâce à elle, à des couches prolétariennes urbaines qui en était dépourvues au siècle précédent. Dans ce cas, on pourrait considérer que le pari intégrateur des théoriciens pavillonnaires aurait été gagné, leur stratégie ayant permis de créer ce point d'équilibre centriste qui a stabilisé les variations politiques françaises de la seconde moitié du XX° siècle.

La poussée du logement individuel.

Les documents relatifs à l'impact de la loi Loucheur sur la construction en France sont divers et ne se recoupent pas suivant les mêmes critères. Les données de recensement ne permettent pas de juger de l'augmentation du pavillonnaire, car les immeubles unifamiliaux à un logement n'ont été décomptés à part qu'à partir de 1946. L'étude conduite a posteriori par l'INSEE sur le parc immobilier des villes de plus de 50 000 habitants en 1954 indique que la période 1915-1939 représente l'apogée du développement de l'habitat individuel pour la majorité de ces agglomérations en forte expansion démographique[44].

Le rapport individuel/collectif semble avoir été profondément et largement modifié[45]. L'incitation à faire construire, amplifiée par le battage publicitaire des lotisseurs et promoteurs, a dépassé dans cette période le cadre imposé par la loi. On a construit plus de maisons individuelles que d'immeubles collectifs dans des villes provinciales peu industrialisées où le collectif dominait auparavant comme Aix en Provence, Angers, Tours ou Versailles ; la construction sociale aurait donc entraîné un renouveau de la villa urbaine ou de plaisance. Des agglomérations où le collectif dominait dans les périodes précédentes renversèrent la tendance en 1915-1939 : Aubervilliers, Besançon, Brest, Clermont Ferrand, Marseille, Montpellier, Nancy, Rennes, Saint Denis, Toulon. D'autres, où l'habitat individuel était déjà majoritaire, firent elles aussi une poussée pavillonnaire en 1915-1939, comme Bourges, Calais, Le Mans, Poitiers.

---

[44] Voir tableau 14.

[45] Voir tableau 14,1.

TABLEAU 14

POUSSÉES DE CONSTRUCTION INDIVIDUELLE ENTRE 1915 ET 1939
dans les villes de plus de 50 000 habitants en 1954

1. Rapport individuel/collectif* maximum entre 1915 et 1939.

VILLES	RAPPORT INDIVIDUEL/COLLECTIF		
	1870-1914	1915-1939	1940-1954
Aix en Provence	1	3	3
Angers	1	3	2
Aubervilliers	0,69	1	1
Avignon	3	5	3
Besançon	0,78	2	2
Bordeaux	1	4	4
Bourges	1	3	3
Brest	0,45	1	0,39
Caen	1	4	0,80
Calais	3	4	2
Clermont-Ferrand	0,50	3	2
Grenoble	0,87	1	0,73
La Rochelle	3	9	4
Le Havre	1	3	0,85
Le Mans	2	5	5
Lille	1	1	1
Lyon	0,36	0,98	0,62
Marseille	0,77	2	1
Montpellier	0,95	3	3
Nancy	0,46	1	1
Nantes	1	4	2
Nanterre	1	2	2
Orléans	1	3	1
Poitiers	1	4	3
Rennes	0,92	4	2
Rouen	3	3	0,93
Saint Denis	0,68	2	1
Strasbourg	0,23	0,50	0,47
Toulon	0,86	1	1
Toulouse	1	3	3
Tours	1	3	1
Troyes	1	2	1
Versailles	1	3	2

Source : INSEE : «Enquêtes sur les conditions de logement dans les villes de plus de 50 000 habitants en 1954 », *Etudes et Conjoncture,* n°10-11, oct-nov 1957, pp.1243-1369

* Voir le mode de calcul au tableau 5 note 1 et les cartes récapitulatives du tableau 19 France et Banlieue parisienne pour l'ensemble des périodes 1870-1954.

2. Pourcentage maximum* de maisons individuelles datant de 1915-1939.

VILLES	% DE MAISONS INDIVIDUELLES DATANT DE		
	1870-1914	1915-1939	1940-1954
Argenteuil	1,41	4,96	0,88
Aubervilliers	0,52	1,03	0,08
Avignon	1,90	2,14	0,78
Besançon	0,64	1,33	0,33
Béziers	1,14	1,61	0,53
Brest	0,71	1,87	1,82
Caen	0,73	2,48	1,15
Cannes	0,76	1,11	0,43
Clermont Ferrand	0,65	5,83	1,04
Colombes	2,64	4,17	0,43
Dijon	1,69	3,81	0,93
Drancy	0,57	5,84	0,54
Grenoble	0,53	1,21	0,22
La Rochelle	2,13	2,72	1,21
Le Havre	2,62	3,68	2,51
Le Mans	4,93	5,65	1,97
Limoges	1,67	3,08	1,00
Lyon	1,98	2,06	0,29
Marseille	10,12	12,33	1,97
Metz	0,45	0,57	0,37
Montpellier	1,47	1,59	0,55
Montreuil sous Bois	1,59	3,95	0,46
Nancy	1,74	1,74	0,18
Nantes	5,00	8,06	2,68
Nanterre	0,99	2,63	0,36
Nice	2,08	3,49	1,11
Nîmes	1,52	2,21	0,76
Orléans	1,75	1,84	0,40
Perpignan	0,88	2,44	1,06
Reims	2,53	6,12	0,85
Rennes	1,68	4,63	1,84
Saint Denis	0,79	1,04	0,07
Saint Etienne	0,63	0,94	0,36
Saint Quentin	3,08	7,27	0,31
Strasbourg	1,05	1,58	0,57
Toulon	2,25	3,11	0,94
Toulouse	5,09	8,03	3,30
Troyes	1,26	1,48	0,22
Versailles	0,90	1,18	0,17
Villeurbanne	1,03	1,91	0,26
Vitry sur Seine	0,93	3,15	0,48

Source : INSEE, «Enquêtes sur les conditions de logement dans les villes de plus de 50 000 habitants en 1954 », *Etudes et Conjoncture*, n°10-11, oct-nov 1957, pp.1243-1369.

* Voir le mode de calcul au tableau 5 note 2, le tableau récapitulatif 19 et les cartes de répartition France et Banlieue parisienne pour l'ensemble des périodes 1870-1954.

La part des maisons individuelles datant de cette période dans les villes de 50 000 habitants en 1954 est celle qui domine dans la grande majorité des cas[47]. Dans 41 villes sur 63, le pourcentage des maisons individuelles construites entre 1914 et 1939 dépassait celui des autres périodes de construction.

Dans la banlieue parisienne, les villes atteignant 50 000 habitants en 1954 avaient, avant 1870, un volume d'immeubles collectifs supérieur à celui des maisons individuelles; il fallut attendre la période 1915-1939 pour que le rapport individuel/collectif atteigne ou dépasse 1 dans 6 villes : Aubervilliers, Drancy, Nanterre, Saint Denis, Versailles, Vitry sur Seine.

De nombreuses villes de province acquirent alors leur ceinture pavillonnaire.

La plupart de ces agglomérations retombèrent à un rapport individuel/collectif inférieur à 1 dans la période suivante, 1940-1954 ; l'ère de la victoire du collectif avait alors sonné.

LE BILAN PAVILLONNAIRE APRÈS LA DEUXIÈME GUERRE MONDIALE.

La politique pavillonnaire fut stoppée au lendemain de la Deuxième Guerre mondiale, ce qui s'explique par la conjonction de phénomènes économiques et politiques liés à la période exceptionnelle que la France venait de vivre. L'idéologie pavillonnaire, fortement développée pendant l'entre-deux-guerres, présentait des caractéristiques qui, à la Libération, rappelaient fâcheusement le slogan désormais honni du régime de Vichy : travail, famille, patrie. Régénérer l'argumentaire allait demander du temps.

Les priorités sociales de l'époque n'étaient plus d'intégrer un prolétariat inquiétant, mais de reloger le plus rapidement possible des populations frappées par la destruction massive du parc immobilier français due au développement des bombardements aériens ; la peur des concentrations populaires s'était effacée grâce aux solidarités nées de la lutte, et le relogement semblait faire partie du remboursement de la dette morale contractée par la nation envers un peuple combattant et résistant alors glorifié.

La nécessité d'agir vite et fort remit entre les mains d'une technocratie d'Etat jacobine l'orientation de la politique urbaine ; les outils nouveaux offerts par la technologie du bâtiment, les doctrines nouvelles en architecture et en urbanisme lui donnèrent les moyens et la justification d'une reconstruction privilégiant l'habitat collectif, moins onéreux et plus rapidement construit que l'individuel.

---

[47] Voir tableau 14, 2.

L'ÉVOLUTION DU RAPPORT INDIVIDUEL/COLLECTIF.

L'intervention de l'Etat en matière d'habitat a-t-elle modifié l'évolution globale de la construction en France ? Le modèle pavillonnaire s'est-il imposé dans le parc immobilier français, où et comment ?

Pour opposer véritablement à l'immeuble collectif la maison pavillonnaire -maison à un étage et un logement-, il aurait fallu pouvoir croiser deux variables : le nombre de logements par immeuble et la taille de l'immeuble, ce que ne permet pas la nature des sources statistiques anciennes. Nous envisagerons donc séparément ces deux critères.

Maisons et immeubles à étages.

Bien que la construction d'immeubles à plusieurs étages soit fort ancienne -dans la Constantinople du VIe siècle, on comptait déjà des immeubles à sept ou neuf étages-, ce n'est qu'au XIVe siècle que le mot « étage » prit en France sa signification actuelle d'espace compris entre plafond et plancher, et ce n'est qu'au XVIIe siècle que les immeubles à plusieurs étages se multiplièrent dans les villes.
Toutefois l'immeuble à étages destiné à l'habitation n'était pas alors obligatoirement « collectif » : il pouvait s'agir d'une maison princière, d'un hôtel particulier construit pour une famille de la grande bourgeoisie, ou même d'une ferme où un propriétaire rural abriterait sa main d'œuvre en même temps que sa famille. La taille de la surface non bâtie de la parcelle immobilière et sa destination différencient naturellement ces constructions ; nous aborderons ce sujet en étudiant plus loin l'espacement urbain.

Au milieu du XIX° siècle, la France encore majoritairement rurale comptait 60% de maisons à rez-de-chaussée simple, et seulement 0,7% d'immeubles dépassant 4 étages.
L'urbanisation liée au développement de l'industrie et des services entraîna une décroissance continue de la maison basse rurale, qui passa au-dessous de la barre des 50% du parc immobilier français en 1911.
Les maisons de 3 étages et plus augmentèrent en pourcentage jusqu'en 1891, date à laquelle elles amorcèrent un repli, tandis que la maison à un étage augmentait de plus de dix points, dans une croissance constante entre 1856 et 1911.
Ce dernier type de maison, que l'on associe généralement à l'habitat urbain unifamilial, amorça ainsi un brusque développement entre 1896 et 1911, période de législation favorable à l'habitat pavillonnaire, alors que les autres types de construction déclinaient, comme on le voit nettement sur le graphique 15.

GRAPHIQUE 15

REPARTITION DES IMMEUBLES PAR NOMBRE D'ETAGES 1856-1911

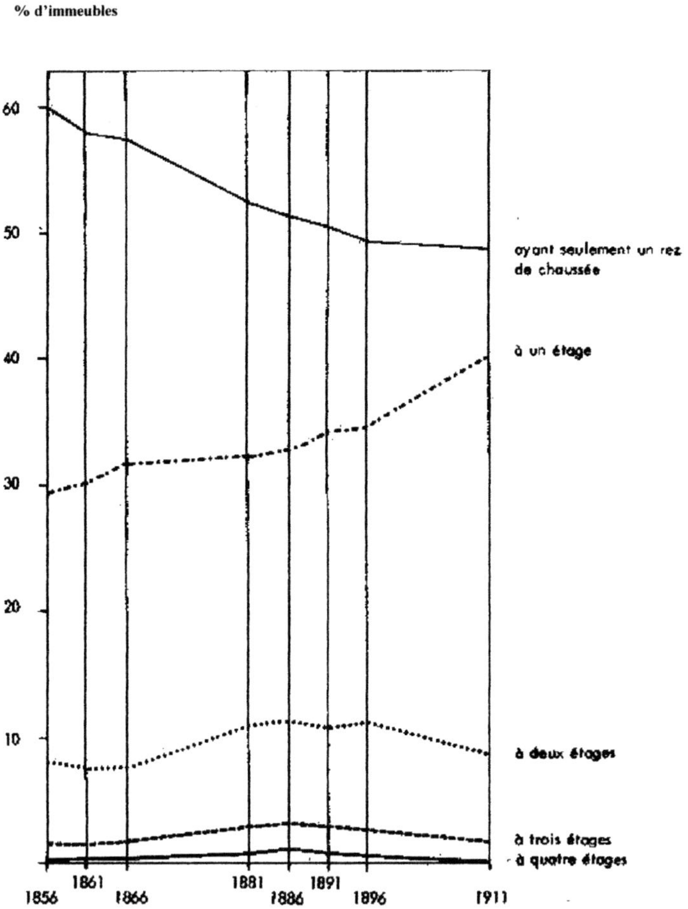

Source : INSEE, « Evolution des conditions de logement en France depuis cent ans » Tableau 18, *Etudes et Conjoncture*, n°10-11, oct-nov 1957.

TABLEAU 15

REPARTITION DES IMMEUBLES PAR NOMBRE D'ÉTAGES 1856-1911

ANNEES	POURCENTAGE D'IMMEUBLES AYANT						TOTAL
	1 Rez-de-chaussée	1 étage	2 étages	3 étages	4 étages	5 étages et plus	
1856	60	29,5	8	1,8	0,4	0,3	100
1861	59,9	30,1	7,4	1,8	0,5	0,3	100
1866	58	31,7	7,6	1,9	0,5	0,3	100
1881	52,5	32,3	11,2	2,9	1,1		100
1886	51,9	32,5	11,3	3	1,3		100
1891	50,8	34	11,2	2,8	1,2		100
1896	50,2	34,6	11,2	1,7	1,3		100
1911	48,8	39,9	8,9	1,8	1,1		100

Source : INSEE, «Evolution des conditions de logement en France depuis cent ans » tableau 18, *Etudes et Conjoncture*, n°10-11, oct-nov 1957

La répartition par type d'agglomération des immeubles n'ayant pas plus d'un étage dont nous disposons pour les recensements de 1926 et de 1946 indique par ailleurs une croissance de 1 point pour les villes moyennes de province, de 4 points pour les grandes villes de province, et un déclin de 6 points pour Paris alors que ce type pavillonnaire augmente de 3 points en banlieue parisienne.
Ces chiffres reflètent vraisemblablement le phénomène de banlieusardisation des villes en forte croissance.

TABLEAU 16

IMMEUBLES D'UN ETAGE AU PLUS SUIVANT LA TAILLE DES VILLES 1926-1946

TYPE D'AGGLOMÉRATION	POURCENTAGE D'IMMEUBLES AYANT UN ETAGE AU PLUS	
	1926	1946
Province : villes de 50 à 100 000 habitants	62	63
Province : villes de plus de 100 000 habitants	56	60
Banlieue de Paris	64	67
Paris	21,1	14,9

Source : INSEE, « Enquêtes sur les conditions de logement dans les villes de plus de 50 000 habitants en 1954 », *Etudes et Conjoncture*, n°10-11, oct-nov 1957, pp.1243-13

Maison individuelle et logement collectif.

Le second critère d'étude -le nombre de logements par immeuble- appelle également des réserves du fait de l'hétérogénéité des données de recensements sur le long terme. Entre la chute du Second Empire et la fin de la Première Guerre Mondiale, on raisonne sur un ensemble de 87 départements du fait de l'annexion par l'Allemagne de l'Alsace et de la Lorraine, tandis que les données des recensements suivants portent sur 90 départements. La notion même d'immeuble varie ; les bâtiments abritant des ateliers ou des commerces sont dits immeubles « spéciaux », quand ils contiennent également des logements immeubles « mixtes », quand ils ne contiennent que des logements immeubles « ordinaires ». Certains recensements en publient des décomptes séparés, mais parfois les mélangent ; c'est le cas en 1946, où les immeubles « ordinaires », séparés en 1926 des immeubles « mixtes », leur sont réunis dans une catégorie « immeubles ordinaires et mixtes ».

Ces réserves faites, on constate une évolution comparable à celle révélée par le développement de la maison à un étage : si, entre 1901 et 1946, le parc immobilier de Paris et des villes de 50 à 100 000 habitants comportait de plus en plus d'immeubles collectifs, les villes de plus de 100 000 habitants et la moyenne des villes de 50 000 habitants et plus corrigeaient cette tendance, probablement à cause d'un phénomène de banlieusardisation pavillonnaire, et voyaient baisser le nombre moyen de logements par immeuble de leur parc immobilier.

TABLEAU 17

NOMBRE MOYEN DE LOGEMENTS PAR IMMEUBLE SUIVANT LA TAILLE DES VILLES 1901-1946

TYPE D'AGGLOMÉRATION	ANNÉE				
	1901	1911	1926		1946
	87 départements		*90 départements*		
Communes rurales	1,08	1,09	-		1,13
Communes urbaines					
De 2 à 50 000 habitants	1,46	1,51	*		1,65
De 50 à 100 000 habitants	2,29	2,49	1,63	2,79	2,62
Plus de 100 000 habitants	3,24	3,23	3,17	3,38	2,93
Paris	12,63	14,32	13,54	15,92	14,50
MOYENNE					
Villes de 50 000 habitants et plus	4,41	4,41	4,07	4,51	3,87
France entière	1,40	1,45	-		1,54

Source : INSEE, « Enquêtes sur les conditions de logement dans les villes de plus de 50 000 habitants en 1954 », *Etudes et Conjoncture*, n°10-11, oct-nov 1957, pp.1243-13

*N.B. : en 1926, on a recensé les immeubles mixtes (colonne de gauche) séparément des immeubles ordinaires (colonne de droite), les deux catégories étant confondues en 1946.

Le critère le plus probant pour une étude de l'évolution de la construction individuelle est évidemment celui du nombre d'immeubles ne comprenant qu'un seul logement ; malheureusement, cette catégorie n'apparaît dans les recensements qu'à partir de 1946. C'est pourquoi nous recourrons à nouveau l'étude rétrospective de l'INSEE sur la répartition par période de construction du parc immobilier des villes de plus de 50 000 habitants en 1954 déjà utilisée[48] pour étudier l'évolution de la

[48] Voir tableaux 5 et 14.

construction individuelle avant la Première Guerre Mondiale et pendant l'entre deux guerres. L'étude des résultats de cette enquête pour la période 1940-1954 permet de constater[49] qu'aucune grande ville française ne connaît alors de poussée de la construction individuelle, le pourcentage de maisons unifamiliales construites alors étant partout inférieur aux pourcentages des périodes précédentes. L'adoption du collectif par les maîtres d'œuvre de la politique publique de reconstruction et de logement social est ici visible.

Toutefois, 32 villes de 50 000 habitants et plus en 1954 présentent un rapport individuel/collectif égal ou supérieur à celui des périodes précédentes. Dans deux de ces villes, Paris et Saint Etienne, l'habitat collectif reste prédominant, mais l'écart entre collectif et individuel se réduit. D'autres marquent plutôt le pas après une poussée de construction individuelle ; ce sont, en province : Aix en Provence, Bordeaux, Bourges, Le Mans, Montpellier, Nancy, Toulon, Toulouse. Lille présente un rapport à peu près constant sur toutes les périodes, comme Nanterre en région parisienne. Les villes où il semble y avoir eu un brusque excédent de pavillonnaire sont, en province : Limoges, Perpignan, Saint Quentin, et en région parisienne : Argenteuil, Colombes, Montreuil, Saint Maur, Vitry sur Seine. En fait, si la construction individuelle semble progresser dans ces villes, c'est qu'on y a peu construit pendant la période, et surtout construit moins de collectif que d'individuel ; à Perpignan, il y a eu un effondrement de la construction collective entre 1940 et 1954.
Ces résultats sont à nuancer, du fait de l'inégale répartition des destructions de guerre : les programmes de reconstruction massive expliquent que Brest, et dans une moindre mesure Caen, présentent entre 1940 et 1954 à la fois un nombre élevé de constructions individuelles et une forte poussée de construction collective ; il est évident que les centre-ville détruits pendant la guerre n'auraient de toute façon pu être reconstruits uniquement en individuel, même si le choix général de la politique de Reconstruction avait moins délibérément favorisé l'habitat collectif.

Sur l'ensemble de la période 1870-1954, quels enseignements pouvons-nous tirer de l'enquête de l'INSEE sur les villes de 50 000 habitants et plus en 1954 ? Le parc immobilier de ces villes à forte croissance démographique n'a pas évolué de façon globale et massive ; des clivages apparaissent entre tendance à la construction collective et tendance à la construction individuelle.[50] Les cartes tirées des résultats d'enquête[51] indiquent toutefois que les poussées de construction pavillonnaire se sont diversifiées et homogénéisées à la fois.

---

[49] Voir tableau 18.

[50] Voir le tableau 19.

[51] Voir les cartes du tableau 19.

TABLEAU 18

POUSSEES DE CONSTRUCTION INDIVIDUELLE ENTRE 1940 ET 1954

dans les villes de plus de 50 000 habitants en 1954

1. Rapport individuel/collectif[52] maximum entre 1940 et 1954.

VILLES	RAPPORT INDIVIDUEL/COLLECTIF		
	1870-1914	1915-1939	1940-1954
Aix en Provence	1,00	3,00	3,00
Argenteuil	1,00	4,00	8,00
Béziers	0,68	2,00	5,00
Bordeaux	1,00	4,00	4,00
Bourges	1,00	3,00	3,00
Cannes	0,51	1,00	3,00
Colombes	3,00	3,00	6,00
Courbevoie	1,06	1,00	2,00
Dijon	0,78	2,00	3,00
Drancy	3,00	4,00	6,00
Le Mans	2,00	5,00	5,00
Lille	1,00	1,00	1,00
Limoges	0,58	2,00	5,00
Metz	0,33	0,45	1,28
Montpellier	0,95	3,00	3,00
Montreuil sous Bois	1,00	3,00	5,00
Nancy	0,46	1,00	1,00
Mulhouse	0,22	0,74	1,57
Nanterre	1,00	2,00	2,00
Nice	0,49	0,92	2,00
Nîmes	1,00	4,00	5,00
Paris	0,14	0,23	0,30
Perpignan	0,80	2,00	5,00
Reims	0,83	2,00	3,00
Saint Etienne	0,21	0,70	0,94
Saint Maur des Fossés	4,00	6,00	9,00
Saint Quentin	5,00	5,00	10,00
Toulon	0,86	1,00	1,00
Toulouse	1,00	3,00	3,00
Villeurbanne	0,58	1,00	2,00
Vincennes	0,62	0,72	2,00
Vitry sur Seine	1,00	3,00	6,00

2. Pourcentage de maisons individuelles[53] maximum datant de 1940-1954.

VILLES : Aucune

Source : INSEE, « Enquêtes sur les conditions de logement dans les villes de plus de 50 000 habitants en 1954 », *Etudes et Conjoncture*, n°10-11, oct-nov 1957, pp.1243-1369.

---

[52] Voir le mode de calcul au tableau 5 note 1, et les cartes récapitulatives du tableau 19 France et Banlieue parisienne pour l'ensemble des périodes 1870-1954.

[53] Voir le mode de calcul au tableau 5 note 2, le tableau récapitulatif 19 et les cartes de répartition France et Banlieue parisienne pour l'ensemble des périodes 1870-1954. Il n'y a pas de cartes pour 1940-1954.

Le tableau de répartition par départements des maisons individuelles existant lors du recensement de 1946 dans les communes urbaines françaises[54] montre que la tendance à la construction individuelle semble relativement indépendante du degré d'urbanisation du département. Si le nombre d'immeubles dans les communes urbaines suit naturellement la hiérarchie entre départements « urbains » et « ruraux », il est influencé par la propension locale à construire en collectif (moins d'immeubles à population équivalente) ou en individuel (plus d'immeubles à population équivalente).

Ainsi, certains départements à « tendance collective » ont un nombre d'immeubles dans leurs communes urbaines supérieur à la moyenne nationale, mais un nombre et un pourcentage de maisons individuelles par rapport à ce parc immobilier urbain inférieur à la moyenne nationale[55].

Une tendance un peu plus favorable à la construction individuelle se révèle dans des départements dont à la fois le nombre d'immeubles urbains et le nombre de maisons individuelles « urbaines » sont supérieurs à la moyenne nationale, mais dont le pourcentage d'individuel dans les communes urbaines est inférieur à la moyenne nationale[56].

Par contre, certains départements au-dessous de la moyenne nationale pour le nombre d'immeubles urbains ont, soit un nombre et un pourcentage de maisons individuelles dans leur parc immobilier urbain supérieur à la moyenne nationale[57], soit uniquement un pourcentage d'individuel « urbain » supérieur à la moyenne nationale[58] ; le poids de l'environnement rural se cumule dans ces nombreux départements avec une préférence pour l'individuel.

La répartition géographique[59] entre ces deux tendances opposées (départements où le nombre d'immeubles urbains est au-dessus de la moyenne nationale et celui des maisons individuelles inférieur en nombre et/ou en pourcentage à la moyenne nationale, départements où le nombre d'immeubles urbains est au-dessous de la moyenne nationale et celui des maisons individuelles supérieur en nombre et/ou en pourcentage à la moyenne nationale) passe par la fameuse diagonale sud-ouest / nord- est plusieurs fois repérée au cours de l'analyse du développement de la construction individuelle.

---

[54] Voir tableau 20.

[55] Alpes Maritimes, Finistère, Loire, Moselle, Bas et Haut Rhin, Var.

[56] Bouches du Rhône, Haute Garonne, Hérault, Meurthe et Moselle, Rhône, Seine, Seine Inférieure.

[57] Charente Inférieure, Sarthe.

[58] Ariège, Aude, Charente, Cher, Côtes du Nord, Dordogne, Eure, Eure et Loir, Gers, Indre, Indre et Loire, Landes, Loir et Cher, Lot, Lot et Garonne, Maine et Loire, Haute Marne, Mayenne, Pyrénées Orientales, Seine et Marne, Deux Sèvres, Tarn, Tarn et Garonne, Vaucluse, Vendée, Yonne.

[59] Voir cartes du tableau 20.

TABLEAU 19

REPARTITION PAR PERIODES DE CONSTRUCTION DES IMMEUBLES INDIVIDUELS ET COLLECTIFS
des villes de plus de 50 000 habitants en 1954

VILLES	1870-1914		1915-1939		1940-1954	
	% IND	% COL	% IND	% COL	% IND	% COL
Aix en Provence	0,73	0,36	1,08	0,31	0,42	0,18
Amiens	11,98	1,05	4,02	0,54	0,84	0,92
Angers	2,73	2,26	2,26	0,60	0,68	0,35
Argenteuil	1,41	0,84	4,96	1,09	0,88	0,11
Asnières	1,67	1,30	1,24	0,94	0,14	0,06
Aubervilliers	0,52	0,75	1,03	0,79	0,08	0,07
Avignon	1,90	0,60	2,14	0,48	0,78	0,20
Besançon	0,64	0,82	1,33	0,58	0,33	0,19
Béziers	1,14	1,73	1,61	0,67	0,53	0,10
Bordeaux	10,83	6,83	4,95	1,06	0,88	0,27
Boulogne Billancourt	0,61	1,10	0,42	0,75	0,04	0,09
Bourges	1,92	1,10	1,64	0,52	0,38	0,10
Brest	0,71	1,55	1,87	1,40	1,82	4,70
Caen	0,73	0,51	2,48	0,51	1,15	1,43
Calais	5,01	1,57	1,63	0,42	2,02	0,93
Cannes	0,76	1,50	1,11	1,11	0,43	0,16
Clermont Ferrand	0,65	1,31	5,83	1,94	1,04	0,36
Clichy la Garenne	0,15	0,66	0,08	0,30	?	?
Colombes	2,64	0,96	4,17	1,30	0,43	0,07
Courbevoie	1,09	1,03	0,67	0,53	0,11	0,05
Dijon	1,69	2,16	3,81	1,50	0,93	0,28
Drancy	0,57	0,19	5,84	1,30	0,54	0,08
Grenoble	0,53	1,42	1,21	1,09	0,22	0,30
La Rochelle	2,13	0,58	2,72	0,32	1,21	0,25
Le Havre	2,62	2,49	3,68	1,25	2,51	2,94
Le Mans	4,93	1,89	5,65	1,00	1,97	0,37
Lille	8,50	6,41	2,80	1,66	0,63	0,45
Limoges	1,67	2,86	3,08	1,43	1,00	0,21
Lyon	1,98	5,46	2,06	2,11	0,29	0,47
Marseille	10,12	13,05	12,33	6,45	1,97	1,27
Metz	0,45	1,38	0,57	1,27	0,37	0,29
Montpellier	1,47	1,54	1,59	0,56	0,55	0,18
Montreuil sous Bois	1,59	1,16	3,95	1,17	0,46	0,09
Mulhouse	0,82	3,70	0,97	1,31	0,33	0,21
Nancy	1,74	3,74	1,74	1,40	0,18	0,12

VILLES	1870-1914		1915-1939		1940-1954	
	% IND	% COL	%IND	%COL	%IND	%COL
Nantes	5,00	3,57	8,06	1,94	2,68	1,42
Nanterre	0,99	0,52	2,63	0,96	0,36	0,14
Neuilly sur Seine	0,40	0,67	0,36	0,40	0,04	0,06
Nice	2,08	4,22	3,49	3,78	1,11	0,52
Nîmes	1,52	1,14	2,21	0,54	0,76	0,15
Orléans	1,75	1,63	1,84	0,52	0,40	0,31
Paris	3,52	25,74	1,73	7,58	0,14	0,46
Perpignan	0,88	1,09	2,44	1,28	1,06	0,29
Poitiers	1,38	0,84	1,34	0,27	0,56	0,17
Reims	2,53	3,03	6,12	2,87	0,85	0,26
Rennes	1,68	1,82	4,63	1,48	1,84	0,97
Roubaix	15,80	1,31	2,95	0,41	0,60	0,10
Rouen	3,34	1,29	1,98	0,35	0,42	0,45
Saint Denis	0,79	1,16	1,04	0,56	0,07	0,04
Saint Etienne	0,63	2,94	0,94	1,35	0,36	0,43
Saint Maur des Fossés	5,02	1,35	3,97	0,63	0,37	0,04
Saint Quentin	3,08	0,60	7,27	1,51	0,31	0,03
Strasbourg	1,05	4,54	1,58	3,23	0,57	1,27
Toulon	2,25	2,63	3,11	2,02	0,94	0,63
Toulouse	5,09	4,62	8,03	2,59	3,30	0,92
Tourcoing	12,83	0,23	3,62	0,23	1,29	0,06
Tours	3,37	2,45	2,48	0,75	0,40	0,34
Troyes	1,26	1,25	1,48	0,59	0,22	0,20
Versailles	0,90	0,52	1,18	0,43	0,17	0,07
Villeurbanne	1,03	1,76	1,91	1,27	0,26	0,14
Vincennes	0,54	0,87	0,23	0,32	0,02	0,01
Vitry sur Seine	0,93	0,64	3,15	1,15	0,48	0,08

Source : INSEE, « Enquêtes sur les conditions de logement dans les villes de plus de 50 000 habitants en 1954 », *Etudes et Conjoncture*, n°10-11, oct-nov 1957, pp. 1243-1369

LEGENDE

% IND. : Le pourcentage de maisons individuelles a été calculé pour chaque période à partir du volume d'immeubles à un logement datant de la période au sein du parc immobilier d'immeubles à un logement existant en 1954 dans chacune des villes ayant à cette date plus de 50 000 habitants.

% COL. : Le pourcentage d'immeubles collectifs a été calculé pour chaque période à partir du volume d'immeubles à plusieurs logements datant de la période au sein du parc immobilier d'immeubles à plusieurs logements existant en 1954 dans chacune des villes ayant à cette date plus de 50 000 habitants.

Le **rapport individuel/collectif** indiqué dans les tableaux 5, 14, et 18 et représenté sur les cartes 1 et 3 du tableau 19 a été calculé sur le volume global du parc immobilier de chaque ville de plus de 50 000 habitants en 1954, dont les immeubles avaient été répartis par type (à un logement = individuel, à plusieurs logements = collectif) et par périodes de construction (avant 1870, 1870-1914, 1915-1939, 1940-1945). Il a été établi en divisant le % d'immeubles individuels datant de la période par celui des immeubles collectifs datant de la période.

CARTES DU TABLEAU 19

1. RAPPORT INDIVIDUEL / COLLECTIF PAR PÉRIODES ENTRE 1870 ET 1954

France entière moins banlieue parisienne

1.Rapport individuel/collectif
maximum entre 1870 et 1914

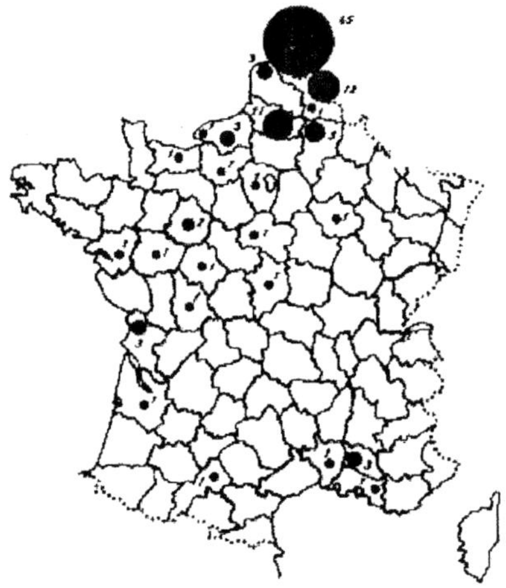

65 fois plus d'individuel
que de collectif.

2. Rapport individuel/collectif
maximum entre 1915 et 1939

3. Rapport individuel/collectif
maximum entre 1940 et 1954

CARTES DU TABLEAU 19

2. POURCENTAGE DES MAISONS INDIVIDUELLES PAR PERIODES ENTRE 1870 ET 1954
France entière moins banlieue parisienne

1. Pourcentage maximum entre 1870 et 1914.

2. Pourcentage maximum entre 1915 et 1939.

Aucune ville ne présente un pourcentage maximum de maisons individuelles construites entre 1949 et 1954.

CARTES DU TABLEAU 19

3. RAPPORT INDIVIDUEL / COLLECTIF PAR PERIODES ENTRE 1870-1954
banlieue parisienne

1. Rapport individuel/collectif
maximum entre 1870 et 1914.

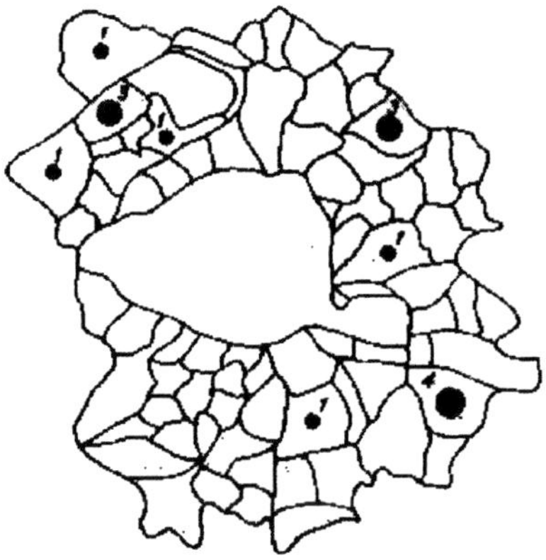

2. Rapport individuel/collectif
maximum entre 1915 et 1939

3. Rapport individuel/collectif
maximum entre 1940 et 1954

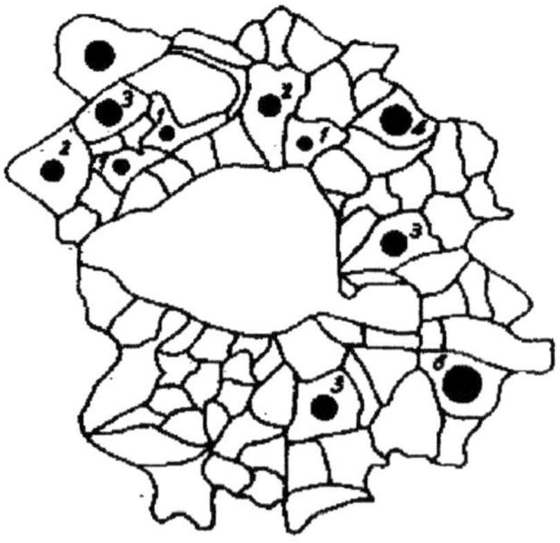

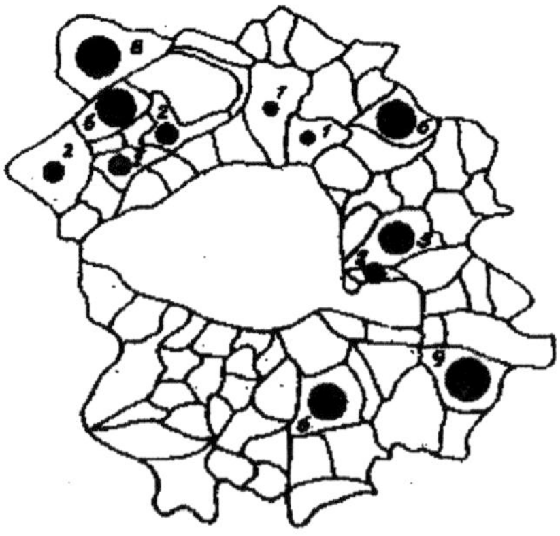

4. POURCENTAGE DES MAISONS INDIVIDUELLES PAR PERIODES ENTRE 1870 ET 1954 banlieue parisienne.

VILLES DE PLUS DE 50 000 HABITANTS EN 1954
DANS LA BANLIEUE PARISIENNE

Ar : Argenteuil
As : Asnières
Au : Aubervilliers
BB : Boulogne Billancourt
Cl : Clichy la Garenne
Co : Colombes
D : Drancy
LC : La Courneuve
LP : Levallois Perret
M : Montreuil
Na : Nanterre
Ne : Neuilly sur Seine
St.D : Saint Denis
St.M : Saint Maur des Fossés
Vin : Vincennes
Vit : Vitry sur Seine

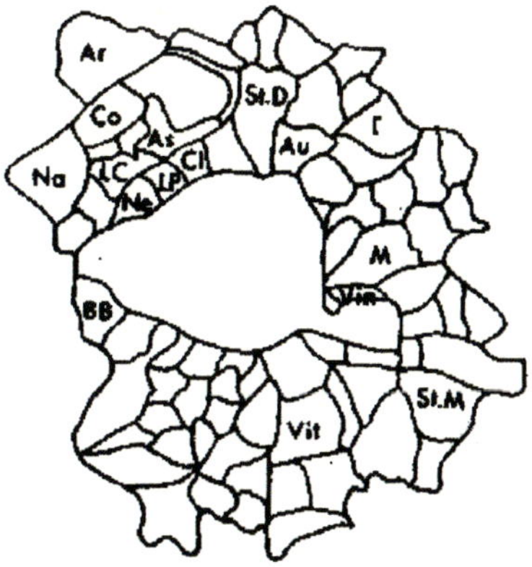

2. Pourcentage maximum entre 1915 et 1939

3. Pourcentage maximum entre 1940 et 1954

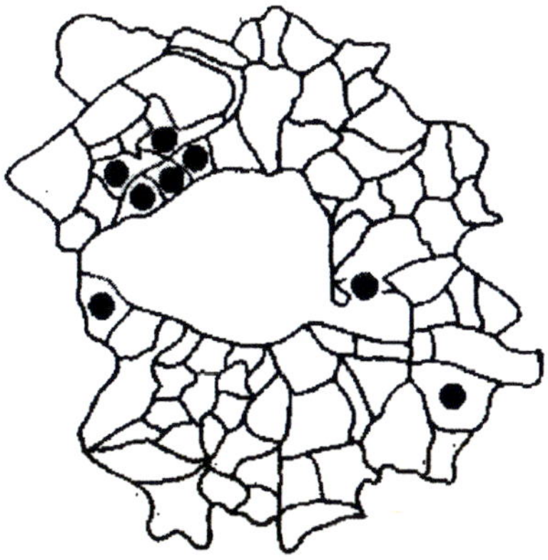

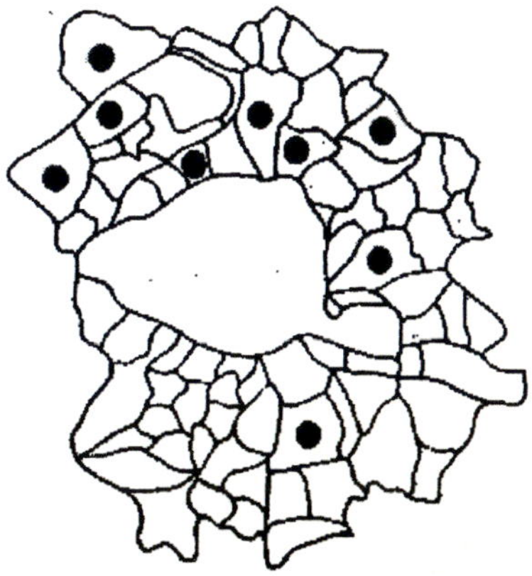

TABLEAU 20

IMMEUBLES COLLECTIFS ET MAISONS INDIVIDUELLES PAR DEPARTEMENTS EN 1946

DEPARTEMENT	TYPE*	IMMEUBLES	DONT : MAISONS	%I/U
Ain	R	9 952	5 316	53
Aisne	R	**36 644**	**30 719**	**84**
Allier	R	32 516	19 673	60
Alpes (Basses)	R	4 046	2 509	62
Alpes (Hautes)	R	3 967	1 967	49
Alpes Maritimes	U	**43 436**	21 831	52
Ardèche	R	10 042	5 902	59
Ardennes	R	15 406	9 808	64
Ariège	R	7 658	5 144	**67**
Aube	R	16 919	10 438	61
Aude	R	18 206	12 191	**67**
Aveyron	R	13 215	6 901	52
Bouches du Rhône	U	**110 384**	**60 573**	55
Calvados	R	23 340	13 497	58
Cantal	R	4 798	2 250	47
Charente	R	22 780	18 703	**82**
Charente Inférieure	R	35 041	**27 349**	**78**
Cher	R	23 793	17 042	**71**
Corrèze	R	12 605	7 293	58
Corse	R	3 907	1 125	28
Cote d'Or	R	21 955	12 613	58
Côtes du Nord	R	17 173	11 969	**67**
Creuse	R	5 013	3 086	61
Dordogne	R	18 565	13 466	**72**
Doubs	R	15 138	6 352	41
Drôme	R	19 106	11 414	59
Eure	R	17 232	12 235	**71**
Eure et Loir	R	13 324	9 710	**73**
Finistère	R	**37 767**	21 473	54
Gard	R	32 301	18 315	56
Garonne (Haute)	R	**40 628**	**23 648**	57
Gers	R	8 511	7 155	**84**
Gironde	U	**103 541**	**74 650**	**72**
Hérault	U/R	**45 144**	**27 357**	65
Ille et Vilaine	R	31 164	18 593	59
Indre	R	19 803	15 359	**76**
Indre et Loire	R	25 023	16 729	**67**
Isère	R	25 028	13 191	52
Jura	R	8 729	3 739	43
Landes	R	10 396	7 970	**76**
Loir et Cher	R	14 442	10 974	**76**
Loire	R	**39 536**	14 012	35
Loire (Haute)	R	8 646	5 471	63
Loire Inférieure	R	**57 619**	**40 604**	**70**
Loiret	R	22 574	13 771	61

* TYPE DE DÉPARTEMENT : R : majorité de communes rurales définie par l'INSEE.
U : majorité de communes urbaines définie par l'INSEE.

Chiffres en gras : supérieurs ou égaux à la moyenne nationale de la catégorie.

DEPARTEMENT	TYPE	IMMEUBLES	DONT : MAISONS	%I/U*
Lot	R	6 506	4 556	**70**
Lot et Garonne	R	19 430	15 734	**80**
Lozère	R	3 106	1 814	58
Maine et Loire	R	32 404	21 537	**70**
Manche	R	17 273	8 535	49
Marne	R	33 212	20 673	62
Marne (Haute)	R	11 277	7 749	**68**
Mayenne	R	12 236	8 716	**71**
Meurthe et Moselle	U	**49 792**	**26 897**	54
Meuse	R	10 222	6 404	62
Morbihan	R	19 331	12 111	62
Moselle	R	**41 666**	19 983	48
Nièvre	R	14 418	8 962	62
Nord	U	**364 838**	**299 922**	**82**
Oise	R	24 779	18 936	**77**
Orne	R	12 412	7 874	63
Pas de Calais	U	**169 743**	**140 068**	**82**
Puy de Dôme	R	30 617	17 433	57
Pyrénées (Basses)	R	23 040	12 103	52
Pyrénées (Hautes)	R	11 085	6 366	57
Pyrénées Orientales	R	21 971	14 564	**66**
Rhin (Bas)	R	**46 492**	22 960	49
Rhin (Haut)	R	**35 816**	16 251	40
Rhône	U	**54 323**	**23 527**	45
Saône (Haute)	R	6 215	3 277	52
Saône et Loire	R	28 608	14 126	49
Sarthe	R	33 367	**25 072**	**75**
Savoie	R	8 140	3 619	44
Savoie (Haute)	R	10 163	4 626	45
Seine	U	**313 778**	**173 274**	55
Seine Inférieure	U	**102 430**	**65 833**	64
Seine et Marne	R	31 386	23 230	**74**
Seine et Oise	U	**219 791**	**175 283**	**80**
Sèvres (Deux)	R	16 375	13 514	**82**
Somme	R	**44 670**	**35 937**	**80**
Tarn	R	27 204	19 376	**71**
Tarn et Garonne	R	14 180	11 471	**80**
Var	U	**36 079**	18 576	51
Vaucluse	U	29 934	22 850	**76**
Vendée	R	19 210	16 397	**85**
Vienne	R	17 355	12 190	53
Vienne (Haute)	R	21 571	11 408	53
Vosges	R	20 193	10 245	50
Yonne	R	14 772	10 057	**67**
Territoire de Belfort	U	7 345	3 331	45
TOTAL		3 195 768	2 111 424	
MOYENNE NATIONALE		35 508	23 460	66%

Source : INSEE, « Evolution des conditions de logement en France depuis cent ans », *Etudes et Conjoncture*, n° 10-11, oct-nov 1957.

* **% I/U** : % de maisons individuelles dans le parc immobilier urbain du département.

CARTES DU TABLEAU 20

1. Classement des départements en 1946 par nombre de maisons individuelles dans les communes urbaines

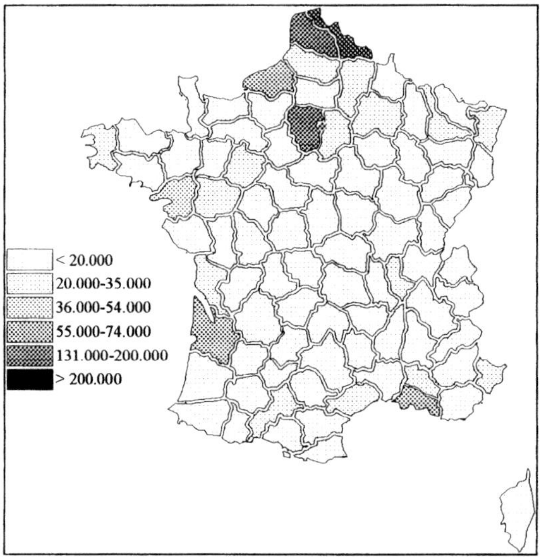

2. Pourcentage de maisons individuelles en 1946 dans le parc immobilier des communes urbaines du département

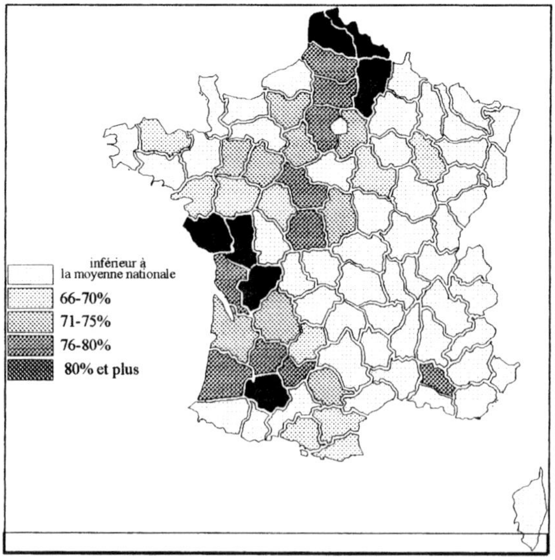

3. Départements en 1946 dont le % de logements individuels est supérieur à la moyenne nationale

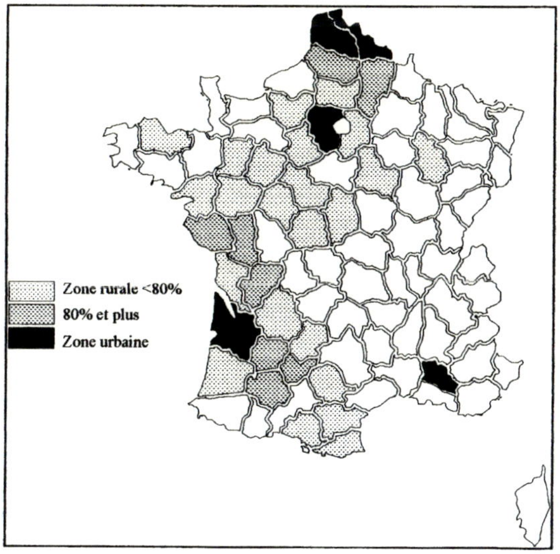

Individualisme, nostalgie ou prégnance du modèle rural semblent donc majoritaires à l'ouest et dans l'ancien Comtat Venaissin, d'après la carte des pourcentages d'individuel dans les communes urbaines.

La tendance pavillonnaire proprement dite devrait donc plutôt se situer dans des départements à prédominance de communes urbaines et d'individuel dans ces communes.

Dans une première définition (départements « urbains » selon l'INSEE et pourcentages d'individuel « urbain » supérieurs à la moyenne nationale), ces zones pavillonnaires seraient la Gironde, le Nord, le Pas de Calais, la Seine et Oise et le Vaucluse.

Dans une seconde définition (chiffres supérieurs à la moyenne nationale pour le nombre d'immeubles urbains, le nombre et le pourcentage d'individuel dans le parc immobilier urbain), il s'agirait de l'Aisne, de la Gironde, du Nord, du Pas de Calais, de la Seine et Oise et de la Somme. Ces départements se situent exactement sur la diagonale sud-ouest / nord-est qui s'avère bien être une ligne de partage entre la France de l'individuel et celle du collectif.

Cette démarcation n'est pas sans rappeler des clivages traditionnels, non seulement en histoire économique (zones rurales à l'ouest, industrialisées à l'est), mais en histoire religieuse (France catholique de l'ouest), ou politique (tendances conservatrices ou de gauche républicaine modérée à l'ouest), le rattachement du Nord Pas de Calais à cette zone venant en grande partie de la politique de logement du patronat catholique. La France de l'ordre établi serait celle de l'idéologie pavillonnaire, ce qui n'aurait à vrai dire rien de surprenant.

Toutefois, l'essaimage vers les zones méditerranéennes laisse à penser qu'un autre type de configuration s'est développé avec l'aide à la construction : la recherche d'un habitat « ludique », du reste également invoquée par les théoriciens pavillonnaires, qui sont aussi, rappelons-le, des théoriciens du « plaisir d'habiter » (comme Le Play) et du « bonheur familial » (comme Siegfried) ; cette hypothèse est à confronter avec les modifications des conditions d'habitat, et aux résultats des premières enquêtes menées auprès des habitants de pavillons pendant l'entre deux guerres.

L'ÉVOLUTION DES MODES D'HABITAT.

L'étude de l'évolution des modes d'habitat souffre, plus encore que celle des types d'immeubles, de l'absence de sources statistiques globales et fiables. On ne peut que reproduire les analyses de statisticiens et d'observateurs sociaux de diverses époques sur les possesseurs de propriétés immobilières avec jardin, et réduire à la comptabilisation des immeubles urbains comprenant des espaces libres et au relevé de la nature juridique de leurs occupants la mesure du degré de réalisation des deux principaux objectifs de la politique pavillonnaire : créer de l'espace autour du logement pour en améliorer l'hygiène et assurer l'indépendance des familles, sécuriser le revenu des salariés modestes et leur fournir des loisirs sains grâce à la jouissance d'un jardin cultivable et à la possession d'un logement dont l'acquisition et l'entretien favoriseraient l'esprit d'économie et l'amour du foyer.

La propriété immobilière au milieu du XX° siècle.

Les éléments statistiques manquent pour suivre précisément l'évolution de la propriété individuelle, et *a fortiori* celle de la propriété pavillonnaire.

Sur la répartition générale entre propriétaires et locataires, nous disposons seulement de l'enquête sur la propriété bâtie de 1942, qui portait sur les villes de plus de 30 000 habitants[60]. Seuls les immeubles uniquement occupés par des propriétaires et ceux occupés uniquement par des locataires y figuraient, ce qui ne recoupe pas entièrement l'opposition individuel/collectif. La copropriété des immeubles collectifs, réglementée par le statut de 1938, n'avait pas alors le développement qu'elle prit ultérieurement, mais on pouvait être locataire d'une maison individuelle.

La comparaison de la répartition géographique des immeubles à un logement[61] avec celle des immeubles habités uniquement par des locataires révèle une liaison entre les deux critères, notamment dans le Nord, le Pas de Calais et l'Aisne. La présence de Lille, Roubaix, Saint Quentin aux premiers rangs des villes à fort pourcentage de locatif est à relier à l'abandon par le patronat du Nord et du Pas de Calais de la politique d'accession à la propriété de son personnel après l'échec de la tentative faite à Anzin[62], à la décroissance de la part du logement individuel dans les immeubles en construction constatée dans ces villes sur la période 1870-1954 par l'enquête INSEE

---

[60] MINISTÈRE DE LA RECONSTRUCTION ET DE L'URBANISME.- *Résultats statistiques d'une enquête sur la propriété bâtie dans 61 agglomérations de plus de 30 000 habitants en 1942*. Paris, 1947. Voir le tableau 21 et ses cartes.

[61] Cartes du tableau 20.

[62] Voir plus haut, Chapitre 5, « Le Jury de l'Exposition et son rapport », et Chapitre 6, « La stimulation de la construction philanthropique et coopérative ».

sur les villes de plus de 50 000 habitants en 1954[63], et à l'implantation dans leurs départements d'un maillage de Sociétés HBM plus dense que celui des Sociétés de Crédit Immobilier entre les deux guerres mondiales[64].

Certaines villes présentent en 1942 la particularité de cumuler un pourcentage supérieur à la moyenne d'immeubles occupés par des locataires et un pourcentage supérieur à la moyenne d'immeubles occupés par leurs propriétaires : Bordeaux, Reims, Rouen, Valenciennes.

Pour mieux comprendre la situation du parc immobilier des villes dont nous avons les caractéristiques en matière d'occupation juridique, nous effectuerons des comparaisons, chaque fois que possible, avec les enquêtes dont nous disposons pour la période.

Sur les 16 villes où le pourcentage d'immeubles uniquement occupés par des locataires est supérieur à la moyenne obtenue pour l'ensemble des villes d'au moins 30 000 habitants en 1942, 9 apparaissent dans l'enquête INSEE sur le parc immobilier des villes de plus de 50 000 habitants en 1954 : Bordeaux, Clermont-Ferrand, Lille, Lyon, Reims, Rouen, Roubaix, Saint Etienne, Saint Quentin.

On constate que ces villes « locatives » ne sont pas obligatoirement des villes « collectives ».

Quatre de ces villes ont connu un déclin continu de la part des maisons individuelles dans leur parc immobilier, très importante entre 1870 et 1914 : Bordeaux, Lille, Rouen, Roubaix ; seule Rouen devient « collective » avec un rapport individuel/collectif inférieur à 1 dans la période de la Reconstruction.
Trois ont eu une poussée pavillonnaire entre les deux guerres et, comme Bordeaux, Lille, Roubaix, ont gardé entre 1940 et 1954 un rapport individuel/collectif supérieur à 1: Clermont-Ferrand, Reims, Saint Quentin.
Deux grandes villes apparaissent comme réellement « locatives-collectives », car malgré une poussée pavillonnaire entre les deux guerres elles ont constamment conservé un rapport individuel/collectif inférieur à 1 : Lyon, Saint Etienne.

Sur les 34 villes où le pourcentage d'immeubles uniquement occupés par des propriétaires est supérieur à la moyenne obtenue pour l'ensemble des villes d'au moins 30 000 habitants en 1942, 18 apparaissent dans l'enquête INSEE sur le parc immobilier des villes de plus de 50 000 habitants en 1954 : Aix en Provence, Angers, Avignon, Bordeaux, Bourges, Caen, Cannes, Dijon, Le Mans, Limoges, Perpignan, Reims, Rennes, Rouen, Toulouse, Tours, Troyes, Versailles.

---

[63] Voir le tableau 19 et ses cartes.

[64] Voir le tableau 10 et ses cartes.

Retirant de la comparaison les villes déjà examinées du fait de leur fort pourcentage de locatif, nous constatons à nouveau la diversité des évolutions.

Trois de ces villes de propriétaires ont connu un déclin constant de la part des maisons individuelles dans leur parc immobilier : Angers, Bourges, Tours. Comme Bordeaux, Lille, Roubaix, ces villes ont néanmoins constamment gardé un rapport individuel/collectif supérieur à 1 ; on peut voir dans ce déclin relatif de l'individuel l'effet d'une poussée démographique entraînant le développement d'immeubles collectifs et locatifs, freinée par une préférence ancienne pour l'habitat unifamilial, et dans le cas des villes de propriétaires, par une moindre industrialisation.

Onze ont eu une poussée pavillonnaire entre les deux guerres et ont gardé entre 1940 et 1954 un rapport individuel/collectif supérieur à 1 : Aix en Provence, Avignon, Cannes, Dijon, Le Mans, Limoges, Perpignan, Rennes, Toulouse, Troyes, Versailles. Le contexte économique et géographique de ces villes, excluant les industries lourdes à forte main-d'œuvre, présentant une faible densité démographique et urbanistique, et dans plusieurs cas l'attrait touristique qu'elles présentent, expliquent en grande partie ce développement local de la petite propriété individuelle.

Une seule grande ville, ayant un rapport initial supérieur à 1 et ayant subi une poussée pavillonnaire entre les deux guerres, est tombée à un rapport individuel/collectif inférieur à 1 entre 1940 et 1954 : Caen, ville ravagée par la Deuxième Guerre Mondiale et reconstruite.

L'influence de la politique pavillonnaire manifeste ainsi ses limites : elle a favorisé le développement de l'habitat individuel, mais a échoué à créer une petite propriété de masse du fait des réticences du patronat logeur comme de la gauche socialiste, de la faiblesse des subventions aux particuliers, et plus conjoncturellement de l'instauration officielle d'une politique d'habitat collectif.

Comme le disaient les législateurs eux-mêmes, seule une aristocratie salariale a profité des effets d'une politique qui a stimulé par ailleurs la construction individuelle et l'accession à la propriété dans des villes peu industrialisées. Unissant socialement et spatialement les petits salariés pavillonnaires aux petits bourgeois propriétaires de villas, elle a cependant atteint un de ses buts en créant une banlieusardisation de classes moyennes.

TABLEAU 21

RÉPARTITION DES IMMEUBLES URBAINS SELON LE STATUT JURIDIQUE DE LEURS OCCUPANTS
dans les villes de plus de 30 000 habitants en 1942

1. Ensemble des villes de plus de 30 000 habitants comparé à Paris.

	Pourcentage d'immeubles occupés uniquement par des	
	Locataires	**Propriétaires**
Moyenne des villes de plus de 30 000 habitants	52	34
Paris	65	7

2. Villes au-dessus de la moyenne

Au moins 52% d'immeubles occupés uniquement par des locataires		Au moins 34% d'immeubles occupés uniquement par des propriétaires	
Bruay en Artois	89	St Brieuc	48
Lens	80	Montauban	47
Roubaix	68	Chalons sur Marne	46
Douai	67	Dijon	46
Lille	65	Rennes	46
St Quentin	65	Cannes	45
Valenciennes	63	Le Mans	45
Rouen	61	Narbonne	43
Angoulême	60	Albi	42
St Etienne	59	Aix Provence	41
Chalons sur Saône	58	Arras	41
Dreux	57	Bourges	40
Reims	54	Limoges	40
Lyon	54	Montargis	40
Clermont-Ferrand	53	Sète	40
Bordeaux	52	Versailles	40
		Périgueux	39
		Tarbes	39
		Tours	39
		Carcassonne	38
		Pau	38
		Bordeaux	37
		Troyes	37
		Caen	36
		Montluçon	36
		Toulouse	36
		Angers	35
		Avignon	35
		Dreux	35
		Nevers	35
		Perpignan	34
		Reims	34
		Rouen	34
		Valenciennes	34

Source : MINISTÈRE DE LA RECONSTRUCTION ET DE L'URBANISME.- *Résultats statistiques d'une enquête sur la propriété bâtie dans 61 agglomérations de plus de 30 000 habitants en 1942*. Paris, 1947.

CARTES DU TABLEAU 21

1. Villes où le % d'immeubles occupés uniquement par des locataires en 1942 est supérieur à la myenne.

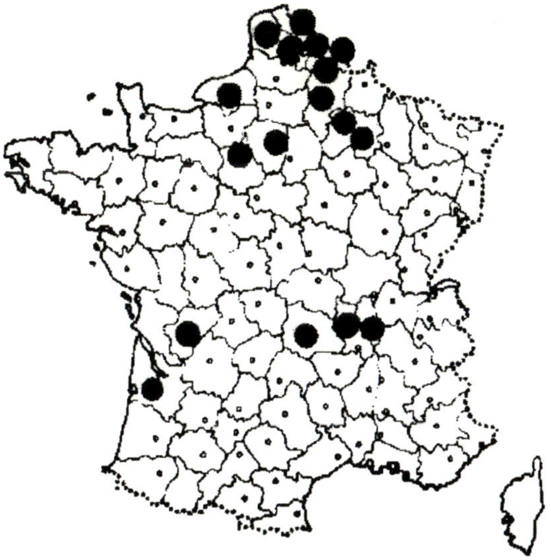

2. Villes où le % d'immeubles occupés uniquement par des propriétaires en 1942 est supérieur à la moyenne.

L'espacement urbain au milieu du XX° siècle.

Le rêve hygiéniste et politique de la déconcentration de l'habitat urbain a-t-il davantage abouti dans la réalité que celui du « travailleur-propriétaire » ?

L'enquête sur la propriété bâtie dans les villes de plus de 30 000 habitants[65] offre un cliché approximatif de l'espacement urbain au milieu du XX° siècle.

Approximatif, parce que les chiffres retenus pour les espaces non bâtis de la parcelle immobilière[66] sont trop élevés pour faire apparaître le logement patronal, dont nous savons que les surfaces de jardin de maison ouvrière étaient, dans l'enquête de Le Play sur les *Ouvriers Européens*, « de 2 à 3 ares et atteignaient rarement 8 ares », de 120m² dans l'expérience mulhousienne, et en moyenne de 150m² pour les logements patronaux recensés par Georges Picot dans son *Rapport du Jury des Habitations Ouvrières*. Quant à l'espace non bâti des parcelles de lotissements défectueux de l'entre deux guerres, nous ne le connaissons pas, les débats de la loi Sarraut nous ayant seulement appris que la surface moyenne des parcelles tournait autour de 2 à 300m².

En regardant l'ensemble des résultats de l'enquête, on constate que les villes à espacement minimal sont des villes pavillonnaires prolétariennes « locatives » : Bruay en Artois, Roubaix, Saint Quentin, Valenciennes (cette dernière ville étant cependant, on s'en souvient, la seule des villes industrielles du Nord à avoir conservé également un fort pourcentage de propriétaires)[67].

L'enquête sur le classement des départements par nombre de maisons individuelles dans les communes urbaines de 1946[68], et celle sur le parc immobilier des villes de plus de 50 000 habitants en 1954[69] portant sur la même période 1940-1954 que celle sur les espaces non bâtis des parcelles immobilières des villes de plus de 30 000 habitants, nous pouvons tirer quelques enseignements de leur comparaison.

---

[65] MINISTÈRE DE LA RECONSTRUCTION ET DE L'URBANISME.- *Résultats statistiques d'une enquête sur la propriété bâtie dans 61 agglomérations de plus de 30 000 habitants en 1942*. Paris, 1947. INSEE, « Enquête sur la propriété bâtie dans les agglomérations de plus de 30 000 habitants », *Etudes et Conjoncture*, 1957, n°10-11, tableau 23a p.103. Voir le tableau 22 et ses cartes, établis d'après ces données d'enquête.

[66] Surface de cour d'immeuble supérieure à 100m², surface de jardin supérieure à 500m².

[67] Nous n'avons pas retenu les pourcentages inférieurs à la moyenne dans les tableaux et cartes 22.
Surfaces respectives des cours et des jardins des villes « en queue de peloton » :
Bruay en Artois : 4% et 4% ; Roubaix : 2% et 3% ; Saint Quentin : 4% et 4% ; Valenciennes : 6% et 4%.

[68] Voir tableau et cartes 20.

[69] Voir tableau et cartes 21.

Comme la définition large des surfaces non bâties le laissait supposer, la répartition géographique des villes « à larges cours et grands jardins »[70] est inverse de celle de la petite propriété individuelle.

Alors que les régions où les poussées pavillonnaires coïncident avec les périodes de lancement des « lois pavillonnaires » et les régions où existe une construction individuelle urbaine massive se situent majoritairement au-dessus d'un axe sud-ouest/nord-est, les immeubles « aérés » se trouvent dans des villes essentiellement groupées au-dessus d'un axe nord-ouest/ sud-est. La localisation sur cet axe des immeubles avec large cour et celle des immeubles avec large cour et/ou grand jardin est plus nette que celle des immeubles avec grand jardin, un peu brouillée par le cumul des structures anciennes type hôtel particulier de grandes villes peu industrialisées : Angers, le Mans, Tours, et de structures plus récentes liées au développement du tourisme : Cannes, Nice.

Au passage, on cueille une explication de l'attachement de Lyon à la construction collective/locative : cette ville occupe une bonne place dans le peloton de tête des agglomérations « aérées », tant pour les larges cours que pour les larges jardins. Sa rivale et voisine Valence figure aussi parmi les villes « aérées » de plus de 30 000 habitants.

Cette structuration inverse de l'espace urbain « riche » et de l'individuel de masse ne semble pas répondre à une opposition propriétaires/locataires. La carte des villes de locataires[71] présente des regroupements localisés dont on peut dire qu'ils correspondent aux zones vides de la carte des immeubles avec grands jardins à l'exception du Rhône[72], et celle des villes de propriétaires[73] ressemble, par une structuration majoritaire au-dessus d'un axe sud-ouest/nord-est, à celle de l'individuel de masse, mais elle est brouillée par l'effet des propriétés de charme avec jardins[74] du pourtour méditerranéen qui se sont développées essentiellement entre 1915 et 1939[75].

Ce mélange des genres semble confirmer notre précédente allusion à la réussite partielle de la politique pavillonnaire, créant une banlieusardisation de classe moyenne, dont les zones locatives à faible espacement urbain et les zones de propriétés à larges jardins dessinent les frontières extrêmes.

---

[70]. Voir tableau et cartes 22.

[71] Voir carte 1 du tableau 21.

[72] Voir carte 2 du tableau 22

[73] Voir carte 2 du tableau 21.

[74] Voir carte 2 du tableau 21 et carte 2 du tableau 22.

[75] Voir carte 2 du tableau 19.

TABLEAU 22

CLASSEMENT DES VILLES DE 30 000 HABITANTS PAR L'IMPORTANCE DES ESPACES NON BATIS DE LEURS PARCELLES IMMOBILIERES EN 1942

% supérieur à la moyenne d'immeubles avec cour de plus de 100m²		% supérieur à la moyenne d'immeubles avec jardin de plus de 400m²		% supérieur à la moyenne dans les deux catégories		
ville	% cours	ville	% jardins	ville	% cours	% jardins
Tarbes	26	Le Mans	48	Nevers	22	24
Belfort	25	Angers	38	Besançon	23	22
Roanne	24	Tours	29	Montargis	23	24
Besançon	23	Pau	25	Tarbes	26	18
Chalons s/Saône	22	Montargis	24	Roanne	24	19
Nevers	22	Nevers	24	Pau	15	25
Dijon	21	Besançon	22	Dreux	20	17
Montargis	21	Cannes	20	Chalons s/Saône	22	14
Troyes	21	Montluçon	19	Lyon	20	16
Dreux	20	Montauban	18	Troyes	21	14
Lyon	20	Tarbes	18	Dijon	21	13
Orléans	18	Dreux	17	Montluçon	15	19
Châlons s/Marne	17	Sète	17	Orléans	18	16
Toulouse	17	Châlons s/Marne	16	Versailles	17	15
Versailles	17	Lyon	16	Toulouse	17	14
Bourges	15	Nice	16	Poitiers	14	13
Montluçon	15	Versailles	15	Caen	13	13
Poitiers	14	Albi	14	Valence	11	14
Caen	13	Chalons s/Saône	14			
Alès	12	Toulon	14			
Avignon	11	Toulouse	14			
Reims	11	Troyes	14			
Rouen	11	Caen	13			
Saint Brieuc	11	Dijon	13			
Valence	11	Poitiers	13			
MOYENNE %	9	**MOYENNE %**	12	**MOYENNE %**	9	12

Source : INSEE, « Enquête sur la propriété bâtie dans les agglomérations de 30 000 habitants », tableau 23a, *Etndes et Conjoncture*, 1957, n° 10-11, p.103

CARTES DU TABLEAU 22

1.Villes où le % d'immeubles avec cours de 100m² ou jardins de 500m² est supérieur à la moyenne en 1942

2. Villes où le % d'immeubles avec jardins de plus de 500m² est supérieur à la moyenne en 1942

3. Villes où le % d'immeubles avec cours de plus de 100m² est supérieur à la moyenne en 1942

LES REPRÉSENTATIONS DE L'HABITAT PAVILLONNAIRE.

La politique pavillonnaire n'a pas seulement tenté de modifier le mode d'habitat prolétarien, elle a projeté une évolution de mentalité de l'habitant, une modification dans le comportement politique du démuni puisqu'il aurait quelque chose à conserver, une mutation sociologique de l'individu isolé, désemparé ou révolté qui se retrouverait en famille, une rédemption idéologique du déraciné enfin relié à son terroir, à sa patrie.

Les premiers législateurs et propagandistes de l'habitat pavillonnaire, dont les itinéraires divergeaient fortement, ne partageaient pas également ces visées à long terme ; leur consensus se faisait sur le changement concret de mode de vie de l'habitant de pavillon, qui acquerrait une autonomie et une joie de vivre nouvelle.

Entre les deux guerres, le contenu religieux et moraliste primitivement donné à « la maison » par les leplaysiens, les traditionalistes, se renforça de par son utilisation par les « missionnaires de banlieue », et ses vertus intégratrices furent estampillées du sceau de l'anticommunisme lors des débats parlementaires des lois Sarraut et Loucheur ; symbole d'un enracinement déjà fortement teinté de nationalisme avant 1914, la « maison » devint alors l'image même du patriotisme.

A la même époque, les premières enquêtes d'opinion révélaient les préoccupations beaucoup plus personnelles des pavillonnaires.

Autour de la Deuxième Guerre Mondiale, la tradition pavillonnaire, fortement revendiquée par des architectes et urbanistes de la génération immédiatement postérieure à celle de ses premiers maîtres d'œuvre, fut brusquement frappée d'obsolescence : la vogue urbanistique de villas et d'immeubles au style dépouillé des grands architectes novateurs, le désir de déplacement généré par les congés payés, le développement de formes de loisir et de culture populaires ridiculisèrent un logement et un mode de vie « rencoquillés » qui semblèrent passéistes. Autres temps, autres mœurs, ou autres mœurs, autre langage ? Le style pavillonnaire n'a peut-être fait que changer superficiellement aux débuts de la seconde moitié du XX°siècle ; sous d'autres noms, sous d'autres formes, la petite maison avec jardin aurait fort bien pu se refaire progressivement une virginité idéologique et une modernité architecturale.

DE L'HABITAT À L'*HABITER*.

Les théoriciens de l'habitat pavillonnaire du XIX° siècle n'avaient jamais prétendu inventer une forme d'habitat nouvelle ; bien au contraire, ils inséraient ce logement social destiné au prolétariat urbain du XIX° siècle dans une filiation, soit européenne vers 1850 avec l'enquête de Le Play sur *Les Ouvriers Européens*, soit typiquement française lors de la montée des nationalismes fin XIX° et début XX°. Le type architectural dit « pavillon » ne leur importait guère, ce qui comptait pour eux était, en améliorant ses conditions de vie au quotidien, de susciter chez le prolétaire une intégration symbolique à des couches sociales adeptes de la propriété et l'apaisement des rancœurs politiques et sociales grâce à son investissement affectif et idéologique dans l'*habiter*.

La propriété-liberté.

En premier lieu, le prolétaire devait être *ruralisé* : le lien -encore très proche au XIX°- entre le paysan et la victime de l'exode des campagnes vers les bassins d'emploi industriels pouvait être renoué, et le légendaire amour de la propriété du premier se transmettre au second, avec toutes ses vertus conservatrices.

L'amour du paysan français pour la propriété est signalé au XVIII° siècle par des témoignages irréfutables. Turgot et Necker parlaient dans leurs rapports de *l'immensité des petites propriétés rurales* et Young, l'infatigable explorateur anglais de la France de cette époque[76], établit la spécificité du goût des paysans français pour la propriété:

> « Les petites propriétés des paysans se trouvent partout à un point que nous nous refuserions à croire en Angleterre, et cela dans toutes les provinces, même celles où prédominent les autres régimes. Dans le Quercy, le Languedoc, les Pyrénées, le Béarn, la Gascogne, une partie de la Guyenne, l'Alsace, les Flandres et la Lorraine, ce sont les petites propriétés qui l'emportent. »

C'est sur ce terreau historique que les théoriciens pavillonnaires de la fin du XIX° siècle fondèrent leur espoir de conversion du prolétariat à la propriété.

Dans son étude de 1885 sur le morcellement[77], Alfred de Foville, Directeur de la Statistique Générale de la France, revint sur cette extension ancienne de la propriété populaire et l'évalua d'après les descriptions de Young : quatre millions de propriétaires. Reprenant, à un siècle de distance, le constat de Young, il commenta ainsi les résultats de l'enquête de 1894 sur l'habitat en France[78] qu'il avait dirigée :

> « La France est un pays de propriétaires, tandis que le Royaume-Uni, par exemple, est un pays de locataires. Et, cela étant, n'est-il pas admirable que les Anglais aient réussi à se faire considérer comme celui de tous les peuples qui connaît les douceurs du *chez-soi,* le charme intime et profond du *home* ? Le vrai *home*, le vrai foyer, à la campagne surtout, c'est celui où l'on règne souverainement, et non pas celui dont on n'est que l'hôte précaire. Eh ! bien, ce

[76] YOUNG (A.).- *Voyages en France pendant les années 1787, 1788, et 1789*, Londres 1793-1794, Paris 1793-1794, réédité en 1860, puis en 1931 (Les Classiques de la Révolution). Voir Tome II, Chapitre XI.

[77] FOVILLE (A.de).- *Le Morcellement, op.cit.*

[78] FOVILLE (A.de).- Préface à l'enquête du Ministère de l'Instruction Publique, *Les Conditions de l'habitat en France*, Paris, 1894.

foyer-là, la légende a beau dire, c'est le peuple anglais, peuple de locataires et de voyageurs, à qui il manque le moins. Notre enquête aura contribué à le démontrer. »

Pourquoi, fin XIX°, les partisans de la propriété pavillonnaire -dont Foville- considéraient-ils que la propriété était seule capable d'assurer l'intimité du chez-soi et la douceur du foyer ? C'est qu'ils y voyaient la possibilité d'isoler la famille pauvre d'un voisinage dévalorisant et contraignant, comme c'était souvent son souhait selon les enquêteurs hygiénistes du début du XX° siècle. Ils y voyaient aussi un moyen de désamorcer l'esprit de révolte de « l'inférieur social », du gouverné, du dominé, qui, comme tous les théoriciens pavillonnaires depuis et avec Le Play l'ont préconisé, pourrait dans le cadre indépendant et protecteur de sa famille affirmer son autonomie sociale : « Charbonnier est maître chez soi ». Le pavillon est un ***habitat-liberté***.

Cette représentation de la petite propriété était du reste largement partagée à l'époque ; elle paraissait politiquement légitime pour la gauche non socialiste de la fin du XIX° siècle, ayant été cautionnée par le morcellement foncier pratiqué lors de la Révolution Française.
Les effets quantitatifs du dépeçage de la grande propriété n'avaient pourtant pas bouleversé le paysage économique et social. Les biens du clergé avaient été proposés à vil prix, comme le voulait Mirabeau, mais un tiers seulement des terres trouva acquéreur. Quant aux biens des émigrés, vendus par décret du 22 ventôse an II, il n'en fut acheté que pour 1 297 760 608 francs, et plus de la moitié de ces biens et immeubles resta en vente jusqu'au moment où ils furent restitués à leurs anciens propriétaires[79]. Lavergne[80] et Molinari[81] s'accordaient pour dire que la part de la petite propriété, c'est-à-dire des terres possédées par ceux qui les cultivent, était demeurée à peu près ce qu'elle était avant la Révolution. L'accession à la propriété n'a jamais été à la portée de toutes les bourses, et dans le cas précis du morcellement révolutionnaire, les acquéreurs potentiels éprouvaient peut-être la crainte d'un revirement politique qui les priverait de leur bien au profit de son ancien détenteur. Pourtant, l'effet psychologique de cette offre d'accession à la propriété fut profond ; Tocqueville le commenta en disant que la Révolution avait libéré la petite propriété plus qu'elle ne l'avait créée. Aux yeux des républicains, elle devint symbole d'égalité et de liberté.

L'argument fut repris par les premiers lotisseurs, dont la publicité était sans doute étudiée pour attirer l'aristocratie salariale bénéficiaire des lois pavillonnaires d'avant 1914 :

---

[79] Rapport MARTIGNAC, *Débats Parlementaires*, Chambre, 3 janvier 1824.

[80] LAVERGNE (L.de).-. *L'Economie rurale de la France*, Paris, 1827.

[81] MOLINARI (L.).-*L'Evolution politique de la Révolution*, Paris, 1863.

« Et d'abord, *être chez-soi*, c'est un besoin naturel, le bon sens populaire l'a dit : *Mieux vaut un petit chez-soi qu'un grand chez les autres*. L'homme éprouve une intime satisfaction à se sentir dans un foyer qui est bien à lui. (...) Plus que jamais, le travailleur désire un foyer qui lui soit propre. Il semble que, l'activité étant aujourd'hui plus intense, la récompense en doive être plus directe, plus complète. Aussi voyez-vous comme l'idée de *propriété* hante de nos jours tous les cerveaux ; n'est-elle pas, sous la différence des méthodes, le but unique et commun de tous les systèmes politiques ? (...) Obtenir l'accession de tous à la propriété, telle est, en définitive, la vraie question sociale[82] ».

La consommation de nature et de statut.

En second lieu, pour le théoricien pavillonnaire, le prolétaire devait pouvoir satisfaire ses envies d'ascension sociale ; la bourgeoisie avait cherché à s'approprier certains privilèges de la vie aristocratique en se dotant de domaines seigneuriaux en modèle réduit, pourquoi l'ouvrier ne pourrait-il pas s'assimiler au bourgeois en vivant dans une miniature de maison de campagne ?

L'assimilation symbolique aux classes supérieures par le mode d'habitat est un phénomène ancien en France, et l'histoire de la démocratisation de la «campagne » fut mouvementée.

La maison de plaisance, résidence secondaire de classes aisées, date de la domination romaine sur la Gaule ; son « âge d'or » se termina en même temps qu'elle. L'usage de la maison de campagne ne réapparut en France qu'à partir du XVe siècle, de façon limitée : seuls les grands bourgeois touchant au pouvoir royal en avaient la jouissance effective ; il s'étendit au XVIe siècle à l'ensemble de la grande bourgeoisie. Il s'agissait là d'un habitat de luxe, réservé à des classes sociales pour qui le superflu devenait nécessaire. Sa démocratisation, selon des témoignages anciens sur l'extension des villes françaises, se serait effectuée vers la même époque, par des lotissements et la construction de petites maisons avec jardin sur des terrains situés dans une frange urbaine. Les petits bourgeois citadins, craignant moins les invasions de bandes armées qui les contraignaient à se réfugier à l'abri des enceintes fortifiées, mais ne pouvant s'en éloigner en pleine campagne du fait de leurs occupations professionnelles mais aussi de l'étendue des grands domaines seigneuriaux, commencèrent à bâtir des propriétés à l'entour des villes et des bourgs. Toutefois, Boisguillebert[83], dans son *Détail de la France*, nota que les petits propriétaires, ruinés, durent vers 1697 revendre tout ce qu'ils avaient acquis aux XVIe et XVIIe siècles.

---

[82] CHARLEUX (A.), Préface à TRANCHANT (M.).- *L'habitation du Parisien en banlieue*, *op.cit.*

[83] BOISGUILLEBERT (Comte de).- *Le Détail de la France*, Paris, 1807. 1°partie, chapitre XXI.

Pour les élites au contraire, aux XVIIe et XVIIIe siècles, la mode se généralisa, et l'attirance de la cour, l'ennui de la province firent construire aux princes et aux grands de nombreuses et luxueuses demeures des champs dans la région parisienne. A la Révolution, ces petits châteaux, ces *folies* servirent d'abri provisoire à leurs propriétaires avant leur fuite à l'étranger, puis furent vendues et loties. Sous le Directoire, ils passèrent aux mains des acheteurs de biens nationaux, des nouveaux riches, de la nouvelle classe dirigeante. La politique napoléonienne de réintégration des émigrés permit à quelques anciens propriétaires de recouvrer leurs biens ; la noblesse d'Empire s'empressa d'acquérir ce type de résidence campagnarde qui l'assimilait à l'aristocratie ancienne. La situation resta pratiquement inchangée jusqu'à la Monarchie de Juillet : accroissement lent de la petite propriété rurale, c'est-à-dire progression du morcellement de la campagne en petits champs, caractère élitiste des propriétés de plaisance qui restaient aux mains de la haute bourgeoisie et d'une noblesse de plus ou moins longue date.

L'avènement social de la bourgeoisie sous Louis-Philippe, le « roi-bourgeois », généra un renouvellement presque radical de la clientèle des maisons de plaisance comme des petites propriétés rurales qui avoisinaient les villes. La moyenne bourgeoisie, soucieuse à la fois d'agir comme les classes immédiatement supérieures et d'appliquer les théories de Rousseau qui avaient conquis bien des Français au retour à la nature, chercha à acquérir sa maison champêtre. La « soif de nature » s'étendit à la petite bourgeoisie citadine, aux environs de 1840, et devint un phénomène social de grande ampleur ; les débuts de la congestion urbaine, le rythme plus rapide imprimé à la vie par la révolution industrielle, le thème éternel du bruit et de l'encombrement urbains -les « embarras de Paris » n'étaient-ils pas déjà un thème de lamentations sous Louis XIV ?-, gonflèrent en raz de marée le lectorat de *La Maison Rustique*, du *Dictionnaire d'Agriculture*, et les futurs acquéreurs de « campagne » consultaient fiévreusement les *Petites Affiches*[84]. Le ravitaillement en produits frais et sains préoccupait du reste le peuple parisien, touché de plein fouet par les méfaits de l'urbanisation qui éloignait de la ville les zones maraîchères et les fermes. Ce que les riches obtenaient sans peine de leurs domaines par l'entremise de leurs fermiers et de leurs domestiques, les classes moins aisées avaient beaucoup de mal à se le procurer via des réseaux commerciaux inadaptés à la congestion urbaine. L'action coopérative chercha à s'y substituer, et les disciples de Fourier, qui vouait lui-même aux produits de l'agriculture et à la nourriture naturelle un culte littéraire, suivirent ses progrès. La *Démocratie Pacifique* nota l'apparition de Sociétés alimentaires d'inspiration fouriériste, comme la Société Alimentaire de Paris, qui visait à

> « éviter les falsifications apportées dans la préparation des produits de consommation, en établissant un circuit de vente direct, et un contrôle par des chimistes. »

---

[84] SOULIE (F.).- *Les Français peints par eux-mêmes*, Paris, 1841-1950. T.III, *Le Bourgeois campagnard*.

Un ancien fouriériste, Charles Rogier, fonda en Belgique une *agence de subsistances*, et le Congrès Central d'Agriculture se fit l'écho des tentatives sociétaires de réorganisation du circuit alimentaire commercial[85].
Une couche sociale nouvelle -petits employés de commerce, petits fonctionnaires-, se sentit alors une âme de *bourgeois campagnard*, ce qui amusa fort un auteur contemporain[86] de la part de ceux qu'il surnommait *les patentés de la rue St Denis* ou *les appointés des grandes ruches ministérielles* :

> « Après l'espérance d'un meilleur monde, la campagne est le meilleur soutien de la foi et de la résignation religieuse du bourgeois de Paris. Il ne mange pas un ragoût (..), il ne boit pas une tasse de lait (...) sans rêver à la crème et au beurre frais qu'il récoltera lui-même de sa belle vache future. Que lui importent cette salade flétrie (...), ces petits pois belliqueux et durs comme le plomb ? (...) Ne viendra-t-il pas un jour où il ira cueillir lui-même sa tendre laitue et ses légumes croquants une heure avant de se mettre à table ? »

Des philanthropes commencèrent à réfléchir vers 1880 au problème de l'alimentation du prolétariat. Marier jardinage et habitat collectif fut un objectif de la Société Lyonnaise de MM Mangini et Gillet[87]. Le même souci inspira la création, une dizaine d'années plus tard, des jardins ouvriers[88]. Les théories de Le Play et les expériences mulhousiennes avaient un demi siècle d'avance, mais unissaient dans le jardin pavillonnaire le jardinage à l'habitat individuel.

Ce mouvement hygiéniste justifia et amplifia le phénomène récurrent d'imitation par les classes inférieures des maisons de plaisance de la classe supérieure. Foville nota que, dans les années 1880-1890, il y eut à la fois recrudescence de la vogue des maisons de plaisance dans les classes supérieures et contagion chez des catégories moins aisées et au goût discutable :

> « Dans un certain monde, il faut, pour bien faire, avoir autant de résidences successives que l'année comporte de saisons. Aussi voyez-vous pulluler de tous côtés, sinon les châteaux, du moins les villas, les bastides, les pavillons, les chalets, les cottages. (...) Le moindre chef lieu sème maintenant ses environs de cabanes à perrons et de bicoques à tourelles. »[89]

---

[85] *La Démocratie Pacifique*, mai 1866, janvier 1847, mai-juin 1847.

[86] SOULIE (F.).- *Le Bourgeois campagnard, op.cit.*

[87] Voir Chapitre 2, « La diversification des Sociétés de construction ».

[88] Voir Chapitre 5, « Jardin pavillonnaire et jardin ouvrier ».

[89] FOVILLE (A.de).- Préface à l'enquête du Ministère de l'Instruction Publique, *Les Conditions de l'habitat en France*, Paris, 1894.

Le mépris du haut fonctionnaire aristocrate pour ces naïves tentatives d'ennoblissement de modestes propriétés était-il compatible avec son prosélytisme pavillonnaire ? Oui sans doute, car il ne pouvait lui venir à l'esprit qu'un ouvrier souhaitât singer le bourgeois. Dans la France de cette époque, à l'inverse de l'Angleterre où les pauvres et les paysans s'habillaient alors en achetant les rebuts de garde-robe des classes supérieures, chaque catégorie sociale se vêtait de neuf mais avait son costume propre ; le paysan se distinguait aisément de l'ouvrier, dont la blouse et la casquette ne pouvaient se confondre avec la mise bourgeoise de médiocre confection des employés. Comment alors imaginer que le prolétaire français répudierait un type d'habitat propre à sa classe, même si on souhaitait supprimer chez lui l'instinct de classe ? Certes, les habitants des maisonnettes identiques ou calibrées selon la hiérarchie fournies par le logeur patronal en manifestaient du mécontentement, et Zola, de son exil anglais, avait noté que les Français ne s'accommoderaient pas de l'uniformité des constructions sociales individuelles des Anglais. Les théoriciens pavillonnaires liés au patronat industriel ou issus de lui entendaient-ils la rumeur ouvrière ? Les grands bourgeois nationalistes qu'ils étaient auraient-ils prêté l'oreille aux propos d'un naturaliste social dreyfusard qu'ils avaient toutes les raisons de doublement récuser ?

Entre les deux guerres, aucun doute ne subsistait plus à ce sujet chez les partisans du pavillonnaire.

Un commentateur de la loi Loucheur[90] signalait que les travailleurs français étaient rebutés par l'uniformité des formes architecturales :

> « Il y a là une notion d'esthétique qu'il importe de ne pas négliger. Le goût de la propriété sera d'autant plus vif chez le nouveau propriétaire que son habitation aura un certain cachet, un caractère un peu artistique ou tout au moins une certaine originalité. Le travailleur s'attache d'autant plus à sa maison qu'il lui trouvera un aspect plus particulier, un *tour plus personnel*. C'est pourquoi il faut éviter de construire en série, dans un but d'économie exagéré, des habitations établies sur le même modèle. Il faut que chacun puisse reconnaître de loin sa maison et la trouver en lui-même plus jolie que celle de son voisin. »

Henri Viollet[91], frère du fondateur de l'Œuvre du Moulin Vert, l'abbé Viollet, lui-même spécialiste de la construction sociale et Président de la Section populaire de la Ligue Nationale contre le Taudis, incluait les maisonnettes Loucheur dans ce dégoût français pour la monotonie urbaine, et précisait que le pavillon, pour plaire, devait ressembler à une villa bourgeoise :

---

[90] MANCEAU (B.).-*La vulgarisation de la propriété immobilière par le crédit*, Préface de Louis Loucheur, Paris, Dalloz, 1930.

[91] VIOLLET (H). Interview accordée en 1939 et rapportée par FORESTIER (H.).-*La famille ouvrière dans sa maison*, Paris, Le Temps Présent, 1941.

« Le Français (...) ne veut pas du pavillon en série du même modèle pour tous, de ces jolies cités qui lui rappellent le coron ou la caserne, pas plus qu'il ne veut le modèle dit ouvrier, le type Loucheur (...) Il n'aime pas le caractère rustique ou l'aspect campagnard. Non, il veut un petit pavillon simple, mais d'aspect bourgeois (...) »

Le pavillon devait donc se rattacher aux formes traditionnelles de la maison; les fautes de goût relevées par les classes supérieures dans les contrefaçons bourgeoises de leurs gentilhommières ne manquèrent pas de faire rire ou s'indigner à propos de leur copie prolétarienne ; le touchant aveu d'un bonheur enfin atteint par le propriétaire écrivant sur le mur *Mon Rêve* ou *Sam'Suffy*, les audacieuses combinaisons d'un bricolage mêlant nains de jardins et corbeilles de fleurs dans des pneus d'auto suscitèrent la désolation des révolutionnaires et le mépris des esthètes.

SYMBOLES SAVANTS OU POPULAIRES.

Le hiatus entre le discours des élites, rêvant à *la maison*, et celui des habitants de pavillons était-il aussi net que celui qui se révélait dans leurs conceptions respectives des signes extérieurs du statut social ?

Maison, famille, patrie.

La très ancienne querelle entre partisans du collectif locatif et de la propriété individuelle avait pris des dimensions nouvelles entre les deux guerres mondiales, et l'aspect politiquement et urbanistiquement réactionnaire de l'intégration pavillonnaire fut de plus en plus violemment dénoncé, tandis que la tradition moraliste et nationaliste qui s'y incarnait s'affirmait avec une force croissante.

Toutefois, une dissociation semble s'être produite alors entre le thème de la « maison » évoqué dans un contexte moral et patriotique, et celui de la « propriété » désormais essentiellement associé au discours anticommuniste.

La maison est le lieu de la communion familiale, du culte des valeurs traditionnelles ; Le Play espérait un retour à la famille-souche et aux vertus du Décalogue, les théoriciens de la fin du XIX°siècle et du début du XX°, l'intégration à la communauté nationale des « déracinés ». Barrès, écrivain et homme politique dont un texte éponyme célèbre (*Les Déracinés*) faisait le spécialiste de ce mot d'ordre, vota la loi Lemire sur le bien de famille insaisissable, pierre de touche de la reconstitution de dynasties terriennes.

La maison est un sujet dont les écrivains moralistes aiment à se saisir ; Henry Bordeaux, par exemple, explique en quoi elle encourage et rassure l'homme ordinaire [92]:

---

[92] BORDEAUX (H.).- *La maison morte*, Paris, 1913.

« L'homme ne tient sa grandeur et sa durée terrestre que de ses antiques origines et de ses espoirs. Isolé, son œuvre est éphémère ; relié à la race par le passé et l'avenir, il a le temps pour allié. Alors il ose entreprendre et, même au soir de sa vie, préparer les ombrages à ses arrière-neveux, il sait qu'il ne mourra pas tout entier, et que le souvenir de ses actes demeurera dans sa maison ».

Entre les deux guerres, ces thèmes furent repris avec succès par des propagandistes religieux soucieux de lutter contre l'internationalisme dissolvant et l'individualisme destructeur dont étaient à leur yeux victimes l'amour de la famille et l'amour de la patrie[93] :

« Dans la maison veillent le souvenir et l'espérance (...) C'est dans la maison qu'on apprend et qu'on respire le dévouement, la droiture, le désintéressement, le travail, l'honneur, le sacrifice de l'individu à la communauté, toutes les vertus qui font l'armature de la société en rendant les individus forts et les familles solides (...) On peut (en) dire ce que Joseph de Maistre disait de la patrie : « C'est une association sur le même sol des vivants et des morts avec ceux qui naîtront » (...) Mais aujourd'hui, ceux qui furent déracinés de bonne heure, et ceux qu'on appelle les nouveaux riches se plaisent étrangement au changement. Les déracinés se multiplient ; les pères et les fils ne parlent plus la même langue. »

L'approche, puis l'épreuve de la guerre inspirèrent au poète Charles Péguy plusieurs paraphrases des mots qu'un pape avait naguère prononcés : « Recueillez-vous sur la maison, soyez d'autant plus jaloux de la maison qu'elle est pour chacun de nous un peu de la patrie ».

Il fit chanter aux enfants de France un air dont le refrain était :

« Je n'ai plus de maison, les Allemands ont tout pris, jusqu'à mon petit lit. »

et invitait les adultes à préserver au prix de leur vie même ce symbole concret du foyer, de la nation, de la divinité même qu'est leur maison :

« Heureux ceux qui sont morts pour leur âtre et leur feu
Et les pauvres honneurs des maisons paternelles,
Car ils sont et l'image et le commencement
Et le corps et l'essai de la maison de Dieu ».

---

[93] ROUZIC (M.l'Abbé).- *La Maison*, Paris, Téqui, 3° édition, 1924, pp.3-9.

Beaucoup plus terre à terre, la propagande pour *la propriété* reprenait en les actualisant le thème politique de l'anticollectivisme, le thème économique du « moral ouvrier»[94].

Le travailleur-propriétaire cher à Proudhon puis aux radicaux s'inscrivait à la Ligue du Coin de Terre et du Foyer :

> « C'est alors qu'apparaît au point de vue social un des grands avantages de la propriété que l'on ne rencontre à aucun degré chez les locataires d'Habitations à Bon Marché. Le travailleur n'admettra plus qu'un droit aussi chèrement acquis lui soit maintenant contesté. Il se rendra compte aussi de tout ce qu'il y avait d'utopique dans les idées dont il n'était apparu jusqu'alors à son esprit que le caractère généreux. Quand un collectiviste dira : Plus de propriété, il pensera désormais : Pourquoi pas tout le monde propriétaire ? En entendant crier : Plus de capitalistes, il pensera : Pourquoi pas tout le monde capitaliste, à chacun son foyer et son coin de terre ? Oui, la petite propriété est un puissant instrument de paix sociale[95] ».

Le bon sens de l'ouvrier français l'empêche de verser comme le fit le Russe dans le nihilisme ou la révolution bolchevique, il ne lui manque que la propriété pour être un libéral heureux :

> « Le prolétaire français, heureusement, à l'inverse de celui des pays slaves, ne se plie à aucune fatalité sociale et n'accepte pas de vivre en état d'infériorité permanente et en dehors de la société en rôdant autour d'elle, tantôt en révolté, tantôt en désespéré, et l'issue de la situation sociale où la salariat l'a placé, il la cherche de plus en plus dans l'accession à la propriété du foyer familial (...) En rendant le travailleur propriétaire de sa maison, on parvient à neutraliser dans la plus large mesure possible les conséquences prolétarisatrices du régime de la production capitaliste, tout en maintenant celui-ci en pleine vigueur[96] ».

Sans aller jusqu'à se convertir au libéralisme, il deviendra en tous cas un ouvrier plus productif et moins révolté :

> « Le travailleur (acquéreur d'une maison Loucheur), ayant une sensation de sécurité, fournira une somme de travail plus régulière. La notion de propriété et la

[94] Voir Chapitre 4, « Le problème de la moralité ouvrière ».

[95] DUCROCQ (R).- *L'intervention financière de l'Etat et des personnes publiques dans l'amélioration du logement populaire libre*, Paris, 1925, p.343.

[96] HOPE (L.).- Le problème de la déprolétarisation et l'accession à la propriété du foyer familial, Paris, 1926, p.67, p71.

certitude du bien-être l'influenceront même sur certaines de ses idées collectivistes[97] ».

Quelques années plus tard, on songea à demander aux intéressés ce qu'ils pensaient de la question -sans cesser toutefois de penser à leur place-..

Pavillonnaires et « Castors ».

La Ligue Ouvrière Chrétienne mena en 1939 parmi ses membres une enquête portant sur 2 090 personnes -plus 2 799 enfants- vivant dans 1 040 logements[98]. L'enquête portait à la fois sur des personnes de condition ouvrière habitant en pavillon, et sur des habitants d'autres types de logement.

La majorité de l'ensemble de la population d'enquête se prononça en faveur de l'habitat pavillonnaire.

Les habitants de pavillons explicitèrent leur refus du logement collectif par quatre raisons principales :

-le collectif est un carcan imposé : « On subit son logement »,

-le loyer est une dépense à perte, tant qu'à travailler autant investir pour soi :
« On ne va tout de même pas travailler pour le loyer »,

-la vie en collectif incite à s'éparpiller, la vie en famille en souffre :
« On vit trop dehors pour s'attacher à l'intérieur : les parents à l'usine, les gosses à l'école ou dans la rue, voilà pour la vie quotidienne. Les loisirs : cinéma ou café. On ne rentre chez soi que pour dormir »,

-le collectif est source de tensions ; commentaire de l'enquêtrice :
« On pense rarement au voisin avec bienveillance ; il est le gêneur, parfois le rival ».

Les non pavillonnaires se prononcèrent en faveur du pavillon pour deux raisons essentielles tenant à la présence d'espaces libres enclos dans le petit domaine.

Le jardin ou la cour procurent une meilleure hygiène de vie : « On a de l'air, de la lumière ».

---

[97] EYLAUD (Dr. M.), « La législation sociale et l'habitation ouvrière », *Revue Internationale de Sociologie*, 1930, p.611

[98] LAINE (L.).- *Le Drame de la maison- Enquête sur le logement ouvrier*. Paris, Editions Ouvrières, 1942.

Le jardin ou la cour permettent de développer diverses activités familiales :

> « Un jardin et une cour pour ne pas envoyer les enfants dans la rue et permettre à la maman de laver et de sécher le linge, un chai ou une pièce quelconque dans laquelle le père de famille pourrait bricoler et faire lui-même l'aménagement de son intérieur. »

Depuis les enquêtes de Le Play, les motivations des pavillonnaires semblaient ainsi avoir peu évolué. Toutefois, dans l'entre deux guerres, l'apprentissage de l'usage de l'espace dans la maison bourgeoise pouvait entraîner chez les nouveaux pavillonnaires des effets réellement pervers, constatés par l'enquêtrice :

> « Le cas est fréquent chez les ouvriers aisés : pour avoir une salle à manger de belle apparence, on y met tout ce qu'il y a de mieux et on mange et on cuisine dans une cave triste, basse de plafond et humide. Dans une famille de Rennes-La Gare qui est parvenue à bâtir sa maison confortablement, la ménagère pousse à tel point l'amour de la propreté que, pour ne pas salir la cuisine, on habite au sous-sol. Résultat : le grand fils de 20 ans vient de mourir tuberculeux après 3 ans de sana et de grand air, mais trop tard ».

Ce cas extrême était évidemment aberrant, mais le phénomène de la salle d'apparat était par contre général ; l'enquêtrice concluait tristement : « On est tombé dans l'embourgeoisement ».

Une vingtaine d'années plus tard, comme nous le verrons plus loin, le Président des « Castors » de Seine et Oise témoignait de la persistance de cette « maladroite » manifestation d'assimilation bourgeoise : on mange dans la cuisine pour ne pas salir le salon...

Une autre enquête de la même époque[99] s'intéresse à « la famille ouvrière dans sa maison ». Les motivations de l'habitant de pavillon ne sont développées que dans un compte-rendu d'entretien avec un ménage pavillonnaire propriétaire à Villecresnes mais venu d'un H.B.M. d'Ivry.

C'est un couple de quarante ans, avec 5 enfants, âgés de 18 ans 1/2 à 8 ans, dont les deux aînés travaillent. Ils disent avoir subi beaucoup de privations pour construire eux-mêmes leur pavillon, mais en sont très heureux.

Leur départ de l'immeuble HBM d'Ivry tenait à deux raisons essentielles, symétriques des motivations conduisant au choix du pavillon dans l'enquête précédente.

---

[99] FORESTIER 5H).- *La famille ouvrière dans sa maison - Enquête sur les logements ouvriers*, Paris, Editions du Temps Présent (Collection Ici la France), 61p.

Le collectif est récusé faute d'un espace où les enfants pourraient jouer en toute sécurité :

> « Nous avions peur des fréquentations de nos petits, des mauvais camarades qui les entraînent. On les tenait enfermés, et ce n'est pas une vie pour des enfants ... Il faut pour qu'ils poussent bien de l'air, du soleil, de l'espace.[100] »

Le collectif, même confortable et bon marché, n'assure ni indépendance, ni intimité :

> « On était en collectif, c'était bien, le loyer n'était pas trop cher, mais on était chez les autres.[101] ».

Le ménage avait décidé de changer et d'acheter un pavillon pour deux raisons essentielles :
-la présence d'un jardin où faire jouer les enfants,
-la rentabilité de l'investissement dans la propriété pavillonnaire :

> « On a acheté ce bout de terrain (qui fait 329 m²) pour 35 F le m². C'était il y a quatre ans ; aujourd'hui, çà vaut le double ».

On ne peut tirer de conclusions d'un ensemble aussi réduit et hétérogène, et il se peut que les coïncidences de discours relevées ici ou là soient le fait de l'interprétation de l'enquêteur. Il est cependant frappant que les deux enquêtes rejoignent les observations des théoriciens pavillonnaires et des statisticiens cités par nous au cours de cette étude sur les points suivants :

1. le collectif constitue un environnement hostile (tensions, mauvaises influences pour les enfants), le pavillon un environnement protecteur,
2. le pavillon permet de s'approprier l'espace selon ses besoins (jeu des enfants, bricolage, et même.. salle d'apparat pour ceux qui souhaitent marquer leur embourgeoisement !),
3. l'achat est un investissement, le loyer une perte d'argent : le pavillon est bien devenu une valeur refuge[102].

Après la Deuxième Guerre Mondiale, l'accent est mis sur le fait que la maison se prête mieux que l'appartement à des aménagements, et que les Français sont prêts à beaucoup de sacrifices pour avoir un espace aménageable aussi vaste que possible.

---

[100] Signalons que ce thème apparaissait déjà chez Jourdet, en 1906.

[101] C'est ce que disaient les lotisseurs de 1908.

[102] Voir plus haut « la création d'une demande pavillonnaire prolétarienne.

C'est une des raisons d'être du mouvement de bâtisseurs amateurs des Castors, selon le président de leur section de Seine et Oise [103]:

> « Les Castors veulent une cuisine aussi grande que possible, la salle à manger étant un lieu de réception ... Ils organisent un coin bricolage au sous-sol et désirent un grenier et des dépendances. Même quand le terrain est cher, la surface d'habitation ne descend jamais au-dessous des normes H.L.M. maximum (...) Ainsi se manifeste une fois de plus, spontanément et au prix de lourds sacrifices, le désir profond des Français : avoir de la place. Conservateur de mille objets momentanément ou définitivement inutiles *dont il pourrait avoir besoin un jour* le Français a besoin de plus de place que beaucoup d'autres hommes. Les Castors montrent qu'ils restent prêts à le payer très cher par un effort profond et admirable. »

TRADITIONS ET RUPTURES.

L'histoire de la politique pavillonnaire est celle d'une série de duels entre des camps nettement opposés, de mises à jour imperceptibles , parfois de ruptures ; les chantres de la maison furent particulièrement affectés par la condamnation, pour manque d'imagination créatrice et nostalgie réactionnaire, qu'ils subirent à la Libération.

Tradition pavillonnaire et novation urbanistique.

La continuité de la politique pavillonnaire avant la Première Guerre Mondiale s'agrémentait de variantes : Siegfried pensait logement, Strauss hygiène, Ribot cohésion française. Dans un ouvrage à la gloire du Crédit Immobilier[104], il précisait ainsi sa pensée :

> « Au point de vue moral et social, quels progrès considérables on peut réaliser pour la dignité humaine en donnant aux ouvriers une part de propriété ! (...) Vous voyez l'importance capitale de cette question du logement. Non, ce n'est pas toute la question sociale, mais c'est le premier progrès à faire, parce qu'il est la clé et la condition de tous les autres (...) Ce n'est pas seulement une question matérielle, c'est aussi une question morale.(...) Tous ces hommes sont des membres de la famille française ; que pensent-ils au fond de leur cœur ? On leur adresse parfois des paroles de haine ; ils ne les écoutent pas, parce que l'ouvrier français, c'est avant tout un Français, c'est à dire un être généreux, et que la haine n'est pas une vertu nationale chez nous. »

---

[103] BERRURIER (R.), « Le Foyer et l'habitation familiale », Rapport au 52° Congrès des Notaires de France, Biarritz, 31 mai-3 juin 1953.

[104] RIBOT (A.).- *L'utilité des Caisses de Crédit Immobilier pour favoriser l'accession de la propriété aux ouvriers*, Amiens, 1909.

Entre les deux guerres, Loucheur tout en ayant, au Parlement, précisé dans les débats de la loi Sarraut[105] qu'il s'agissait de la politique d'un « gouvernement républicain, mais non bolchevik », se posa en concepteur réaliste d'une réponse à la crise du logement[106], dans la lignée de ses prédécesseurs pavillonnaires :

> « Avant la guerre, des hommes comme Siegfried et Ribot avaient compris le côté social de la question. Moins préoccupés que nous de faire disparaître la crise du logement, qui, à dire vrai, n'existait guère alors, ils s'étaient surtout attachés à lutter contre le taudis, pour le logis sain et clair, et à combattre la haine de la propriété par l'accession possible de tous à ses devoirs et à ses satisfactions. »

Loucheur reprenait toutes les composantes de l'idéologie pavillonnaire et terrianiste, dont il s'affirmait ainsi le successeur :

> « Faciliter la possession d'une maison et d'un jardin, c'est contribuer à fonder un foyer, à établir dans un milieu donné un individu ou une famille ; c'est aussi souvent donner une mentalité nouvelle à celui qui jusqu'alors n'était retenu en nul endroit par cette attache durable qu'est l'instinct de la propriété. Par là, on tend à éviter le danger qu'est un travailleur isolé, déraciné, se trouvant placé en marge de la société, en ce sens qu'il ne croit pas posséder d'intérêt suffisant à la conservation de l'ordre social. Il est hors de doute que le travailleur libéré du taudis et possédant une maison saine et agréable, entourée d'un jardin, *un coin de terre et un foyer*, selon le désir du regretté M. L'abbé Lemire, éprouve à un degré bien moindre le besoin de passer ses heures de loisir dans un cabaret où il peut subir des influences néfastes ; hors de doute également qu'il perçoit ainsi avec beaucoup plus de netteté les principes d'ordre et de travail qui s'imposent à toute société civilisée (...) Les travailleurs devenus propriétaires ne sauraient oublier dans leur joie ce qu'il leur a coûté de privations, de démarches et de soucis pour atteindre ce résultat. En même temps et par comparaison, ils mesurent à leur juste valeur les droits que leur confère cette propriété qu'ils ont eu tant de peine à acquérir. »

A la fin de la Seconde Guerre mondiale, un rapport sur le logement familial établi par Charles Pranard, Directeur général honoraire au Ministère de la Santé Publique, affirmait avec force la permanence de la tradition pavillonnaire:[107]

> « C'est banalité de rappeler que la maison individuelle n'est réalisable que dans les

[105] Voir plus haut « La Loi Loucheur et le débat pavillonnaire/collectif ».

[106] LOUCHEUR (L.), Préface à MANCEAU (B).- *La vulgarisation de la propriété immobilière par le crédit, op.cit.*

[107] PRANARD (Ch.),. « Le logement familial », rapport général à la Section d'Etudes du Musée Social, 2 mars 1944, *Le Musée Social*, 1945, n°2.

banlieues assez éloignées des villes, ou dans la campagne. L'immeuble collectif est de règle dans les agglomérations urbaines, dont il constitue généralement les faubourgs. C'est un mal jusqu'ici nécessaire. Si on ne peut l'éviter complètement, du moins les efforts doivent être tendus pour le réduire à l'extrême. Depuis le début du siècle principalement, une concentration industrielle excessive s'est produite autour des villes congestionnées au-delà de toute mesure, provoquant un afflux de population alors que la construction ralentie n'offrait pas des ressources en logements correspondantes. Des blocs, suivant l'expression américaine, ont été édifiés, comprenant autant d'étages que les règlements le permettaient, car les terrains sont chers, et dans ces casernes difficilement rendues agréables sont entassées des familles de travailleurs. Solution peut-être économique, mais déplorable au point de vue social et politique, et qui a aggravé la scission entre les différentes classes de la population ».

Les conclusions de Pranard étaient rassemblées en trois propositions essentielles, qui le situaient bien idéologiquement dans la lignée pavillonnaire.

- « Préférer toujours, quand le choix est possible, la maison individuelle au logement dans un immeuble collectif ».

- « Doter, cela va de soi, chaque maison individuelle d'un petit jardin, où la culture soit un passe-temps hygiénique en même temps que productif ».

- Favoriser l'accession à la propriété : « ouvriers, employés, petits fonctionnaires, artisans, ils sont une masse en France qui désirent à juste titre constituer un bien familial, qui n'ont point l'esprit d'aventure, et qu'on doit encourager ».

Pranard, non seulement se réclamait avec fierté des maîtres d'œuvre de la politique pavillonnaire, mais laissait entendre que l'on pouvait à présent aller plus loin qu'eux, les scrupules libéraux qui les freinaient n'ayant plus de raison d'être en 1944 :

> « En vérité, on est gêné au milieu du XX°siècle d'énoncer de pareils truismes. Le rapporteur ne peut oublier qu'il y a tantôt quarante ans, alors qu'il entrait dans l'administration, fier de travailler dans l'ombre des pionniers qu'étaient les Siegfried, les Ribot, les Cheysson, les Risler, et tant d'autres disparus, c'étaient déjà des sortes d'axiomes. Mais alors, des principes jugés supérieurs, un respect excessif de la liberté, un souci à courte vue de l'économie, la crainte de heurter trop d'intérêts, empêchaient de prendre les dispositions que dictaient le bon sens et la raison. »

La critique de l'habitat collectif déshumanisant était le corollaire du prosélytisme pavillonnaire.

On sollicitait la caution de Claudel, critique du carcan étroit de l'appartement [108] :

> « L'appartement moderne, celui que nous habitons tous à Paris, est le résultat du rabougrissement. Prenez la grande maison de famille carrée telle que nos aïeux y vivaient au large entre la cour et le jardin, avec tous ses espaces et services largement et glorieusement installés. Le salon, la salle à manger, les chambres, la cuisine, le grenier, la cave, la lingerie, la bibliothèque, la buanderie, la nursery, les domestiques, on a essayé de comprimer tout cela sur un seul étage comme on met une frégate dans une bouteille ».

Autre variante de l'opposition individuel/collectif, la nostalgique évocation de l'organicisme rassurant de la maison, corps protecteur de l'homme :

> « Rien ne ressemble davantage à un corps avec ses ateliers, ses nerfs, ses conduites, ses magasins et ses voies de circulation qu'une maison avec ses chambres, ses corridors et ses escaliers, ses communications avec les réserves et le sous-sol, et autrefois il y avait au-dessus de tout cela le pigeonnier pour s'envoler de toutes ses ailes, sans parler de la cheminée qui fume[109] ».

Un numéro spécial de la revue professionnelle *Construire* rassembla en 1943 un groupe d'architectes et urbanistes décidés à défendre la maison contre l'immeuble collectif. Leur propos ne différait guère de celui de Claudel, ou de ceux des enquêtés pavillonnaires : seule la maison constitue un rempart protecteur contre l'hostilité extérieure, et peut créer le cocon d'une vie privée compensatrice des déceptions et des fatigues de la vie professionnelle :

> « L'immeuble, on ne parle plus de maison, est devenu machine à débiter des loyers, comme le reste matière à amortissement, et ce mot contient la mort dans ses syllabes. Aucune parenté entre la maison et le propriétaire, qui d'ailleurs est remplacé par un gérant. Elle a perdu sa qualité et subi le sort du travail de l'ouvrier dans l'industrie. Et l'argent qui excelle à enlever leur figure nécessaire aux choses naturelles a effacé la physionomie morale et physique de la maison sur la façade anonyme de nos caravansérails modernes. Par suite de cet entassement dans les villes, l'homme moderne est devenu un livre dans une bibliothèque, une fiche dans un fichier, pis encore, un numéro dans l'annuaire des téléphones. Il est inscrit, étiqueté par sa profession et sa fonction, catalogué comme les plantes de

---

[108] CLAUDEL (P.).- *Conversations dans le Loir et Cher*, cité in JOUVE, « La fonction de la maison », *Construire*, 1943.

[109] CLAUDEL (P.), *Le Figaro*, 4 septembre 1937.

l'herbier, et, au lieu de vivre d'une vie naturelle, il sèche, telle une espèce sur le point de disparaître[110] ».

« Nous rentrons chez nous pour échapper à la dureté des autres. Au sein d'une vie sociale où l'homme est trop souvent un loup pour l'homme, dans la promiscuité du métro comme dans le coudoiement de la rue, au cours d'une réunion mondaine ou à la fin d'une journée harassante, nous aspirons à nous étendre, à être enfin nous-même derrière une porte close, dans le secret d'un foyer. Dans la maison, on se débarrasse du personnage, on peut s'asseoir dans la tiédeur d'une pièce et goûter sous la lampe un repos que personne ne vient troubler[111] ».

Les théories corbuséennes étaient condamnées au nom de l'habitat à taille humaine[112] :

« L'alvéole de rêverie des urbanistes, prolongement de la cité, dévoratrice et laide, est glacée parce qu'elle n'offre aucun abri pour le cœur. La ville, qui a rompu tous les pactes avec la nature (...) il faudra qu'elle s'amende (...) en dispersant ses demeures à la taille de l'homme dans les bois et les champs (...) Nous demandons dans le cadre de la vie moderne le retour à ce que si magnifiquement, on appelait autrefois un *foyer* ».

La Libération, la Reconstruction balayèrent les nostalgies et la tradition pavillonnaire, cherchant à imprimer une image novatrice à la France du second XX° siècle.

Pavillon, fermette, maison..

De la Libération aux années 1960, de nombreuses modifications s'opérèrent dans les structures urbanistiques et juridiques de l'habitat.

Le lotissement changea de nature. Démembrement, au XIX°siècle, de grands domaines (un des premiers fut celui du Pavoy en 1821[113]) ou d'espaces boisés suburbains (en région parisienne, ceux de Romainville, Bois-Colombes, Bondy, Saint-Germain vers 1850), il prit ensuite des formes plus insidieuses (transformation en résidences et petites propriétés des châteaux et de leurs parcs), enfin, milieu XX°, il s'attaqua à l'espace productif des terrains de culture[114].

[110] JOUVE (R.), « La fonction de la maison », *Construire*, 1943, pp.13-14

[111] BEIRNAERT (L), « Le rôle de la maison », *Construire*, 1943).

[112] CHRISTOFLOUR (R.).- *Maisons et villages de France*, Paris, R.Laffont, 1945.

[113] FOVILLE (A.de).- *Le Morcellement*, op.cit.

[114] BASTIE 5J.).- *La Croissance de la Banlieue parisienne*, Paris, PUF, 1964.

La copropriété se répandit dans les immeubles collectifs, la maison de plaisance, devenue « résidence secondaire », déborda le cadre de l'opposition individuel/ collectif : un ménage sur 30 avait en 1954 une résidence secondaire, soit 447 000 au total dont 69% à la campagne, 10,7% dans les villes de 50 à 100 000 habitants, 8,7% dans les villes de plus de 100 000 habitants, 2% à Paris ; sur le lot, il devait y avoir des appartements...
L'appartement fut l'objet de réflexions nouvelles, les architectes cherchant à en varier les dispositions, et même à en rendre plus flexibles les dimensions intérieures pour satisfaire le désir d'espace et d'aménagement personnel manifesté par leur clientèle.
L'immeuble social collectif lui-même, en dépit de la politique de construction industrielle en « barres » le long des rails sur lesquels glissaient des grues mettant en place des éléments pré-construits, faisait l'objet d'études d'architectes à la fois novateurs et soucieux des besoins et des désirs des futurs habitants.

C'est vers la fin de la Deuxième Guerre Mondiale que se généralisa un système d'enquêtes d'opinion qui révéla largement les préférences des Français en matière d'habitat[115]. Entre 1944 et 1947, les critères scientifiques se perfectionnèrent et l'étendue de la population touchée par l'enquêteur s'élargit considérablement, mais le résultat était invariable : une écrasante majorité des enquêtés souhaitait être propriétaire d'une maison avec jardin.

Une étude des termes employés pour la description des petites propriétés dans les annonces, les magazines, les manuels de construction, nous a montré que, immédiatement après 1945, le terme de « pavillon » paraissait désuet, seuls les termes de « maison de campagne », « maison de week-end » étaient employés : l'offre s'adressait aux couches bourgeoises aisées. La phase de ruralisation de la croissance urbaine rajeunit un style naguère méprisé et la « fermette » se manifesta avec une fréquence croissante. Dans les années 1960-1961, les modèles proposés se rapprochèrent de plus en plus de la résidence mi-citadine, mi-campagnarde qu'était le pavillon, avec cependant un luxe accru.

Jusque là hostiles au système londonien de la résidence banlieusarde éloignée que les actifs quittent pour le centre et rejoignent le soir, les Français moyens aisés, selon les professionnels de la construction, se seraient laissés tenter, au début des années 1960, par la mode américaine d'une résidence permanente confortable à quelque distance de la ville où l'on ne conserverait qu'un pied à terre.

---

[115] -MALESPINE (E.), « Comment désireriez-vous être logé ? », Hygiène Sociale n°5, mai 1944.
-*Des logements pour le peuple.- Une solution proposée par le Mouvement Populaire des Familles*, Paris, Les Editions Ouvrières, 1947.
-GIRARD (A.).- Une enquête par sondages.- Désirs des Français en matière d'habitation urbaine, Institut National d'Etudes Démographiques, Paris, PUF, 1947.

Ce retour offensif d'un habitat pavillonnaire cette fois réellement muni d'un confort bourgeois était constaté par les professionnels, qui s'y adaptèrent :

> « En France, la construction des habitations individuelles s'était plutôt orientée ces dernières années vers la maison de week-end (...) Les architectes ont ajusté leurs plans (...) et assuré le confort qui doit présider à un séjour régulier[116]. »

La renaissance d'une construction « pavillonnaire » soutenue par l'opinion marquait-t-elle le triomphe de la stratégie d'intégration des promoteurs libéraux du logement social, était-elle un effet de l'enrichissement de la classe moyenne, ou reflétait-elle seulement le désir de fuite des citadins devant le stress urbain?

Le *pavillon*, symbole daté d'une tentative de reconstruction d'une cohésion sociale, le *prolétaire*, victime du développement de l'industrialisation et du capitalisme, n'étaient plus en cause en ces débuts des années 1960. La société avait profondément changé, et le prolétariat, s'il existait toujours, était de plus en plus composé d'immigrants étrangers, comme du reste cela avait été le cas fin XIX°, où l'essor économique avait nécessité un recours à des Belges, Italiens, Polonais, etc., qui cinquante ans après avaient donné naissance à une seconde génération de Français riches de leurs deux cultures. Le consensus politique, sans exister davantage qu'au XIX°, s'était fait sur un *modus vivendi* communautaire national dont la remise en cause idéologique ne semblait pas avoir grandes chances d'aboutir dans un futur proche.

La crise de l'habitat populaire, qui avait suscité l'inquiétude quant au développement de *classes dangereuses* dès les années 1820-1830, généré depuis la fin du XIX°siècle la lutte contre le taudis, et des campagnes régulières pour la fourniture de logements à bon marché dont un avatar récent et spectaculaire fut, en 1954, la croisade de l'abbé Pierre pour les sans logis, s'avère par contre être un phénomène récurrent. Le remède trouvé par les théoriciens pavillonnaires à l'exclusion et au mal-être des victimes du mauvais logement, de la dépendance hiérarchique et économique, pourrait à tout moment redevenir d'actualité.

---

116 MORAND (F-C.).- *La Maison suburbaine*, Paris, Morancé, 1961.

TABLEAU 23

THEMES PRINCIPAUX DE L'IDEOLOGIE PAVILLONNAIRE
CORPUS DE TEXTES 1830-1945*.

- **Individualisme.**

COEFFICIENT POSITIF DE LA MAISON	COEFFICIENT NEGATIF DU COLLECTIF
Taille humaine, à l'image de l'homme, personnalisée et personnalisable.	Proportions extérieures trop grandes et monotones, intérieures trop petites et contraignantes : *caserne, fichier, herbier, alvéole, case*..
Intimité, indépendance, tranquillité.	Tensions, gêne, promiscuité, insécurité.
Calme, chaleur -double sens du *foyer*-, douceur, paix de l'âme, développement de soi.	Bruit, froideur, intrusions, mauvaises influences.
Protection psychologique contre l'extérieur (isolement du jardin, statut de propriétaire), liée au statut socio-économique : *chez-soi*.	Danger psychologique imprévisible venant de l'extérieur (fréquentation obligée des voisins de palier et de cage d'escalier, assujettissement aux représentants du pouvoir qui octroie ou loue le logement), lié au statut socio-économique : *chez-les-autres*.

- **Sens de la famille, de la lignée, appartenance à la région, à la nation.**

COEFFICIENT POSITIF DE LA MAISON	COEFFICIENT NEGATIF DU COLLECTIF
Lieu de convergence familiale (place, espace, chacun chez soi, liberté de vie en commun), autour d'un pôle de chaleur humaine (*foyer*).	Lieu de dispersion familiale (pas de place, d'où, après le travail, éclatement de la cellule familiale : mari au bistrot, femme au ménage, enfants jouant dans la rue..
Lieu de loisir familial (bricolage, jardinage, décoration, jeux.)	Loisirs de ville atomisants (loisirs séparés, rentrées tardives.)
-Lien entre générations : des actifs avec les ascendants (avant la III°République : aide des vieux parents pour la culture du jardin, après : héritage familial, souvenir des ancêtres), des actifs avec les descendants : éducation des enfants . -Symbole de la durée temporelle et spatiale de la famille (*racines*).	-Eclatement de la vie de famille : habitat réduit au ménage, exclusion des familles nombreuses, impossibilité de surveiller les jeux et les fréquentations des enfants. -Absence d'identification symbolique entre la famille-lignage et le logement collectif.
Enracinement, ruralisation, patriotisme local et national : -théoriciens : théorie pour les autres (intégration du prolétariat) et pour soi (mythe de la maison) -discours général : « *à la maison, la maisonnée* », polysémie du *chez-nous* (*chez-nous*/à la maison, *chez-nous*/dans la famille, *chez nous*/ dans le pays -région ou nation-).	Déracinement : -théoriciens : théorie pour les autres (prolétarisation, masses dangereuses, nomadisation) et pour soi (refus de devenir un numéro anonyme) -discours général : perte d'identité, anonymat, solitude, absence d'identification symbolique à la forme architecturale (*caserne, ruche, fourmilière*.. puis *le hachebéhème, le hachélème, la cité, l'immeuble, la résidence* -logement aisé-).

- **Statut socio-économique.**

COEFFICIENT POSITIF DE LA MAISON	COEFFICIENT NEGATIF DU COLLECTIF
Nourriture saine grâce au jardin, vie naturelle, hygiène, air, lumière, santé, loisirs sains.	-Déchéance, morbidité (XIX°) : alcoolisme (dû à l'insatisfaction et à la fuite vers le café du père de famille) d'où scènes et violences familiales, perte de statut, perte d'emploi et de revenu familial, chute sociale. -Contrainte : exiguïté, promiscuité, stress urbain.
Surcroît de statut économique réel : -thèmes anciens et récurrents : goût de l'épargne pris dans la perspective d'acquérir la maison, économies sur la nourriture et le train de vie : thème de la banlieue hors octroi, du jardin ouvrier, du loisir familial investi dans l'amélioration du logement et du jardin, plus-value du bien familial -thèmes attestés à partir de 1908 : investissement productif (plus value foncière et immobilière), valeur-refuge pour la retraite et en cas de crise, sécurité (bien de famille insaisissable, propriété). **Surcroît de statut économique symbolique** : -statut de propriétaire foncier : aménagement « riche » ou supposé tel du jardin, discours sur sa production (mes fruits, mes légumes, mes fleurs..) -statut de propriétaire immobilier : aménagement « riche » ou supposé tel de la maison : architecture, ornementations..	**« Infériorisation » réelle ou symbolique** : -habitat mixte XIX°: exil dans les étages mansardés, assimilation aux domestiques par l'obligation de prendre l'escalier de service et/ou le logement dans les « chambres de bonne ». -« petits logements XIX°» : contrôle social du propriétaire et du concierge, humiliations. -cités-taudis XIX°-début XX°: environnement mortifère, épidémies, habitat répugnant, répulsif, dévalorisant, voisinage dangereux, assimilation au voisinage déviant, malpropre, criminel. -logement social patronal fin XIX°: encasernement, étiquetage social, embrigadement, contrôle social. -logement social public ou parapublic XX°: étiquetage social par l'aspect de l'immeuble, anonymat du collectif, contrôle social lié au statut d'assisté, tensions avec les voisins. -location XX°: perte d'argent sans retour de plus-value, perte de la liberté d'aménager l'espace.
Protection économique et sociale (isolement du jardin par rapport aux intrusions, au bruit des autres, au contrôle social, sécurité et autonomie dues au statut de propriétaire) : *chez-soi*.	Danger économique et social imprévisible (intrusions, bruits, contrôle social, conflits, hausses de loyer, expulsion) : *chez-les-autres*.

* Le corpus est constitué par les textes consultés, listés comme favorables à l'idéologie pavillonnaire dans la bibliographie et les notes de bas de page.

Conclusion

En un peu plus d'un siècle, les observateurs de l'habitat populaire ont constaté à travers l'évolution des modes de vie que la société française s'était désintégrée et réintégrée, l'enrichissement économique et la méritocratie efficace de l'enseignement mis en place sous la Troisième République ayant porté leurs fruits. Quelle était la place de la stratégie pavillonnaire dans cette mutation ? Il semble, si l'on en croit les auteurs qui l'ont suivie de près, qu'elle y ait bien contribué.

L'INTEGRATION PAVILLONNAIRE.

D'une part, la lente conversion des petits salariés à l'investissement dans la pierre, valeur-refuge proclamée dès 1908, recherchée par un public populaire de plus en plus large après la crise de 1929, a joué un rôle de propédeutique financière. Comme l'avait souhaité Le Play, « la terre de Canaan de la propriété » a donné à une classe ouvrière urbaine dépensière et imprévoyante -selon les témoignages des observateurs sociaux de la seconde moitié du XIX°siècle- le goût paysan de l'épargne et de l'acquisition, le réflexe quasi capitaliste de la recherche d'un investissement lucratif qui font préférer aux Français moyens du XX°siècle, quand on le leur propose, ou quand on les interroge sur leurs préférences, l'achat producteur de plus-value du bien d'usage qu'est la maison au versement à perte d'un loyer. Ruralisation, embourgeoisement, heureuse accession du prolétariat au bien-être de classe moyenne, on peut qualifier comme on veut cette évolution qui est bien une intégration au système économique de marché libéral.

D'autre part, le développement concomitant du jardin ouvrier et du jardin pavillonnaire ont contribué à créer dès la fin du XIX°siècle de nouvelles formes de loisir et de sociabilité, apaisant les tensions inévitables dans un habitat collectif dégradé ou simplement mal isolé et dépourvu d'espaces propres à la détente et à l'activité physique, tout en procurant la satisfaction de contribuer à l'élévation de son revenu et à l'amélioration de son alimentation. Condamné par Engels pour des raisons politiques, le sursalaire gagné à la sueur du front devenait source de fierté car il évitait de déchoir en étant simplement un assisté. Le passage de l'octroi par la philanthropie à l'acquisition « aidée » par la solidarité nationale a accru le sentiment de dignité personnelle et la foi en une fraternité communautaire républicaine.

L'énergie des constructeurs amateurs de toutes époques, celle des mal lotis de l'entre deux guerres, engendrait également une atmosphère de solidarité qui prévalait souvent sur les souffrances endurées, tout comme les privations qui avaient permis de devenir propriétaire étaient oubliées une fois bâti un *Mon Rêve* ou un *Sam Suffy*. Bonheur à courte vue, aveuglement politique, « nouvelle pauvreté » déguisée ou retour en arrière architectural et urbanistique, malgré ces condamnations variées l'autonomisation individualiste et familiale chère au paysan français d'Ancien Régime a fait l'objet d'une quête de plus en plus large et de plus en plus volontariste des petits salariés citadins, où l'aide des philanthropes, des employeurs, de l'Etat-Providence a sans doute joué un rôle amplificateur. L'adage chrétien « Aide-toi, le Ciel t'aidera », le « Système D » des débrouillards dégourdis marquent une force de réaction devant le malheur qui nie le malheur même ; mais il y faut une vitalité de départ qui n'est pas dans le lot psychologique de tous.

La somme d'efforts que l'accès à la petite propriété pavillonnaire a suscitée pendant l'entre deux guerres, période où il semble que l'aristocratie salariale pavillonnaire d'avant 1914 ait été submergée par une massive demande prolétarienne dont la sociologie des mal lotis est une preuve, est en soi l'indicateur du degré d'exaspération qui poussait les locataires harcelés, les mal logés, les victimes du dysfonctionnement urbain et social vers ce qu'ils considéraient comme un havre.
Asile sacré, lieu protecteur, petit royaume, le domaine clos où le foyer s'isole de l'extérieur par sa cour ou son jardin est alors, du haut en bas de la société française, considéré comme un lieu de plaisir, de réalisation de soi et de liberté.

Un des ressorts essentiels du système intégrateur pavillonnaire était la reconstitution de liens sociaux harmonieux, la régénération de la dignité de vie et le sentiment d'autonomie du déraciné et de l'inférieur social. Le *chez-soi* décroche l'individu de son milieu, même s'il le révèle par une décoration plus ou moins heureuse ou un usage plus ou moins approprié des aîtres. Il le protège de l'extérieur, et la légère paranoïa que révèle le refus du *chez-les-autres* marque peut-être simplement la réelle dureté des rapports sociaux et des contraintes hiérarchiques.

En permettant à un grand nombre d'accéder à ce répit de la lutte sociale et des temps contraints dont on jouit *chez-soi* lorsque le chez-soi est une maison avec jardin, mais aussi, Strauss le faisait remarquer, lorsque le logement social collectif est bien construit, bien agencé, bien entretenu et socialement homogène (pas de « mauvaises influences », pas de « mauvais voisinage », pas de « locataires sans soin »), les législateurs libéraux de la politique pavillonnaire ont peut-être mis les quelques gouttes d'huile supplémentaires dans les rouages sociétaux qui suffisaient pour éviter une explosion sociale prévue dès les années 1830, et favoriser l'élargissement de la classe moyenne, ce qui était un de leurs objectifs avoués.

HABITAT ET BIEN-ÊTRE SOCIAL.

L'essence de la politique pavillonnaire et sa leçon ont été de montrer les relations entre bonheur d'*habiter* et paix sociale, c'est à dire consensus communautaire et bien-être social.
Le combat des premiers théoriciens pavillonnaires, dont le zèle humanitaire et intégrateur transforma la vie de grands bourgeois libéraux en les mettant au service de ce qu'ils considéraient comme une mission essentielle, a permis, pour l'amélioration de l'habitat populaire, le passage de la philanthropie à l'Etat-Providence, du patronage au crédit immobilier, du taudis et de la cité-mouroir aux logements économiques de qualité, H.B.M., HLM. ou pavillons. La démocratie française préservée des tentations autoritaires de l'entre deux guerres doit sans doute de ce fait une certaine reconnaissance à Le Play et ses économistes sociaux de terrain, à Jules Siegfried et aux promoteurs d'un logement patronal humaniste et

d'un logement social préservant la liberté individuelle, même si les réalisations, du fait de la parcimonie des subventions, des abus de la spéculation, du manque d'imagination technique et psychologique de bien des constructeurs « économiques » n'ont pas correspondu au niveau d'exigence et de générosité qui était le leur. Cette politique « de juste milieu », critiquée par les extrêmes, ne semble pas avoir eu d'effets précis sur le comportement politique de ses bénéficiaires, mais une influence d'ordre psychosociologique les conduisant du bien-être social au consensus communautaire.

La préférence marquée au long des siècles pour la résidence suburbaine par les Français est sans doute venue du désir de paraître autant que de celui de consommer de la nature en gardant les avantages de la cité.
Les législateurs et les constructeurs sociaux ont mis beaucoup de temps à se rendre compte que les Français voulaient « se distinguer » tout en s'assimilant au modèle social immédiatement supérieur, qu'ils refusaient l'étiquetage social par l'habitat, tel qu'il avait été imposé par des maisons patronales aux modèles hiérarchisés, la dévalorisation de l'habitat collectif pour « petits loyers » : passage par l'escalier de service dans l'habitat mixte, construction économique visiblement différente de l'habitat bourgeois, mais aussi le nivellement et la banalisation de l'habitation par la monotonie de façades identiques. Ils ont mis beaucoup moins de temps à l'oublier ; maintes « casernes » de la seconde moitié du XX° siècle sont aussi rébarbatives que devaient l'être celles du XIX°, et suscitent chez leurs occupants, du fait de l'absence d'occasions de manifester une activité créative et de la concentration humaine dans une construction urbaine mal conçue , la même exacerbation des formes agressives de révolte contre l'exclusion sociale, les mêmes conduites d'irrespect, de provocation, de négligence et même de dégradation volontaire des espaces d'habitation tant privatifs que communs.

Si la maison individuelle est une préférence mondiale, la maison « personnalisée » est une idiosyncrasie bien française dont souriraient un Anglais ou un Hollandais, qui ne se servent que de quelques plantes, quelques fleurs, un vernis de porte, pour rendre différente une façade identique à celles de toutes les autres dans la rue. Faut-il pour autant prendre à rebours le tempérament populaire national ? Les premiers grands constructeurs sociaux français liés à la genèse de la politique pavillonnaire, mais conscients de la nécessité du collectif en zone fortement urbanisée, marquaient une compréhension des nécessités tant psychologiques qu'économiques et sociales de leur clientèle dont ils faisaient la base de la novation architecturale dans ce domaine particulier ; c'est aussi faute de bon collectif économique que la petite maison avec jardin est devenue synonyme de bonheur citadin. Du pavillon d'avant 1914 à la maison suburbaine des années 1960, les constructeurs français d'individuel dont nous avons dépouillé les catalogues ont par contre fait preuve d'imagination, n'étant freinés que par les capacités de financement dont pouvait disposer leur clientèle. Seule une classe moyenne aisée a pu accéder sans privations au « pavillon d'aspect bourgeois » qui était le rêve du public populaire dans l'entre deux guerres.

Les modèles ont si bien évolué que l'on comprend que l'objet du désir pavillonnaire n'était pas un type particulier de statut d'occupation ou de logement individuel avec jardin, mais un mode d'*habiter* régulièrement défini depuis plus d'un siècle comme conjuguant l'indépendance, la protection et la valorisation de l'individu et de sa famille.

La politique pavillonnaire n'a donc fait, comme du reste l'indiquaient ses premiers théoriciens, que puiser dans le terreau historique français. Amour paysan pour la propriété, désir séculaire du petit citadin de consommer la nature et de manifester son importance par une imitation des domaines campagnards des élites urbaines, refus des conséquences sociales de l'inégalité économique qui se traduit, ou par la révolte insurrectionnelle, ou par l'autonomisation du *chez-soi*, ces ingrédients du tempérament national ont été relevés et mêlés dans le creuset idéologique.
Elle a ainsi permis la création du logement social français sous une forme diversifiée qui reflète des préférences de mode de vie propres à une majorité de Français, tout en souffrant d'un libéralisme originel qui n'a pu imposer l'effort financier nécessaire, la surveillance des abus spéculatifs, et la stimulation constante de la construction sociale, préoccupée du quantitatif seulement lorsque la crise du logement était là, et du qualitatif lorsqu'il y avait risque de contagion épidémique ou révolutionnaire.
Elle a révélé autant qu'encouragé un choix de société qui privilégiait le respect des libertés individuelles au sein d'un système de valeurs et de hiérarchies peut-être plus contraignantes ou moins bien supportées en France, en tous cas à la période envisagée, que dans des pays démocratiques voisins comme l'Angleterre où -aux dires des observateurs contemporains-, le système locatif et l'uniformité structurelle de l'habitat n'étaient pas alors ressentis dans les milieux populaires comme le moyen et l'expression d'un contrôle social étendu de la vie publique et professionnelle à la vie privée.

Bibliographie

PLAN DE LA BIBLIOGRAPHIE.

DOCUMENTATION GÉNÉRALE.

DOCUMENTATION SPÉCIALISÉE.

(REPARTITION THEMATIQUE ET CHRONOLOGIQUE.)

DOCUMENTATION GENERALE.

documentation internationale.

❑ RAPPORTS D'ORGANISMES INTERNATIONAUX.

BUREAU INTERNATIONAL DU TRAVAIL.- *Etudes et documents*, Série G (Logement et bien-être).
BUREAU INTERNATIONAL DU TRAVAIL.- *Etudes et documents*, Série N (Statistiques).
CONGRÈS INTERNATIONAL DE L'ASSAINISSEMENT ET DE LA SALUBRITÉ DES HABITATIONS.
CONGRÈS INTERNATIONAL D'HYGIÈNE MENTALE (SURTOUT 1937).
CONGRÈS INTERNATIONAL DE L'HABITATION ET DE L'URBANISME.
CONGRÈS INTERNATIONAL DES HABITATIONS À BON MARCHÉ.

❑ PUBLICATIONS INTERNATIONALES.

Bulletin de l'Institut International de Statistique (Tomes XX-XXIII).
Revue Internationale de Sociologie (en particulier 1930).
Revue Internationale du Travail (1920-1930).
Revue Internationale de la Propriété Bâtie.

documentation officielle française.

Journal Officiel.- Documents.
Journal Officiel.- Débats Parlementaires. (1892,1894,1906,1908,1912,1919, 1922,1924,1928).

❑ PUBLICATIONS DES MINISTÈRES.

Documentation du XIX° siècle.

MINISTÈRE DE L'INSTRUCTION PUBLIQUE DES BEAUX ARTS ET DES CULTES, Comité des travaux historiques et scientifiques, section des sciences économiques et sociales.- *Enquête sur les conditions de l'habitation en France,* 1894
MINISTÈRE DU COMMERCE, DE L'INDUSTRIE ET DES COLONIES, Exposition Universelle de 1889, Section d'Economie Sociale.- *Enquête sur les habitations ouvrières*, 1891.
MINISTÈRE DES FINANCES, Direction Générale des Contributions Directes.(Taxes immobilières, dégrèvements sur les logements sociaux.)

Documentation du XX° siècle.

MINISTÈRE DE LA RECONSTRUCTION ET DE L'URBANISME .
MINISTÈRE DES FINANCES, DIRECTION DE LA CONSTRUCTION.
MINISTÈRE DU TRAVAIL, DE L'HYGIÈNE, DE L'ASSISTANCE ET DE LA PRÉVOYANCE.- Recueils de documents, circulaires, commentaires de lois de construction sociale.
« Enquête sur la contribution des établissements patronaux au logement de leur personnel » (1930-1932), *Bulletin du Ministère du Travail*, juillet-août-septembre 1930, janvier-février-mars 1932.

❑ DOCUMENTS STATISTIQUES.

Bulletin de la Statistique Générale de la France.
Etudes et Conjoncture, en particulier :. n' 10-11, octobre-novembre 1957.
Etudes Statistiques
CONSEIL SUPÉRIEUR DES HABITATIONS À BON MARCHÉ.- *Rapport à M. le Président de la République.* (1896-1913 ; 1924-1936)
Revue de la Société française des H.B.M.

revues et périodiques spécialisés.

Architecture et Urbanisme.

L'Architecture d'aujourd'hui
L'Architecture française.
L'Architecture Nouvelle
La Construction moderne.
Construire.
Documents d'architecture française contemporaine.
Forces Vives, 1955 no 5-7.
L'Habitation.
Le Point.
Tuiles et Briques.
La Vie Urbaine.

Droit et législation.

Droit social, en particulier, n°38, décembre 1950.
Lois nouvelles.
Revue des huissiers de justice.

Economie et statistiques.

Cahiers de l'Institut de Science Economique Appliquée.
L'Economie
L'Economiste Français.
La France Economique.
Le Journal des Economistes.
Productivité Française.
Revue d'Economie Politique.
Annuaire statistique de la Ville de Paris.
Journal de la Société de Statistiques de la Ville de Paris (sur la période 1880-1935).

Hygiène et Démographie.

Annales d'Hygiène Publique et de Médecine Légale.
Bulletin de l'Institut National d'Hygiène.
Hygiène Sociale.
Population
Sécurité Sociale.

Loisirs et habitat.

L'Ami des jardins, des maisons et des hommes.
La maison française.
Plaisir de France.

Problèmes sociaux.

Annales d'Histoire Sociale.
Cahiers du Musée Social.
Economie et Humanisme.
Logez-vous.
Nous loger.
La Réforme Sociale.
Travaux de l'année sociologique (1913).

Problèmes politiques.
Cahiers des Amis de la Liberté (1954).
Cahiers du Redressement français.
Recherches internationales à la lumière du marxisme 1960 (20-21).
Revue française de Science politique : 13 (4), décembre 1963

DOCUMENTATION PAR THEMES ET PAR EPOQUES.

l'action pavillonnaire : causes et développement.

❑ ETUDE DU PROBLÈME DU LOGEMENT.

Propriété et morcellement ; lotissements.

Avant la Révolution.

AVENEL (G.D') .- *La Fortune privée à travers sept siècles (1200-1800),* Paris, A. Colin, 1895.

LOUTCHINSKY (J.).- *La petite propriété en France avant la révolution et la vente des biens nationaux,* Paris, H. Champion, 1897.

YOUNG (A.).- *Voyages en France pendant les années 1787, 1788 et 1789,* Londres, 1792-1793, Paris, 1793-1794, 1860 ; 1931, Editions Les Classiques de la Révolution.

La propriété bâtie de la fin du XIXème siècle à la seconde guerre mondiale.

FOVILLE (A. de) .- *Etudes économiques et statistiques sur la propriété foncière et le morcellement,* Paris, Bureau de la statistique, Ministère des Finances, 1885.

MINISTERE DES FINANCES, Direction Générale des Contributions Directes.-*Rapport adressé à M. Rouvier Ministre des Finances sur les résultats de l'évaluation des propriétés bâties prescrite par la loi du 8 août 1885 (art.34),* Paris, 1890.

COUTIN (E.). - *La propriété bâtie.*- Paris, Société de Statistique, 1891.

MICHEL (Ed.). - *Etudes statistiques. La valeur de la Fortune privée. Enquête sur la propriété non bâtie et bâtie.*- Paris, Berger-Levrault, 1908.

MICHEL (Ed.), « La situation immobilière de la France en 1929 », *Journal de la Société de Statistique de la Ville de Paris,* 1930, p 133.

MICHEL (Ed.), « La fortune immobilière de la France en 1934 », *Journal de la Société de Statistique de Paris,* mars 1935, p 95.

UNION DE LA PROPRIETE BATIE EN FRANCE.- *La révision de l'évaluation de la propriété bâtie en 1939-1940,* Paris, UPB, 1939.

MINISTERE DE LA RECONSTRUCTION ET DE L'URBANISME.- *Résultats statistiques d'une enquête sur la propriété bâtie menée en 1942 dans 61 agglomérations de plus de 30 000 habitants,* Paris, 1947.

MINISTERE DE LA RECONSTRUCTION ET DE L'URBANISME.- *Situation du logement en 1946 dans les communes de plus de 50 000 habitants*.- Paris, 1948-1950.

Les lotissements.

ROUILLY (M.). - *Les lotissements*, Paris, 1925.

DAUM (S). - *Les lotissements*.- Thèse de Doctorat en Droit de l'Université de Paris, Paris, 1926.

POLTI (M.). - *Etude théorique et pratique sur les lotissements*.- Thèse de Doctorat en Droit de l'Université de Paris, Paris, 1926.

BONDE (N.). - *Traité pratique de l'aménagement, de l'extension et de l'embellissement des villes et des lotissements*, Paris, 1927.

DANGER (R.). *La technique des lotissements*, Paris, 1930.

MINVIELLE (G.). - *Traité pratique des lotissements*, Paris, Editions Techniques, 1930.

TRINIAC (M). - *Les entreprises de lotissement et l'aménagement des lotissements défectueux*, Thèse de Doctorat en Droit de l'Université de Toulouse, Toulouse, 1930.

MONSARRAT (M.). - *Lotissements : jurisprudence, administration et contentieux*, Paris, 1932.

MINVIELLE (G.).- *La grave responsabilité civile et pénale des notaires en matière de lotissement*, Paris, Editions Techniques, 1934.

MINVIELLE (G.).- *La pitoyable réglementation des lotissements en France*, Paris, Editions Techniques, 1935.

MINVIELLE (G.). - *L'imbroglio du problème des lotissements*, Paris, Editions Techniques, 1936, 51 p. (jurisprudence).

MINVIELLE (G.). - *La réglementation légale des lotissements-jardins*, Paris, Editions Techniques, 1936.

MINVIELLE (G.). - *L'application aux notaires de la législation sur les lotissements*, Paris, Editions *Techniques, 1937. (sanctions civiles et pénales).

MINVIELLE (G.). - *Traité de l'Urbanisme et des lotissements*, Paris, Editions Techniques, 1945.

La Banlieue parisienne.

BASTIE (J.). - *La croissance de la banlieue parisienne*.- Paris, PUF, 1964, 624 p.

Logement et niveau de vie.

SIMON.- *Statistique de l'habitation à Paris.* Les locaux d'habitation divisés par quartiers et par catégories de loyer, comparaison entre le nombre de locaux existant au 15 janvier 1890 et les locaux vacants. Tableaux statistiques et graphiques dressés à l'aide des documents publiés par la commission des Contributions directes.- Paris, Baudry, 1891.

HALBWACHS (M.), « Budget des familles ouvrières et paysannes en France en 1907 », *Bulletin de la Statistique Générale de la France*, T. IV, fasc. 1, p 47.

MICHEL (Ed.). - *Etudes statistiques. Les habitants. Démographie, salaires, corporations et syndicats*, Paris, Berger-Levrault, 1910.

« Salaires et coût de l'existence à diverses époques jusqu'en 1910 », *Bulletin de la Statistique Générale de la France*, 1910.

HALBWACHS (M.), « La classe ouvrière et les niveaux de vie », *Travaux de l'année sociologique*, 1913, Paris.

HALBWACHS (M.), « Une enquête officielle après guerre. Revenus et dépenses de ménages de travailleurs », *Revue d'Economie Politique*, 1921, p 50.

SOCIETE D'EDITIONS ECONOMIQUES ET SOCIALES.- *Le logement ouvrier*. Circulaire n° 184, 12 décembre 1944, 98 Bd Malesherbes, Paris XVII°.

Logement et démographie. (essentiellement exemple parisien)

CHEVALIER (L). - *La formation de la population parisienne au XIX°siècle*, Paris, PUF, 1950.

KORZYBSKI (S). - *Le peuplement des grandes agglomérations urbaines, Londres et Paris, aux XIX°et XX° siècles*, Paris, I.N.E.D., 1952.

BERTILLON (Dr J.). - *Essai de statistique comparée du surpeuplement des habitations à Paris et dans les grandes capitales*, Paris, 1894.

MEURIOT (P.), « Le mouvement migratoire contemporain à Paris et à Londres », *Bulletin de l'Institut International de Statistique*, 1911, T XX.

BONNIER (R.), « La population de Paris en mouvement », *La Vie Urbaine*, n°1-2, 1919.

MEURIOT (P.), « La densité de la population à Paris, mathématique et réelle », *La Vie Urbaine*, 1919-1920.

« L'accroissement de la banlieue parisienne et la dépopulation des campagnes en Seine et Oise d'après les recensements de 1911 et de 1921 », *Revue de l'Histoire de Versailles et de la Seine et Oise*, 1924.

SAUVY (A.), « Logement et population », *Population*, n°21, juillet-septembre 1946.

BRICET (A.). - *Population et habitat dans la région parisienne*, Paris, multigraphié, 1956.

❑ L'INTERVENTION EN MATIÈRE D'HABITAT.

L'action charitable.

DUROSELLE (J-B.).- *Les débuts du catholicisme social en France, 1822-1870*, Paris, PUF, 1951.

ROLLET (H.). - *Sur le chantier social, l'action sociale des catholiques en France, 1870-1940*, Lyon, Chronique sociale de France, 1955.

TIBERGHIEN (M. l'Abbé). - *L'Encyclique Rerum Novarum, commentaires de M.l'abbé Tiberghien*, Paris, 1891.

La coopération.

Avant la construction sociale

GAUMONT (J.), MEISTER (A.), POULAT (E.). - *Etudes sur la tradition française de l'association ouvrière*, Paris, Editions de Minuit, 1956, 148p.

L'essor de la construction coopérative.

PAPILLON (R.). - *Les sociétés coopératives d'H.B.M*, Thèse de Doctorat en Droit de l'Université de Paris, 1929.

Le logement patronal.

Etudes théoriques et pratiques.

REMAURY (H.). - *Les Institutions Patronales et les ouvriers*, Etudes Economiques, Tome I, Paris, 1886.

REMAURY (H.). - *Les Habitations Ouvrières et les petits logements à bon marché*, Etudes Economiques, Tome II, Paris, 1887.

BORDEREL, « Rapport à la Commission permanente du Conseil Supérieur du Travail sur la contribution des employeurs au logement de leur personnel », Paris, *Rapports et Travaux du Conseil Supérieur du Travail*, 1931.

HODEE, « Rapport à la Commission permanente du Conseil Supérieur du Travail sur la contribution des employeurs au logement de leur personnel », Paris, *Rapports et Travaux du Conseil Supérieur du Travail*, 1931.

DUPORQ (J.). - *Les œuvres sociales de la métallurgie française*, Paris, Librairie Générale du Droit, 1936.

ZIMMERMANN (R.). - Etude théorique et pratique du logement de service, Paris, 1952.

VIVIER (G.). - *La fourniture de logement au salarié par l'employeur*, Thèse de Doctorat en Droit de l'Université de Paris, 1953.

Textes patronaux.

Bulletin de la Société Industrielle de Mulhouse, septembre 1852.

La construction des maisons ouvrières en série chez Michelin, MICHELIN & Cie, Clermont-Ferrand, 1925.

UNION DES INDUSTRIES METALLURGIQUES ET MINIERES.- *Le logement, construction de logements, amélioration de l'habitat, conventions d'occupation de logements ouvriers*, Paris, UIMM, 1954.

REGIE NATIONALE DES USINES RENAULT.- *Le logement du personnel, Etudes et perspectives*, RNUR, décembre 1956.

Contribution des employeurs à l'effort de construction, CHAMBRE DE COMMERCE DE PARIS, 1957-1965.

L'intervention de l'Etat.

Avant la politique de construction sociale.

Dictionnaire des constructions, CODE PERRIN, Paris, Imprimerie et Librairie Générale de Jurisprudence, 1886, 6ème édition, 343 p.

ALPHAND, JOURDAN.- *Recueil de règlements sur l'alignement et les logements insalubres,* Paris, Préfecture de la Seine, Chaix, 1887, 212 p.

ROUILLET (A.). - *Des habitations à bon marché – Législation,* Paris, 1889.

ROZET (G.). - *Dictionnaire de la législation de la propriété concernant la construction, la mitoyenneté, etc., comprenant les lois, décrets, ordonnances y relatifs avec un résumé de la jurisprudence la plus récente,* Paris, Librairie des Imprimeries réunies, 1890, 609 p., table chronologique.

De 1894 à la Seconde Guerre Mondiale.

LELOUTRE (A.). - *De l'intervention des pouvoirs publics en matière d'Habitation à Bon Marché,* Thèse de Doctorat en Droit de l'Université de Caen, Caen, Volin, 1906.

MENABREA (H.). - *Etude de la législation relative aux habitations à bon marché et à la petite propriété rurale,* Thèse de Doctorat en Droit de l'Université de Paris, Paris, Jouve, 1910.

LEYBACH (A.). - *Les habitations à bon marché, la petite propriété, le bien de famille insaisissable, commentaire pratique des lois du 12 avril 1906 et du 10 avril 1908 suivi du texte de la loi du 12 juillet 1909 et du rapport au Sénat de M. GUILLIER* ; Préface de M. Jules SIEGFRIED, Epinal, Imprimerie Nouvelle, 1910.

BLOCH (R.). - *Code des Habitations à Bon Marché et de la petite propriété,* Paris, Muzard, 1923.

DELAVIGNE (M.). -*Code des habitations à bon marché et de la petite propriété, texte de la loi du 5 décembre 1922, résumé chronologique des travaux parlementaires,* Paris, Union des Sociétés de Crédit Immobilier de France et d'Algérie, 1923.

DUCROQ (R.). - *L'intervention financière de l'Etat et des personnes publiques dans l'amélioration du logement populaire,* Lille, C.Robbe, 1925.

MEUNIER (L.). - *La maison et le bien familial,* Thèse de Doctorat en Droit de l'Université de Paris, Paris, Dalloz, 1926.

LECLERC GUILLEMOT SAINT VINEBAUT.-*Traité pratique des HBM,* Paris, 1929.

THEBAULT.- *Etude critique sur la construction d'H.B.M. sous le régime de la loi de 1928,* Thèse de Doctorat en Droit de l'Université de Paris, 1929.

MINVIELLE (G.). - *Traité pratique de la loi Loucheur, commentaire des lois des 5 décembre 1922 et 13 juillet 1928, des décrets des 1er août, 13 septembre et 20 octobre 1928,* Paris, Librairie des lois et décrets commentés, 1930.

Réactions et tradition législative après la seconde guerre mondiale.

CROQUEZ (A.). - *La loi du 11 octobre 1940 sur la reconstruction des immeubles d'habitation,* Paris, Sirey, 1940.

RAMARONY (Ch.). - *La législation immobilière de guerre de janvier à septembre 1942,* Paris, Union de la Propriété Bâtie de France, 1942.

RAMARONY (Ch.). - *La législation immobilière de 1942 à 1943,* Paris, Union de la Propriété Bâtie de France, 1943.

MINISTERE DE LA RECONSTRUCTION ET DE L'URBANISME.- *Recueil des principaux textes relatifs aux mesures exceptionnelles et temporaires en vue de remédier à la crise du logement, à jour au 30 avril 1947,* Paris, 1947.

MINVIELLE (G.). *Le permis de construire*, Paris, Editions Techniques, 1947, 244 p., annexes.

MINVIELLE (G.). - *Dictionnaire des Constructions* (ancien CODE PERRIN, 13ème édition, Paris, Jurisclasseurs, 1949, 572 p.

CENTRE NATIONAL POUR L'AMELIORATION DE L'HABITATION.- *Accession à la propriété et financement,* Paris, Hemmerlé, Petit et Cie, 1950.

CRANE (J-L), Mc CABE (R-E), « L'aide à la petite construction individuelle », *Revue Internationale du Travail,* LXI, 4 avril 1950, pp. 398-419.

Les Interventions des pouvoirs publics dans le domaine du logement, Rapport annuel sur les travaux de l'Inspection Générale des Finances, 1951, Fascicule II, Paris, Imprimerie Nationale, 1952.

CHEZE (J.). - *La législation sur les H.L.M. en 1953,* Ecole d'administration de la Ville de Paris, Cours multigraphié, juillet 1953.

MINISTERE DE LA RECONSTRUCTION ET DE L'URBANISME, « Construction : circulaires du 8 avril 1953 relatives aux plans-types, aux primes et prêts spéciaux à la construction », *Journal Officiel,* n°36, 1953.

« Code de l'Urbanisme », *La Revue des Huissiers de Justice,* n°16, 30 septembre 1954.

Recherches dans le domaine du bâtiment et de l'habitation, Commission Economique des Nations Unies pour l'Europe, Comité de l'Habitat, 1955.

Le logement en Europe, tendances et politiques, Commission Economique des Nations Unies pour l'Europe, Comité de l'Habitat, Genève, 1957, multigraphié.

Construction : Primes et Prêts spéciaux, Logements économiques et familiaux, Logement des fonctionnaires, mise à jour du Code de l'Urbanisme et de l'Habitation au 1er janvier 1957, Paris, Imprimerie des Journaux Officiels, 1957.

« Révision du Code de l'Urbanisme et de l'Habitation. -Décret n° 56-620 du 23 juin 1956 », *Revue des Huissiers de Justice,* n°spécial 6, 31 mars 1957.

Dispositions fiscales relatives à la construction, à l'urbanisme, et aux immeubles à usage d'habitation, mise à jour du Code de l'Urbanisme et de l'Habitation au 1er septembre 1957, Paris, Imprimerie. des Journaux Officiels, 1957.

Rapport général d'information sur l'activité des services extérieurs du Ministère de la Reconstruction et du Logement, 1957, Paris, Imprimerie Nationale, 1958.

« La politique française du logement », *Le Monde,* 24 mars-29 avril 1960.

DUBUISSON (B.). - *Encyclopédie pratique de la construction,* publiée sous la direction de Bernard Dubuisson, Paris, A Quilert, 1962, 2 volumes.

BEAUGRAND (G.). - Eléments de législation du bâtiment,, Paris Eyrolles, 3ème édition à jour au 1er septembre 1963.

REVEILLAND (P.), RICORD REVEILLAND (J.). - *Dictionnaire permanent de la construction*, Paris, Editions Législatives et Administratives, 1962.

LELONG (J-M.), LENOSSIER (L.). - *L'immeuble urbain à usage d'habitation*, Préface et direction de Jean Carbonnier, Paris, Librairie Générale de Droit et de Jurisprudence, 1963.

QUIRIELLE (L de). - *Répertoire juridique, administratif, comptable et fiscal de la Construction, de l'Habitat et de l'Urbanisme*, Textes et projets de réforme à jour au 1er septembre 1963, Paris, Berger-Levrault, 1963.

❑ L'ARCHITECTURE ET LE MODÈLE PAVILLONNAIRE.

Evolution des styles ; l'apparition du terme et du modèle « pavillon ».

Avant le XIX° siècle.

BARBEROT (E.). - *Histoire des styles d'architecture dans tous les pays depuis les temps anciens jusqu'à nos jours*, Paris, 1891, 2 volumes.

VIOLLET-LE-DUC (E-E). - *Dictionnaire raisonné de l'architecture française du XI° au XVI° siècle*, Paris, 1858-1868, 10 volumes.

DUBLED (M.), « Quelques observations sur le sens du mot « villa », *Le Moyen-Age*, n°1-2, 1953.

FOSSEYEUX (M.). - *Habitations économiques à Paris sous l'Ancien Régime*, s.l.n.d.
Hôtels et maisons de plaisance des XVII°et XVIII° siècles. Exposition de Maisons-Laffitte, s.l.n.d.

JARRY (P.). - *La guirlande de Paris ou les maisons de plaisance des environs aux XVII° et XVIII° siècles*, Paris, Contet, 1931.

DUBOIS (P.). - *Les maisons de campagne de la banlieue d'Amiens au XVIII° siècle*, Société des Antiquaires de Picardie, Amiens, Yvert et Tellier, 1908.

Recueil de petites constructions datant de la fin du XVIII° siècle et du début du XIX°, empruntées aux œuvres de Bélanger, Broyère, Chalgrin, Ledoux, Normand, Seheut etc., Collection Documents d'Architecture, Paris, Fréal et Cie, 1930.

Au début du XIX° siècle.

L'Architecture pittoresque au XIX° siècle.- Recueil de villas, pavillons dessinés d'après les projets de MM. Codeier, Dardoize, Quidasci, Jackson de la Morandière, Suffit, Tronquoi, Ponssin, Rivoalen, Vergnon.- Texte par Léon de VESLY, Paris, Lévy, 1877.

Choix de petites constructions économiques, maisons de campagne et de plaisance, pavillons, chalets, villas, petits hôtels et maisons de rapport, exécutés par divers architectes aux environs de Paris, en province, sur les plages, etc., Editions de *L'Architecture Nouvelle*, 1882.

CERFBERR DE MEDELSHEIM.- *L'Architecture en France*, Paris, 1883.

FARGE (L.).- *Les constructions françaises et étrangères,- pavillons, édicules, portes monumentales, etc-, présentées lors de l'Exposition Universelle de 1889 à Paris*, Paris, 1892.

HALLAYS (A.). - *En flânant à travers la France.- Autour de Paris*, Paris, 1910.

PATOUT.- *L'Architecture officielle et les Pavillons*, Paris, Moreau, 1925.

Diffusion du logement individuel, propagande pour la propriété unifamiliale.

(ARCHITECTES, LOTISSEURS, VULGARISATEURS JURIDIQUES ET TECHNIQUES)

Avant la politique de construction sociale.

VIOLLET-LE-DUC (E-E). - *Comment on construit une maison.- Histoire d'une maison,.* Paris, 1883, 9ème édition.

BOUSSARD (J.). - *Conseils pratiques de construction : la maison française, ce qu'elle est, ce qu'elle devrait être*, Paris, 1883.

BOUSSARD (J.). - *L'Art de bâtir sa maison*, Paris, 1887.

De 1894 à la Seconde Guerre Mondiale.

BOURGEOIS (Th.).- *La villa moderne.* 100 planches, Paris, Librairie Centrale des Beaux-Arts, 1903.

Petites maisons modernes de ville et de campagne récemment construites, Paris, Fanchon, 1903.

TRANCHANT (M.). - *L'habitation du Parisien en banlieue*, Paris, 1908.

PROTOT (E.). - *Une révolution dans l'habitation.- Un foyer à tous*, Paris, Sevin et Sarrat, 1909.

ERNEST (G.). - *Expériences faites par l'initiative privée pour donner dans les villes augmentant de population du terrain à bon marché et permettre l'application de la loi du 12 avril 1906*, Charleville, 1910.

MARION (H.). - *Villas et maisons de campagne modernes*, Grenoble, Imprimerie Générale, 1913.

PETITPAS.- *Le cottage pour tous.*- Maisons de compagne, villas et cottages, 80 monographies complètes de maisons de campagne avec devis, 250 reproductions, Paris, R. Colas, 1913.

BOULANGER (J.et M.). - *Chacun sa maison*, Amiens, les auteurs, Entreprise Générale de Bâtiment Boulanger frères, Maison fondée en 1847, maisons à forfait, H.B.M., 2 rue Boucher de Perthes, 1914.

CENET (A.). - *Manuel des Habitations à Bon Marché et de la petite propriété.*- Texte de la loi du 12 avril 1906, de la loi du 10 avril 1908, de la loi du 23 décembre 1912, Paris, Dalloz, 1914.

CHAMPLY (R.). - *Nouvelle Encyclopédie Pratique du Bâtiment et de l'Habitation.*- Architecture, plans de maisons et villas, Paris, 1914.

SOCIETE DE CREDIT IMMOBILIER DU CAMBRESIS.- *Pour devenir propriétaire de son jardin et de sa maison sous le bénéfice des lois sur les Habitations à Bon Marché*, Cambrai, SCIC, Imprimerie Mallez et Cie, 1915.

BOURNIQUEL (M.). - *Pour construire sa maison.*- La maisonnette, le cottage, la villa, la grande propriété, les maisons ouvrières, etc., Paris, Garnier, 1919.

MINISTERE DU TRAVAIL ET DE LA PREVOYANCE SOCIALE.- *Les Habitations à Bon Marché et les encouragements à la petite propriété*, Série Recueil de documentation sur la Prévoyance sociale, Paris, Berger-Levrault, 1919.

Maison.- Pour bâtir à bon marché, Brochures Larousse, 3ème édition, Paris, Larousse, 1923.

BADOVICI (J.). - *La maison d'aujourd'hui.*- Maisons individuelles, Paris, Morancé, 1925.

BOUDRY (E.), PEYTHIEU (L.). - *La petite maison à portée de tous.- Applications pratiques de la loi Ribot avec exemples et devis détaillés*, Paris, Massin et Cie, 1925.

CHAMPLY (R.). - *Ma maison à bon marché.- Loi de 1924 sur les lotissements.- Loi Ribot*, Paris, Girardot, 1925.

LASCHETT (M.). - *Tout chef de famille peut posséder sa maison*, Société Nationale des Architectes de France, Bar le Duc, Imprimerie Brodard et Cie, 1925.

MOLINIE, NICOD, POUTHIER.- *Comment faire construire sa maison en utilisant les lois Ribot et les lois des 5 décembre 1922, 19 juillet 1924 et 15 juillet 1925*, Paris, Ducher, 1925.

CHATAIN (Ch.). - *Habitations à Bon Marché et à Loyers Moyens.- Le programme de la loi Loucheur, ce qu'il faut connaître pour sa mise en œuvre*, Vienne, Martin et Ternet, 1928.

MINISTERE DU TRAVAIL, DE L'HYGIENE, DE L'ASSISTANCE ET DE LA PREVOYANCE SOCIALES.- *Commentaires sur la loi du 13 juillet 1928 établissant un programme de construction d'Habitations à Bon Marché et de logements*.- Paris, 1928.

MINISTERE DU TRAVAIL, DE L'HYGIENE, DE L'ASSISTANCE ET DE LA PREVOYANCE SOCIALES.- *Circulaires n° 9, 10, 11, 14, commentaires sur la loi de 1928*, Paris, 1928.

LECLERC (F-L.), GUILLEMOT SAINT VINEBAULT.- *Traité pratique des Habitations à Bon Marché.- Applications de la loi Loucheur*, Paris, Librairie de la Construction Moderne, 1929.

CABIROL (M.). - *Les lois Ribot-Loucheur, commentaire pratique suivi de plans et devis conformément à ces lois spéciales*, Paris, Henri Etienne, 1930.

DODIN (L.). - *Manuel du propriétaire-architecte ou Art de faire construire sa maison*, Nantes, Imprimerie Nantaise, 1930.

MARCOTTE (E.). - *L'Art de bâtir une maison agréable et saine*, Paris, Béranger, 1930.

BEGHIN (P.). - *Comment devenir propriétaire avec la loi Loucheur*, Paris, Tallandier, 1931.

DEFRANCE (H.). - *Villas et pavillons de prix modérés aux environs de Paris*.- Façades, plans, devis descriptifs, Paris, Massin et Cie, 1931.

Choix de petites habitations de la région parisienne, Collection Documents Pratiques Paris, Massin et Cie, 1933.

MINISTERE DES FINANCES.- *Faites réparer votre maison, faites construire votre maison, les droits de succession, de mutation seront supprimés pour vous*, Paris, Imprimerie Nationale, 1939.

MINISTERE DES TRAVAUX PUBLICS ET DES TRANSPORTS, Commissariat Général à la Construction et au Bâtiment.- *Pour qu'on construise*.- Recueil des principaux textes relatifs à l'assainissement des immeubles, aux associations syndicales de propriétaires, à l'expropriation, aux dispositions fiscales pour favoriser la construction, Paris, Imprimerie du Palais, 1940.

FEILDEL (J.). - *La Maison.- Construction, entretien*, Paris, Editions Rustica, 1941.

Après la Seconde Guerre Mondiale.

MORHANGE (G.). - *Comment on construit une maison*, Paris, 1945.

GAZEL (R.). - *Ma Maison.- Construction, entretien par l'amateur*, Paris, Technique et Vulgarisation, 1947.

MINISTERE DE LA RECONSTRUCTION ET DE L'URBANISME.- *Permis de construire.- Premières directives*, Paris, 1948. (Révision des textes d'août 1946).

Maisons de France, Paris, Les Publications de France, 1949.

Maisons individuelles, Editions de *L'Architecture française*, Paris, 1949.

STEFF (R.). - *Construire et devenir propriétaire*, Paris, Publiclair, 1950.

BOURGET (I.).- *Maisons familiales*, Documents d'architecture française contemporaine, n°5, 1951.

BOURGET (I.).- *Maisons familiales*, Paris, J. Vaurrain, Imprimerie des Arts et Manufactures, 1951.

GILLE DELAFON (S.). - Petites maisons construites depuis la guerre à Noisy le Sec, Paris, Massin, 1951.

MINISTERE DE LA RECONSTRUCTION ET DE L'URBANISME.- *Si vous voulez construire un logement, construisez économiquement*, Paris, La Documentation Française, 1952.

FAU (C.), DEBEAURAIN (A.), « Petit guide de l'aide à la construction », *Annales des Loyers*, n° hors série, 1952.

FAU (C.), DEBEAURAIN (A.), « Petit guide de l'aide à la construction », *Annales des Loyers*, juillet 1953.

« Maisons individuelles », *Tuiles et briques*, n°spécial, 1953.

CHASSAIN (M.).- *Construisons notre maison*, Paris, Société Parisienne d'Edition, 1954.

« A chacun sa maison.- 20 maisons modèles », *L'Ami des Jardins, des Maisons et des Hommes*, n°spécial, juin 1954.

« Tout ce qu'il faut savoir sur l'aide à la construction », *L'Habitation*, n°25, juin 1954.

MONDIN (Ch.).- *Je construis ma maison sans capitaux.*- Prêts et primes, matériaux mis en œuvre, Paris, Dunod, 1954.

Guide pratique des primes et prêts à la construction, Paris, Editions du *Moniteur des Travaux Publics*, 1954.

ROUAULT (H.), « Comment bénéficier des prêts et subventions nécessaires, comment, sans risquer, bâtir à plusieurs », *Nous loger*, n°1, 1954.

CAPERAN (E.), « Fonctionnaires, si vous voulez construire », *Revue des PTT de France*, n°3, mai-juin 1954.

« Ma maison », *Tuiles et briques*, n°spécial, 1954.

FAUCHE (S) .- *Contribution à la construction, les pierres d'un oubli.* Construire 300 000 logements en 2 ans pour permettre à 300 000 familles sans logis habitant un taudis ou menacées d'expulsion, ne possédant aucune avance en capital argent de pouvoir être logées d'abord, et, après 15 ans d'occupation, de devenir propriétaires de leur maison ou appartement par le versement des 38 % du coût total de leur habitation, Béziers, Imprimerie du Sud, 1955.

Guide pratique de l'action municipale en faveur de la construction, Paris, Editions Aframpe, 1955.

MINISTERE DE LA RECONSTRUCTION ET DU LOGEMENT.- *Construisez un Logement Economique et Familial*, Paris, février 1955.

ASSOCIATION DES CASTORS DE SEINE ET OISE.- *Comment construire*.- Conseils aux nouveaux groupes. Avant-propos de M. Claudius-Petit, ACSO, Versailles, 35 rue de Noailles, 1956.

« La Maison Française à la campagne », *La Maison Française*, n°hors série, printemps 1956.

« La Maison de campagne », *Plaisir de France*, n°212, juin 1956.

BRAIVE (A.).- *Maison jeune pour ménages d'aujourd'hui*, Editions Sociales Françaises, 1958.

« Tout ce qu'il faut savoir en 1959 sur l'aide à la construction », *L'Habitation*, n°spécial, mai 1959.

RAMBERT (Ch.).- *Maisons familiales et de plaisance*, Paris, Vincent Fréal et Cie, 1959.

CHOPARD (M.). *J'achète et je transforme une maison de campagne*, Paris, Massin, 1960.

Construisons notre villa.- 9 plans-types, formalités, Paris, Editions Amphora, 1960.

MINISTERE DE LA CONSTRUCTION, Service des Relations Extérieures.- *La législation sur les H.L.M. Caractéristiques essentielles*, Construction et aménagement du territoire, septembre 1960.

ROBERT (L.).- *Compte-rendu des travaux du Comité de l'habitat de la Commission Economique pour l'Europe*, Année 1960, Paris, Fédération nationale des Sociétés Coopératives d'H.L.M., 1960.

« Maisons contemporaines », n° spécial *Plaisir de la maison, Plaisir de France*, 1961 .

« Maisons traditionnelles », n° spécial *Plaisir de la maison, Plaisir de France*, 1961

MORAND (F-C).- *La maison suburbaine*, France, Grande-Bretagne, Belgique, Suisse, Italie, Espagne, Allemagne, Paris, Morancé, 1961.

NAVARRE (P.et H.).- *Chalets de week-end*, Paris, Massin, 1961.

ROBILLARD (J.), POUPAT (A.).- *Bâtissez vous-même votre maisonnette de week-end*, Paris, Eyrolles, 1961.

Code de l'Urbanisme et de l'Habitation.- Paris, Fédération nationale des sociétés coopératives d'H.L.M., 1963.

GILLE DELAFON (S.).- *Villas modernes*, Paris, Massin, 1962.

BOULANGER (G.) .- *L'art d'installer une maison de campagne*, Paris, Hachette, 1963.

GAZEL (R.).- *Construction de ma maison*, Paris, Technique et vulgarisation, 1964.

L'idéologie pavillonnaire, thèmes et évolution.

❑ L'ASPECT POLITIQUE DU PROBLÈME DU LOGEMENT.

Les théories de l'habitat et de la propriété.

Les théoriciens politiques.

SAINT-SIMON.

SAINT-SIMON (Comte C-H de).- *Catéchisme politique des industriels .- Vues sur la propriété et la législation*, Paris, 1818, 2ème livraison.

SAINT-SIMON (Comte C-H de).- *Le défenseur des propriétaires de domaines nationaux* ou recherches sur les causes de discrédit dans lequel sont tombées les propriétés nationales et sur les moyens d'élever ces propriétés à la même valeur que les propriétés patrimoniales, Prospectus conservé à la Bibliothèque Nationale.

SAINT-SIMON (Comte C-H de).- *Du système industriel.* Correspondance avec les industriels, Paris, Renouard, 1821.

FOURIER.

FOURIER (Ch.).- *Traité de l'association domestique agricole*, Paris, Bossange, 1822, 2 volumes.

FOURIER (Ch.).- *Pièges et charlatanisme des deux sectes Saint-Simon et Owen qui promettent l'association et le progrès*, Paris, Bossange Père, 1831.

FOURIER (Ch.).- *Le Nouveau Monde industriel et sociétaire*, Œuvres Complètes, Tome VI, 1841-1845, 2ème édition, aux Bureaux de *La Phalange*.

FOURIER (Ch.).- *Cités ouvrières: des modifications à introduire dans l'architecture des villes*, Paris, Librairie phalanstérienne, 1849.

L'Avenir, perspective d'un phalanstère ou Palais Sociétaire dédié à l'humanité d'après le plan de Ch. Fourier, accompagné d'une description signée V. Considérant, Bordeaux, Imprimerie. Faye, s.d.

OWEN

Textes publiés en français en 1848.

OWEN (R.).- *Adresse à l'Assemblée Nationale de France* (24 mai 1848) .- Paris, Chaix, 1848.

OWEN (R.).- *Courte exposition d'un système social rationnel*, Paris, Imprimerie Marc Aurel, 1848.

OWEN (R.).- *Dialogue entre la France, le monde et R.O. sur la nécessité d'un changement total de nos systèmes d'éducation et de gouvernement*, Paris, Paulin et Le Chevallier, 1848.

OWEN (R.).- Le livre du nouveau monde moral, contenant le système social rationnel basé sur les lois de la nature humaine, Oaris, Paulin, 1847.

OWEN (R.).- *Proclamation au peuple français, aux militaires et aux civils de toutes les classes, de tous les partis, de toutes les religions*, 1er juin 1848, Paris, Chaix, 1848.

OWEN-CABET.

Discours du Citoyen CABET (7ème et 8ème discours sur les élections) et de Robert OWEN, Société fraternelle centrale, Paris, au bureau du *Populaire*, 1848.

PROUDHON.

PROUDHON (P-J).- *Avertissement aux propriétaires* ou lettre à M. Considérant, rédacteur de *La Phalange* sur une Défense de la propriété, Paris, Prévot ; Besançon, Imprimerie Proudhon, 1841.

PROUDHON (P-J).- *Le droit au travail et le droit de propriété,* édition d'un article du 5 octobre 1848, Paris, Vasbenter, 1848, réédition 1850.

PROUDHON (P-J).- *Oeuvres complètes* .- Paris, Lacroix, Verboeckhoven et Cie. (Rééditions dans le désordre selon la demande).
-Tome I: *Qu'est-ce que la propriété*, 1867.
-Tome II: *Avertissement aux propriétaires*, 1868.
-Tome III : *De la création de l'ordre dans l'humanité, ou Principes d'organisation politique*, 1868.
-Tomes IV et V: *Système des contradictions économiques ou Philosophie de la Misère*, 2ème édition, 1850.
-Tome VI: Solution du problème social, 1868.

LE PLAY.

LE PLAY (P-G-F.).- *Les Ouvriers Européens*, .- Paris, 1855.

LE PLAY (P-G-F.).- *La Réforme sociale en France*, déduite de l'observation comparée des peuples européens .- Paris, Plon, 1864, 2 volumes. Rééditions Paris, Plon : 1866, 1867, 1872; Tours, Mame : 1874, 1878, 1887, 1901.

LE PLAY (P-G-F.).- *L'organisation de la famille* selon le vrai modèle signalé par l'histoire de toutes les races et de tous les temps, avec trois appendices : CHEYSSON (E.), « La famille-souche du Lavedan, 1856-1869 » ; LE PLAY (F.), « La très petite propriété, le Code Civil et ses agents » ; JANNET (C.), « La réforme du Code Civil selon les jurisconsultes des pays à la famille-souche », Paris, Téqui, 1871. Rééditions 1875, 1884, 1895, 1907.

LE PLAY (P-G-F.).- *La Paix sociale après le désastre*, juin 1871, Tours, Mame, 1876, 2ème édition.

LE PLAY (P-G-F.).- *Prélude aux unions locales*.- La Bibliothèque de la Paix Sociale.- Notices comprenant le précis historique des travaux accomplis depuis 1830 par les fondateurs et le Comité de cette Bibliothèque, Tours, Marne, 1876, 2ème édition.

LE PLAY (P-G-F.).- *La Réforme en Europe et le Salut en France*. Le programme des Unions de la Paix Sociale .-Tours, Mame, 1876.

LE PLAY (P-G-F.).- *La Méthode sociale*, abrégé des Ouvriers Européens (1855), ouvrage destiné aux classes dirigeantes, Tours, Mame, 1879.

LE PLAY (P-G-F.).- Correspondances de l'Union de la Paix Sociale.
-L'accord des partis politiques, réponse à Lucien Brun. 1872.
-Le retour au vrai et le rôle du clergé, réponse à Mgr Isoard, 1872.
-La question sociale et l'Assemblée, réponse aux questions des députés membres de l'Union, 1873.
-Programme de gouvernement et d'organisation sociale d'après l'observation comparée de divers peuples, réponse à X. Roux, 1er octobre 1880.
-Examen de trois obstacles à l'action sociale du clergé, réponse à l'abbé Rouillot, 1881.

L'idéologie des législateurs.

Jules SIEGFRIED.

Œuvres.

SIEGFRIED (J.).- *Des cercles d'ouvriers*.- A propos des *Working men's clubs* d'Angleterre, mémoire présenté à la Société Industrielle de Mulhouse le 28 octobre 1868, Mulhouse, Imprimerie Bader, 1868.

SIEGFRIED (J.).- *Les cercles d'ouvriers*.- Conférence faite au Havre le 29 novembre 1874, Le Havre, Imprimerie Santallier, 1874.

SIEGFRIED (J.).- *Les cités ouvrières*.- Conférence qui devait être faite à Bolbec en juin 1877 et qui a été interdite par M.de Fourtou, Ministre de l'Intérieur, Le Havre, Impr. Santallier, 1877.

SIEGFRIED (J.).- *Quelques mots sur la misère, son histoire, ses causes, ses remèdes*, Paris, Baillière, 1877. Rééditions : Le Havre, 1877; Paris, 1877.

SIEGFRIED (J.).- *Les H.B.M., Conférence faite à Asnières le 2 juin 1898*, Paris, Dupont, 1898

SIEGFRIED (J.).- *Les H.B.M., Conférence faite à Paris le 9 décembre 1891*, Dôle, Blind-Franck, 1892.

SIEGFRIED (J.).- *Les H.B.M., Conférence faite à Villeneuve Saint-Georges le 13 novembre 1897*, Paris, 15, rue Ville l'Evêque, 1898.

SIEGFRIED (J.).- *Les H.B.M.*, conférence faite au Congrès des Architectes français le 17 juin 1904, Paris, Dumoulin, 1904 (extrait de *L'Architecture*).

SIEGFRIED (J.).- *Les applications sociales de la solidarité : les H.B.M*, Leçons à l'Ecole des Hautes Etudes Sociales, Paris, 1904.

SIEGFRIED (J.).- *Les espaces libres à Paris.- Les fortifications remplacées par une ceinture de parcs*, Exposé d'un projet de loi, *Le Musée Social*, avril 1909, réédition Paris, Rousseau, 1909.

Préfaces.

in DU MESNIL (Dr. O.) - *Etude d'hygiène, et d'économie sociale Enquête sur les logements*, Paris, 1899.

in FERRAND (L.).- *L'Habitation à Bon Marché*, Paris, 1906.

in LEYBACH (A.).- *Les H.B.M., la petite propriété, le bien de famille insaisissable.- Commentaire pratique des lois du 12 avril 1906 et du 10 avril 1908*, Epinal, Imprimerie Nouvelle, 1910.

in MERLIN (R.).- *La crise du logement et les H.B.M.*, Paris, Editions du *Musée social*, 1913.

Etudes biographiques.

SIEGFRIED (A.).- *Jules SIEGFRIED, 1837-1922*, Paris, Firmin Didot, 1942.

SIEGFRIED (A.), « Discours pour le cinquantenaire du Musée social », *Le Musée social*, n°3, 1945.

Paul STRAUSS.

STRAUSS (P.).- *Paris ignoré*, Paris, Librairies et Imprimeries réunies, 1892.

STRAUSS (P.).- *Dépopulation et puériculture*, Paris, Fasquelle, 1901.

STRAUSS (P.).- *Assistance sociale, pauvres et mendiants*, Paris, Alcan, 1901.

STRAUSS (P.).- *La croisade sanitaire*, Paris, Fasquelle, 1902.

STRAUSS (P.).- *Rapport sur les travaux du Comité H.B.M. en 1904*, Paris, Chaix, 1905.

STRAUSS (P.).- *Rapport au Congrès International d'Assistance Publique et Privée*, Milan, 1906 ; Paris, Annexe Est de l'Hôtel de Ville, 1907.

STRAUSS (P.).- *L'assistance française* .- Exposé général de la constitution et des résultats des divers services, établissements et œuvres d'assistance et de bienfaisance de la France, présenté au Congrès International de Copenhague, Paris, 1910.

STRAUSS (P.).- *Les H.B.M., commentaire juridique de la loi du 12 avril 1906 et guide pratique*, Paris, Flammarion, s.d.

STRAUSS (P.).- *Rapport général sur les causes de la mortalité* fait à la Commission de la dépopulation, Sous-commission de la mortalité, Melun, Imprimerie Administrative, 1911.

STRAUSS (P.).- *Le Foyer populaire*, Paris, Fasquelle, 1913.

STRAUSS (P.).- *Pour la vie et pour la santé*, Paris, Tallandier, 1929.

STRAUSS (P.), « Pages sociales. Organisation des loisirs à la campagne », Supplément à *L'Education Sociale*, Troyes, 1932.

Préface in MARTIAL (Dr R.) .- *Hygiène individuelle du travailleur*, Paris, 1908.

Alexandre RIBOT.

Œuvres.

RIBOT (A.).- *L'utilité des Caisses de Crédit Immobilier pour favoriser l'accession de la propriété aux ouvriers*, conférence faite le 23 juin 1909 à la Société Industrielle d'Amiens, Comité de patronage des H.B.M. et de la prévoyance sociale de la Somme, Amiens, Imprimerie Jeunet.

RIBOT (A.).- *Lettres à un ami.- Souvenirs de ma vie politique*, Paris, Bossard, 1924, 7ème édition.

RIBOT (A.).- *Journal et correspondances inédites 1914-1922*, Paris, Plon, 1936.

Préfaces.

in LARDEUR-BECQUEREL (J.), PRANARD (Ch.),- SERIS (H.).- *Traité des Sociétés de Crédit Immobilier*, Lille, 1913.

in RISLER (G.).- *La crise du logement*, Paris, Editions du *Musée social*, 1922

Louis LOUCHEUR.
Préface in MANCEAU (B.).- *La vulgarisation de la propriété immobilière par le crédit*, Paris, Dalloz, 1930.

Discussion politique de l'idéologie pavillonnaire.

Jusqu'à la seconde guerre mondiale.

Thèses marxistes.
ENGELS (F.) .- *La question du logement* . Trois articles parus en 1872 dans le *Volkstaat* de Leipzig, publiés en français en brochure sous ce titre en 1887. Réédition aux Editions Sociales, Paris, 1957.
Positions de la gauche parlementaire française.

Interventions des radicaux-socialistes, des socialistes et communistes, Débats parlementaires, 1892, 1894,1906,1908,1912,1919, 1924, 1928.

MICHELIS (E.).- *Rapport sur la crise du logement et des H.B.M.* fait au Congrès de Boulogne sur Mer du Parti Républicain Radical-Socialiste, octobre 1924.

Brochures de partis politiques après la seconde guerre mondiale.

Parti Communiste.

PARTI COMMUNISTE FRANÇAIS.- *Des logements ? C'est possible, comment ?.*, Paris, Editions du P.C., 1955.

PARTI COMMUNISTE FRANÇAIS.- *Le logement, des précisions, des solutions*, Paris, Editions du P.C., 1962.

PARTI COMMUNISTE FRANÇAIS.- *L'activité du Parti et des communistes dans les entreprises du bâtiment*, Texte rédigé lors de la Journée d'Etude de Gentilly du 8 juin 1963, Paris, Editions du P.C., 1963.

Parti Socialiste.

PARTI SOCIALISTE SFIO.- La rénovation de l'habitat rural et la lutte contre les taudis urbains.- La politique de B. Chochoy et G. Mollet, 1956-1957, Paris, Editions de la SFIO, 1957.

PARTI SOCIALISTE SFIO.- *Programme de la Commission du logement, Campagne des élections municipales de 1959*, Bulletin Intérieur n°109, Arras, 1959.

Parti Républicain Radical-Socialiste.

THOME-PATENOTRE (J.).- *Reconstruction et logement,* Rapport fait au Congrès de Deauville de septembre 1950.

THOME-PATENOTRE (J.).- *Le problème de la construction,* Intervention parlementaire faite au Conseil de la République le 15 mars 1955, publiée pour les élections cantonales des 17-24 avril 1955, Série Documents et faits pour les candidats, 1955.

MENDES-FRANCE (P.).- *Le problème du logement,* Intervention devant le Congrès de novembre 1955.

La diffusion et la cristallisation de l'idéologie.

Idéologie de la propriété.

Avant la politique de construction sociale.

TURGOT.- *Réflexions sur la formation et la distribution des richesses,* Paris, 1766.

YVERT (Ch.).- *L'Autorité et la propriété,* Note présentée à l'Assemblée générale des Catholiques du Nord et du Pas-de-Calais en novembre 1882, Société des Propriétaires Chrétiens, Paris, 1883.

GIDE (Ch.).- *De quelques nouvelles doctrines sur la propriété foncière,* Paris, 1883.

YVERT (Ch.).- *L'indifférentisme social et la propriété,* histoire d'un propriétaire chrétien, Société des Propriétaires Chrétiens, Paris, 1884.

LORGERIL (Vte Ch. de).- *La propriété foncière en face de l'abandon de la culture par les populations rurales,* Saint Brieuc, 1886.

La protection de la petite propriété, Paris, 1886.

LEPRINCE (D.).- *Les logements à bon marché, la propriété immobilière rendue accessible aux travailleurs,* Paris, 1888.

HUPIER (Ch.).- *Le nouvel impôt sur la propriété bâtie. Quelques observations recommandées à l'attention des contribuables,* Le Mans, 1891.

De 1894 à la Seconde Guerre Mondiale.

GUERIN (J.).- *Le sort des maisons dans les systèmes socialistes* .- Paris, Schlaeber, 1907.

PAGES (J.).- *La petite propriété française et les lois du 10 avril 1908 et du 19 mars 1910,* Thèse de Doctorat en Droit de l'Université de Paris, Paris, E.Larose, 1912.

LARDEUR-BECQUEREL (J.), PRANARD (Ch.),- SERIS (H.).- *Traité des Sociétés de Crédit Immobilier,* Lille, 1913. Réédition Paris, Editions de l'Union des Sociétés de Crédit Immobilier, 1926.

GERMAIN (F.).- *Les habitations à bon marché, la petite propriété et le Code Civil,* Thèse de Doctorat en Droit de l'Université de Bordeaux, Bordeaux, Y.Cadoret, 1910.

HOPE.- *Le problème de la déprolétarisation et l'accession à la propriété du foyer familial,* Paris, SPES, 1926.
LE PICARD (F.), « Le Travailleur-Propriétaire », série d'articles dans *La Nation,* juin-octobre 1929, notamment 29 juin et 13 juillet 1929.

MANCEAU (B.) .- *La vulgarisation de la propriété immobilière par le crédit,* Préface de M. Loucheur, Ministre du Travail, de l'Hygiène, de l'Assistance et de la Prévoyance Sociale, Paris, Dalloz, 1930.

LE PICARD (F.), « En Seine Inférieure, l'aide du Département à la propriété et au logement populaire », *Le Musée Social,* mars 1931.

Idéologie du logement ouvrier.

Avant la politique de construction sociale.

WEBER (Dr).- *Rapport du Jury des Mémoires sur l'Industrialisation*, Académie des Sciences Morales et Politiques, Paris, 1839.

VILLERME (L-R.), « Les cités ouvrières », *Annales d'Hygiène Publique et de Médecine Légale*, Tome XLII, 1849.

CACHEUX (E.).- *Le philanthrope pratique.- Habitations ouvrières.* Etudes avec plans sur les habitations isolées, maisons à étages, hôtels pour ouvriers, Laval, 1882.

LAVOLLEE (O.).- *Rapport sur diverses communications relatives aux habitations ouvrières*, présenté à la Société d'Encouragement pour l'Industrie Nationale, Paris, 1882.

PICOT (G.).- *Les logements d'ouvriers, un devoir social*, Paris, Calmann-Lévy, 1885.

VAN HUFFEL.- *Le Conseil Municipal de Paris et la question des logements à bon marché*, Paris, 1883.

CHEYSSON (E.).- La question des habitations ouvrières en France et à l'étranger, Paris, 1886.

MICHEL (J.), « Les petits logements à Lyon », *La Réforme Sociale*, février 1886.

BAUDRILLART (H) .- *L'amélioration des logements d'ouvriers dans ses rapports avec l'esprit de famille*, Rapport présenté à l'Académie des Sciences Morales et Politiques, Paris, 1889.

CHASSIGNET.- *Enquête sur la condition des petits logements en France et à l'étranger*, Société d'Economie Sociale, Paris, 1889.

CACHEUX (E.) - *Considérations sur le crédit dont jouissent les constructeurs des petits logements*, Paris, 1889.

MULLER (E.), CACHEUX (E.).- *L'Habitation Ouvrière en tous pays*, Paris, Baudry et Cie, 2ème édition, 1889.

DU MESNIL (Dr O.).- *L'habitation du pauvre*, Paris, Baillière, 1890.

CACHEUX (E.).- *Etat des habitations ouvrières à la fin du XIX^{e}siècle.*- Etude suivie du compte-rendu des documents relatifs aux petits logements qui ont figuré à l'Exposition Universelle de 1889, Paris, 1891.

PICOT (G.).- *Rapport du Jury des habitations ouvrières de la Section d'Economie Sociale de l'Exposition Universelle de 1889*, Ministère du Commerce, de l'Industrie et des Colonies, Paris, 1891.

DU MESNIL (Dr O.).- *L'Hygiène des Habitations Ouvrières*, Conférence faite au Congrès de Paris d'avril 1890 de la. Fédération des Ouvriers Socialistes de France, F.O.S.F., Paris, 1892.

Après 1894.

JOURDET (E.).- *Les habitations à bon marché, le rôle de l'ouvrier dans la société ; les logements insalubres, la maison collective, la maison individuelle, l'ouvrier propriétaire ; état actuel de la question en France et à l'étranger*, Paris, Dujarric, 1906.

EYLAUD (Dr M.), « La législation sociale et l'habitation ouvrière », *Revue Internationale de Sociologie*, 1930.

RAMARONY (Ch) .- *Le logement des chômeurs*, Rapport fait au 35ème Congrès de l'Union de la Propriété Bâtie de France, UPBF, Paris, 1937.

Le logement ouvrier, Rapport fait au 36ème Congrès National de l'Union de la Propriété Bâtie de France, UPBF, Paris, 1937.

RISLER (G.).- *L'amélioration du logement des travailleurs en France*, Paris, 1938.

BENOIT-LEVY (G.).- *L'habitation ouvrière*, Leçon n°160 du cours professé à l'Ecole d'Organisation Scientifique du Travail, texte multigraphié, Paris, 1942.

MORENNE (D.).- *Le problème du logement ouvrier en France*, Paris, 1942.

OLCHANSKI (C-D).- *Le logement des travailleurs français*, Paris, 1946.

MALIGNAC (G.), « Le logement des faibles. Evincement progressif et formation d'un sous-prolétariat », *Population*, n°2, avril-juin 1957.

Idéologie du logement familial.

CHEYSSON (E.), « Le logement des familles nombreuses à faible salaire », *La Réforme sociale*, 1er semestre 1909, réédité dans le *Bulletin de la Société d'Economie Sociale*, volume 1881-1935.

CHARBONNEAUX (C.).- *Les familles nombreuses et le logement,* Rapport présenté au Congrès de la natalité de septembre 1928.

BENARD (Ch.).- *Le logement de la famille,* Paris, Fédération Nationale Catholique, s.d.

DEROY (H.), PRANARD (Ch.), « Le problème du logement familial », Paris, *Le Musée Social*, 1945.

COLIN (R.), « La famille devant le problème du logement », *Population*, n°2, avril-juin 1949.

UNION NATIONALE DES CAISSES D'ALLOCATIONS FAMILIALES.- *Le problème du logement*, Paris, 1951.

Un toit pour chaque famille, n°spécial de *Logement*, , septembre 1952.

Pour un authentique financement du logement familial, Compte rendu des journées sur le logement familial des 11, 12, et 13 juin 1953, Union Nationale des Associations Familiales, 1953.

Habitat et comportement. Enquêtes et commentaires

Etudes sur la période antérieure à 1850.

OULMONT (Ch.).- *La vie au XVIII° siècle .- La maison*, Paris, Seheur, s.d.

CHEVALIER (L.).- *Classes laborieuses et classes dangereuses à Paris pendant la première moitié du XIX°siècle*, Paris, Plon, 1958.

BURNAND (R.).- *La vie quotidienne en France en 1830*, Paris, Hachette, 1943.

Observations de contemporains au XIX°siècle.

SOULIE (F.).- *Le Bourgeois campagnard*, in : *Les Français peints par eux-mêmes*, Paris, Curmer, 1841-1850, 8 volumes.

MINISTERE DE L'INSTRUCTION PUBLIQUE, DES BEAUX-ARTS ET DES CULTES, Comité des travaux historiques et scientifiques, section des sciences économiques et sociales.- *Enquête sur les conditions d'habitation en France, les maisons-types*, Paris, 1894. Préface et direction A. de FOVILLE.

SAINT-PAUL, « Notice sur les maisons-types de Lille et des autres villes du département du Nord », in *Enquête sur les conditions de l'habitation en France, les maisons-types*, Paris, 1894, Volume I.

REYNAUD (G.).- *Enquête sur les conditions de l'habitation en France : Avignon*, Seguin, 1895 (Enquête locale complémentaire à l'ouvrage publié en 1894.).

Observations de contemporains au XX°siècle.

Une enquête sur le logement des familles nombreuses à Paris, Association pour l'Amélioration du Logement Ouvrier, Paris, 92, rue du Moulin Vert, 1912.

« Enquête sur les conditions de la vie ouvrière et rurale en France, 1913-1914 », *Bulletin de la Statistique Générale de la France*, octobre 1916 et avril 1917.

UNWIN (R.).- « Influence de l'habitation sur l'utilisation des loisirs », *Revue Internationale du Travail*, juin 1924.

FORESTIER (H.).- *La famille ouvrière dans sa maison.- Enquête sur les logements ouvriers en 1941*, Paris, Editions du Temps Présent, 1941, Collection Ici la France.

LAINE (L.).- *Le drame de « la maison ».- Enquête sur le logement ouvrier*, Paris, Les Editions ouvrières, 1942. Enquête menée en 1939 sur 1040 logements des membres de la Ligue Ouvrière Chrétienne, soit 2090 adultes, 1799 enfants, 5 personnes par logement en moyenne.

MALESPINE (E.), « Comment désireriez-vous être logé ? », *Hygiène Sociale* n°5, mai 1944.

Des logements pour le peuple Une solution proposée par le Mouvement Populaire des Familles, Paris, Les Editions ouvrières, 1947. Le M.P.F. donne dans cette brochure les résultats d'une « vaste consultation auprès de la masse ouvrière » dont les données sociologiques ne sont pas précisées ; 94 % des enquêtés auraient souhaité être propriétaires d'une maison avec jardin.

GIRARD (A).- *Une enquête par sondages.- Désirs des Français en matière d'habitation urbaine*, Institut National d'Etudes Démographiques, Paris, PUF, 1947.

❑ L'ASPECT URBANISTIQUE DU PROBLÈME DU LOGEMENT.

Crise du logement, solutions et conceptions de l'habitat social.

Avant la Deuxième Guerre Mondiale.

REY (A-A).- L'extension des agglomérations et la crise de l'habitation Paris, Chaix, s.d. (début XX° d'après le texte.)

JUILLERAT (P.), FILASSIER (A.).- *La statistique sanitaire des maisons.- Le Casier Sanitaire des maisons de Paris*, Paris, Rousset, 1906.

DUBOIS (J.).- *Etude sur les Habitations à Bon Marché, leur rareté et ses causes*, Thèse de Doctorat en Droit de l'Université de Paris, Paris, Bonvalot-Jouve, 1907.

TUROT (H.), BELLAMY (H.).- *Le surpeuplement et les habitations à bon marché*, Paris, Alcan, 1907.

HALBWACHS (M.).- *Les expropriations et les prix des terrains à Paris, 1860-1900,* Thèse de Doctorat en Droit de l'Université de Paris, Paris, Comély, 1909.

BERTILLON (Dr J.), « Statistique des logements à Paris », *Statistique de la Ville de Paris et du Département de la Seine*, Cahier n°5, 1912.

MERLIN (R.).- *La crise du logement et les habitations à bon marché*, Commission d'Action Sociale des Unions Chrétiennes de Jeunes Gens et de la Fédération des Etudiants Chrétiens, Paris, 1913.

RISLER (G.).- *La crise du logement*, Paris, Plon, 1913.

AUGUY (H.).- Une solution de la crise du logement, Paris, 1919.

HERSENT.- *Une politique de la construction après-guerre.- Travaux publics et bâtiments*, Paris, 1919.

SELLIER (H).- La crise du logement et l'intervention publique en matière d'habitation dans l'agglomération parisienne, Paris, 1921, 2 volumes.

FAURE (E.).- *La question des Habitations à Bon Marché depuis la guerre*, Thèse de Doctorat en Droit de l'Université de Paris, Poitiers, Société Française d'Imprimerie, 1923.

DIEBOLD.- *Les relations de la valeur vénale et de la valeur locative avant et après la guerre*, Thèse de Doctorat en Droit de l'Université de Paris, Paris, 1930.

GRUNEBAUM-BALLIN (P.).- L'Affaire du logement.- Avant-projet de loi sur les services publics d'habitation et la réforme des offices publics d'habitation, Comité Henri Sellier. Préface de Léon Blum.

GUYE (R.), « La crise de la construction et la politique du logement en Europe », *Revue Internationale du Travail*, 2ème semestre 1930.

TRUTIE DE VARREUX.- *La situation de l'habitation à Paris, le problème du logement dans la capitale*, Rapport présenté au Congrès International de l'Habitation et de l'Urbanisme de Paris, 1er-5 juin 1931.

VIDECOQ (E.).- *Les aspects permanents de la crise du logement dans la région parisienne*, Thèse de Doctorat en Droit de l'Université de Paris, Paris, Editions Internationales, 1933.

VEAUVY (P.).- *La crise immobilière*, Thèse de Doctorat en Droit de l'Université de Paris, Paris, 1938.

ISAAC (P.).- *Le problème de l'habitation urbaine en France.- Etude des moyens pouvant contribuer à une amélioration du logement*, Etude spéciale n°4, Institut de Conjoncture, Service National de Statistique, 1944.

A partir de 1945.

CORDONNIER (D.), LIEGEOIS (Dr D.).- Le problème du logement, Fédération Nationale des Elus Municipaux et Cantonaux, Paris, 1947.

HENRI (L.), « Perspectives relatives aux besoins de logements », *Population* n°3, juillet-septembre 1950.

STROH (J-L), « La croisade du logement », *Sécurité Sociale*, septembre-décembre 1952.

CLAUDIUS-PETIT (E.), « Pourquoi ne construit-on pas davantage ? », Conférence faite lors du dîner-débat organisé à Paris le 2 décembre 1952, Editions *Les Echos*, 1953.

PEYRET (H.), « Construire, mais comment ? », *L'Economie*, supplément au n°385, 12 février 1953.

OFFICE PUBLIC D'HABITATION DU DEPARTEMENT DE LA SEINE.- *Le Cahier Noir ou la descente aux enfers des mal logés et des sans-logis*, Paris, 1953.

DESFARGES (G.), « Cette tragédie du logement », *Cahiers des Amis de la Liberté*, n°41-43, octobre-décembre 1954.

Abbé PIERRE.- *Donnons-leur un toit aujourd'hui*, Lettre au Ministre de la Reconstruction, s.1., 1954.

WALTER (F.), « La construction de logements en France en tant que problème économique », *Cahiers de l'Institut de Science Economique Appliquée*, n°45, novembre 1956.

ROTTIER (G.), ALBERT (J.), TABARD (N.).- *La demande de logements en France*, Centre de Recherche et de Documentation sur la Consommation, Paris, 1957.

MINISTERE DE L'ECONOMIE NATIONALE, Service National des Statistiques.- *Documents sur le problème du logement à Paris*, Paris, 1956.

Abbé PIERRE.- *Du drame du logement à la lutte contre la misère dans le monde*, Conférence faite au Mans le 27 Février 1957.

ST PIERRE (F.).- *Le drame du logement mis à nu*, Lettre-Préface de S.E. le Cardinal Feltin, Paris, 1957.

MATHIEU (G.), « Logement, notre honte », *Le Monde*, série d'articles des 11, 12, 15, 16, 17, 18, et 19 avril 1958.

RAIMOND (A-M), MAUDUIT (J.).- *Avoir un toit*, Paris, Hachette, 1960.

Le problème des mal logés dans le département de la Seine, Débat parlementaire du 30 avril 1964, Tirage à part de l' intervention de M. Maziol, Publications de l'Assemblée Nationale, Paris, 1964.

Croissance des villes, évolution des théories urbanistiques, place de l'habitat individuel jusqu'à la Seconde Guerre Mondiale.

HAUSSMANN (G-E, baron).- *Mémoires*, Paris, Havard, 1890, 3 vol.

GARNIER (Ch.), AMMANN (A).- *L'habitation humaine*, Paris, 1892.

BENOIT LEVY (G.).- *La ville et son image*, Paris, 1910.

HOTTENGER (G.).- *L'habitation populaire et l'extension des villes*, Nancy, 1913.

COMMISSION D'EXTENSION DE PARIS.- *Aperçu historique de l'extension de Paris*, Paris, Chaix, 1913.

SAGET (J-B).- *Le problème de l'habitation en France et à l'étranger*, Paris, Sirey, 1919.

SELLIER (H.).- *Les banlieues urbaines et la réorganisation administrative du département de la Seine*, Paris, Rivière, 1920.

BONNEFOND, « Les colonies de bicoques de la région parisienne », *La Vie Urbaine*, 1925.

DUFAU (P.).- *Aménagement du territoire et esprit d'architecture*, Paris, Editions de l'O.T.A.B, s.d.

NORMAND (G.).- *L'agonie de nos cités* .- 1926.

CAZIOT (P.).- *Le problème de l'habitation*, Paris, 1927.

SELLIER (H.), BRUGGEMAN (A.) .- *Le problème du logement, son influence sur les conditions de l'habitation et l'aménagement des villes*, Paris, PUF, Publications de la Dotation Carnegie pour la paix internationale, 1927.

SELLIER (H.).- *Habitations à Bon Marché du département de la Seine.- Cités-jardins et maisons ouvrières*, Paris, Massin et Cie, s.d.

RICARD (J-H), LEVEQUE (J.).- *Une politique du logement.- Logement urbain, logement rural*, Les Cahiers du Redressement français, Paris, Editions de la S.A.P.E., 1928.

MEURIOT (P.), « De la valeur du terme « banlieue » dans certaines métropoles, Paris, Berlin, Londres », *Bulletin de l'Institut International de Statistique*, T. XX, 1930.

MINVIELLE (G.).- *L'aménagement de la région parisienne.- Loi du 14 mai 1932*, Paris, Editions Techniques, 1932.

LA CHARTE D'ATHENES. Texte édité en brochure à la suite des résolutions du Congrès International d'Architecture Moderne de 1933, C.I.A.M.-France, s.d.

LEGRAND (E.).- *Des Pharaons à Le Corbusier*, Paris, Centre Confédéral d'Education Ouvrière, Institut Supérieur Ouvrier, 1935.

LADEVAN (P.).- *Géographie des villes*, Paris, Gallimard, 1936.

CAZENAVETTE (J.).- Extension des villes et lotissements, Paris, Sirey, 1936.

LE CORBUSIER*Quand les cathédrales étaient blanches*, 1937, réédition Paris, Médiations, 1965.

DEMANGEON (A.), WEILER (A.).- *Les maisons des hommes, de la hutte au gratte ciel*, Paris, Bourrelier, 1937.

CONGRES INTERNATIONAL DE L'HABITATION ET DE L'URBANISME, Stockholm ; 1939.

LE CORBUSIER -(Edouard JEANNERET-GRIS, dit)-, « Le lyrisme des temps nouveaux et l'urbanisme », *Le Point*, n°20, avril 1939.

ESPINAS, « Histoire urbaine, critique et méthode », *Annales d'Histoire Sociale*, 1939.

CLOZIER (R.).- *La Gare du Nord, étude de géographie urbaine*, Paris, Baillière, 1940.

LAVEDAN (P.).- *Histoire de l'Urbanisme, Renaissance et Temps Modernes*, Paris, Tournon, 1941.

BENOIT-LEVY (G.).- *La maison heureuse*, Paris, 1942.

DISSART (A) GEORGE (P) .- DESSUS (G) .- *Décentralisation et logement ouvrier*, Paris, Délégation Générale à l'Equipement National, multigraphié, 1944.

TABLE DES TABLEAUX, CARTES ET GRAPHIQUES

TABLE DES ILLUSTRATIONS

TABLE DES MATIÈRES

pages

Collection Habitat et Sociétés
dirigée par Nicole Haumont
Conseillers : P. Boudon, J. Cuisenier, A. Marie, H. Raymond

Nicole HAUMONT et Marion SEGAUD (sous la direction de), *Familles, modes de vie et habitat*, 1989.
Dan FERRAND-BECHMANN (sous la direction de), *Pauvre et mal logé. Les enjeux sociaux de l'habitat*, 1990.
Peter WILLMOTT et Alan MURIE, *La paupérisation du logement social, le cas de la Grande-Bretagne et de la France*, 1990.
Bruno LEFEBVRE, Michel MOUILLART, Sylvie OCCHIPINTI, *Politique du logement, trente ans pour un échec*, 1991.
Guy BOUDIMBOU, *Habitat et modes de vie des immigrés africains en France*, 1992.
J. BRUN et C. RHEIN (eds), *La ségrégation dans la ville*, 1994.
N. HAUMONT (ed.), *La ville : agrégation et ségrégation sociales*, 1996.
Marie-Hélène BACQUÉ, S. FOL, *Le devenir des banlieues rouges*, 1997.
N. HAUMONT, J.P. LEVY, *La ville éclatée quartiers et peuplement*, 1997.

Achevé d'imprimer par Corlet Numérique - 14110 Condé-sur-Noireau
N° d'Imprimeur : 4566 - Dépôt légal : février 2001 - Imprimé sur DemandStream
Imprimé en UE